Humanistische Ökonomien des Wissens

Herausgegeben von
Judith Frömmer und André Otto

Vittorio Klostermann · Frankfurt am Main

Inhalt

Humanismus und Ökonomie

Judith Frömmer und André Otto

Vom Wert und Erwerb der Bildung

Humanistische Ökonomien des Wissens in der Frühen Neuzeit

Humanismus wird häufig als Ideal verstanden, das es gegen jede Form der Zweckmäßigkeit zu verteidigen gilt. Insbesondere in der deutschen Tradition knüpft sich die Begriffsgeschichte des Humanismus an eine transhistorische Konzeption von Bildung, die gerade nicht auf praktischen Nutzen ausgerichtet ist.[1] Für einen solchen zweckfreien Humanismus plädiert neben vielen anderen Ernst Robert Curtius in seinem Aufsatz »Humanismus als Initiative«:

> Man tut dem Humanismus einen schlechten Dienst, wenn man ihn aus irgendwelchen Gründen als *nützlich* oder ersprießlich bezeichnet. Gewiß kann lateinische Grammatik das Denkvermögen schärfen, kann antike Geschichte politische Urteilskraft vermitteln. Noch höhere Würde kann sicherlich der Überzeugung zuerkannt werden, daß schon die Überlieferung um ihrer selbst willen ein nötiges und edles Werk der Kultur sei. Aber all diese Erwägungen können durch Gegengründe angefochten werden. Auf so brüchigen Boden sollte man deshalb gar nicht bauen. Unanfechtbar und unüberwindlich ist nur solche Liebe zum Althertum, die sich über allen Nutzzweck erhaben als Liebe bekennt. Sie kann nur in Freiheit und Schönheit leben und muß es verschmähen, den Widerstrebenden überzeugen zu wollen. Eros springt über und bezwingt durch Glut. Keine andere Form der Übertragung ist ihm gemäß.[2]

---

1 Wesentlich geprägt wurde diese Begriffsverwendung durch Friedrich Immanuel Niethammer in seiner Schrift *Der Streit des Philanthropinismus und Humanismus in der Theorie des Erziehungs-Unterrichts* (Jena 1808), in der er gegen eine auf Nützlichkeit ausgerichtete Bildung argumentiert. Zur Begriffsgeschichte und den historischen und systematischen Dimensionen des Begriffs vgl. die Artikel »Humanismus« und »Humanitas« in: Joachim Ritter et al. (Hgg.), *Historisches Wörterbuch der Philosophie*, 13 Bde., Darmstadt 1971–2007, hier: Bd. III, Sp. 1217-1232 und den Artikel »Humanismus« in: Robert-Henri Bautier et al. (Hgg.), *Lexikon des Mittelalters*, 9 Bde., Darmstadt 1980–1998, hier: Bd. V, Sp. 186-205.

2 Ernst Robert Curtius, »Humanismus als Initiative«, in: ders., *Deutscher Geist in Gefahr*, Stuttgart 1932, S. 102-130, hier zitiert nach: Hans Oppermann (Hg.), *Humanismus*, 2., erw. Aufl., Darmstadt 1977, S. 166-189, hier: S. 170.

Curtius' erotische Konzeption eines Humanismus, für den weder Funktionalität noch praktischer Nutzen beansprucht wird, weil er dem Begehren und nicht dem Intellekt des Menschen entspringt, hat nun aber relativ wenig mit der historischen Bewegung zu tun, die man ebenfalls ab dem 19. Jahrhundert als Epoche oder Strömung des Humanismus bezeichnet.[3] Dieser historiographische Begriff knüpft an die Vorstellungen der sogenannten Humanisten im Europa und insbesondere im Italien der Frühen Neuzeit an, die sich wiederum auf Ciceros Ideal der *humanitas* berufen.[4] So beginnt, um eines der berühmtesten Beispiele zu nennen, Coluccio Salutati seinen Brief an den Fürsten Carlo Malatesta, der häufig als eine Art Gründungsdokument der humanistischen Bewegung zitiert wird[5], wie folgt:

> Quod non verear tibi scribere, magnificentissime domine, primum et preci-puum est propter humanitatem tuam, qua; vocabulum enim polysemum est;

3 Vgl. in diesem Zusammenhang Paul Oskar Kristeller, »Die humanistische Bewegung«, in: ders., *Humanismus und Renaissance I: Die antiken und mittelalterlichen Quellen*, hrsg. v. Eckhard Keßler, Übersetzungen aus dem Englischen von Renate Schweyen-Ott, München 1974 (Nachdruck der Ausgabe in der Reihe *Humanistische Bibliothek*), S. 11-29; Giuseppe Toffanin, *Storia dell'umanesimo*, 3 Bde., Bologna 1942–1950; August Buck, *Die humanistische Tradition in der Romania*, Bad Homburg u. a. 1968; Hugo Friedrich, »Abendländischer Humanismus« (1955), in: ders., *Romanische Literaturen I*, Frankfurt a. M. 1972, S. 1-17. Zur deutschen Verwendung des Begriffs vgl. Florian Baab, *Was ist Humanismus?*, Regensburg 2013, v. a. S. 33-37. Zur historischen Verwendung des italienischen Terminus ›umanista‹ vgl. Augusto Campana, »The Origin of the Word ›Humanist‹«, in: *The Journal of the Warburg and Courtauld Institutes* 9 (1946), S. 60-73.

4 Einschlägig in diesem Zusammenhang u. a. Eugenio Garin, *L'umanesimo italiano: filosofia e vita civile nel rinascimento* (1952), 7. Auflage, Bari 1978; Fritz Schalk, »Humanitas im Romanischen«, in: ders., *Exempla romanischer Wortgeschichte*, Frankfurt a. M. 1966, S. 255-294. Zum Humanismus als Praxis vgl. Kristeller, der die Verwendung von Humanismus als Epochenbegriff abgelehnt hat (vgl. hierzu neben »Die humanistische Bewegung« [wie Anm. 3] auch ders., »Humanismus und Scholastik« in *Humanismus und Renaissance I* [wie Anm. 3], S. 87-111), sowie Nicholas Mann, »The Origins of Humanism«, in: Jill Kraye (Hg.), *The Cambridge Companion to Renaissance Humanism*, Cambridge 1996, S. 1-19. Eine vermittelnde Position zwischen der Garinschen Konzeption des Humanismus als Kultur und Epoche, die eine neue Form der Weltauffassung impliziere, und Kristellers Auffassung vom Humanismus als (Berufs-)Praxis findet sich bei Leonid M. Batkin, *Die historische Gesamtheit der italienischen Renaissance. Versuch einer Charakterisierung eines Kulturtyps*, aus dem russischen Manuskript übersetzt v. Irene Faix, Dresden 1979, hier: S. 21-26 und S. 102-170 et passim.

5 So beispielsweise in einer Vorlesung von Maria Moog-Grünewald mit dem Titel »Renaissance: Eine Epoche wird ›besichtigt‹«, die im Wintersemeter 2007/08 im Rahmen des Studium Generale an der Eberhard Karls Universität in Tübingen gehalten wurde und der wir wertvolle Anregungen verdanken. Die Vorlesung ist online verfügbar unter: http://timms.uni-tuebingen.de/Player/PlayerFlow/UT_20071024_001_rvrenaissance_0001 (zuletzt aufgerufen am 30.04.2017).

non solum litteris et scientie eruditione principibus, quos in hoc facillimum est vincere, sed etiam viris studiosissimis antecellis quave tantam exhibes erga cunctos mansuetudinem et comitatem, quod timidos erigis, ut excellentie tue ac magnitudinis obliti, tecum in maxima securitate loquantur. quo fateri oportet te non in maiore dignitatis et status luce versari, quam virtutis atque doctrine, que duo unicum illud humanitatis vocabulum representat. nam non solum illa virtus, que etiam benignitas dici solet, hoc nomine significatur, sed etiam peritia et doctrina: plus igitur humanitatis importatur verbo quam communiter cogitetur. optimi quidem auctorum, tam Cicero quam alii plures, hoc vocabulo pro doctrina moralique scientia usi sunt; nec mirum. preter hominem quidem nullum animal doctrinabile reperitur. ut, cum homini proprium sit doceri et docti plus hominis habeant quam indocti, convenientissime prisci per humanitatem significaverint et doctrinam.

Hec igitur humanitas tua, que vocabuli significationem implet, non deterret, sed invitat ut scribam. cogit autem virtus eius, pro quo tecum huius prime scriptionis officium institui, spe maxima plenus, quod tibi sim rem gratissimam allaturus. [...]⁶

Dass ich mich nicht scheue, Dir zu schreiben, erlauchtester Herr, liegt zu allererst und allem anderen voran an Deiner *humanitas*, durch die Du – denn das Wort hat viele Bedeutungen – an literarischer Bildung und wissenschaftlicher Ausbildung nicht nur die Fürsten überragst, die man darin sehr leicht übertreffen kann, sondern auch unter den gelehrtesten Männern hervorstichst, und durch die Du auch gegenüber allen eine solche Sanftmut und Umgänglichkeit an den Tag legst, weil Du die Furchtsamen ermutigst, so dass sie Deine herausragende Stellung und Größe vergessen und in größtem Zutrauen mit Dir sprechen. Daher muss man zugeben, dass Du nicht mehr durch das Licht Deiner Würde und Stellung erstrahlst als durch das Deiner Tugend und Gelehrsamkeit, die beide in einem in jenem Begriff der *humanitas* ausgedrückt werden. Damit wird nämlich nicht nur jene Tugend bezeichnet, die man auch Gutmütigkeit zu nennen pflegt, sondern auch Erfahrung und Gelehrsamkeit: Das Wort *humanitas* beinhaltet also mehr, als man gemeinhin denkt. Denn die besten Autoren, wie Cicero aber auch einige mehr, haben diesen Begriff für die Gelehrsamkeit und moralische Einsicht verwendet – und das ist auch nicht verwunderlich: Außer dem Menschen nämlich findet sich kein Lebewesen, das unterrichtet werden und sich bilden kann. Somit meinten die Alten, da es dem Menschen zu eigen ist, gebildet

6 *Epistolario di Coluccio Salutati*, 4 Bde., hrsg. v. Francesco Novati, Rom 1896, hier: Bd. III, S. 534-537.

zu werden und Gebildete mehr vom Menschen haben als Ungebildete, mit *humanitas* äußerst treffend immer auch Gelehrsamkeit.

Diese Deine *humanitas* also, welche die Bedeutung des Wortes ausmacht, schreckt mich nicht ab, sondern lädt mich vielmehr ein zu schreiben. Dazu treibt mich aber auch die Tugend desjenigen, für den ich die Aufgabe dieses ersten Schreibens an Dich unternommen habe, voll größter Hoffnung, dass ich Dir damit von Nutzen sein kann. (Übers. durch Verf.)

Auch Salutati beruft sich mit der ethischen Dimension des Wissens auf ein im Grunde zeitloses Wissensideal, das Bildung und Moralität in der Formel des »que duo unicum« kurzschließt. Betrachtet man indes die historische Sprechsituation dieses Briefes, so wird das Ideal der *humanitas* ausgerechnet in einem Empfehlungsschreiben funktionalisiert und damit bis zu einem gewissen Grad seiner Idealität enthoben: Salutati, zu diesem Zeitpunkt gewählter Kanzler von Florenz, appelliert an die Bildung seines Adressaten, um im Namen der *humanitas* einen mit ihm befreundeten Humanisten, Giovanni da Ravenna, für ein Amt am Hof des Herrschers von Rimini zu qualifizieren. Mit der *humanitas* des Empfängers rechtfertigt Salutati zunächst den provokanten Umstand, dass er sich in seinem ersten Brief an Carlo Malatesta unaufgefordert an den Herrscher wendet. Durch den durchaus polemisch interpretierbaren Hinweis, dass Fürsten im Hinblick auf das ›humanistische‹ Bildungsideal im Grunde leichter zu übertreffen seien als die Elite der Gelehrten (»viris studiosissimis«), beschwört er den Geistesadel von Sender, Empfänger und dem im Brief genannten Protegé. Indem er die höchste Form der Gelehrsamkeit jenseits der Standesgrenzen ansiedelt, profiliert Salutati das ciceronianische Ideal der *humanitas* als Bildungs- und Verhaltensideal, das soziale Grenzen überwindet und dadurch gleichzeitig verbindet und trennt. Denn zum einen qualifiziert es seinen Schützling für das Amt am Hof; zum anderen sondert es aber Carlo Malatesta von den üblichen Herrschern ab und eröffnet Gelehrten wie Giovanni da Ravenna neue Wege des Zugangs zur gesellschaftlichen Elite, die gleichzeitig neu definiert wird. Damit erweist sich das Ideal der *humanitas* in Salutatis Brief als Teil sowohl einer Pragmatik als auch einer subtilen Ökonomie des Wissens: Humanistisches Wissen wird als Tauschwert feilgeboten, der das bestehende ständische Wertsystem einerseits stützen soll, andererseits potentiell außer Kraft setzen kann. Salutati exponiert damit die Allianz von humanistischer Gelehrsamkeit und ökonomischer Existenzgrundlage und, eng damit verbunden, von Humanismus und Politik.

Entgegen der erotischen Konzeptualisierung des Wissens bei Curtius, in der die Übertragung des Wissens durch Affizierung im Sinne der Gabe und Hingabe erfolgt und die sich einer reziproken Logik des Tausches letztlich entzieht, zeigt sich humanistisches Wissen in der Frühen Neuzeit als eingebunden in komplexe Beziehungsgeflechte wechselseitiger Bedingtheit. Während eine (Auto-)Erotik des

Wissens dem klassischen Ideal des sich nach innen organisierenden Haushalts und der Ethik guter Haushaltsführung entspricht, bedeutet ein Verständnis des Wissens als Tauschwert eine entscheidende Transgression der Grenze des Haushalts und der Ethik des *oikos* hin zu einem dynamischen, relationalen und zukunftsoffenen Verständnis von Ökonomie, wie es mit der sich im 17. Jahrhundert allmählich etablierenden politischen Ökonomie korreliert. Damit stehen in diesen konkurrierenden Konzeptionen des Wissens das Verhältnis und die Grenzziehungen zwischen dem Innen des klassischen Haushalts und seiner Eingebundenheit in den äußeren ökonomischen und politischen Raum zur Disposition. Mehr noch wird Wissen selbst zur entscheidenden Größe, die Innen- und Außenraum, Öffentliches und Privates neu ordnet und relationiert, weil deren Grenze vom Wissen und dem Umgang mit ihm in vielfältiger Weise abhängig gemacht wird. Daraus ergeben sich weitreichende Konsequenzen für das Wissen und den ihm zugemessenen Wert sowie für die Rolle des Wissens innerhalb von Prozessen gesellschaftlicher Legitimation und Autorisierung.

Der Humanist stellt hierbei eine paradigmatische Figur innerhalb der Kultur(en) der Frühen Neuzeit dar, weil er aufgrund seines Wissens jene Schnittstelle zwischen dem Privaten und dem Öffentlichen als Problem gesellschaftlicher Differenzierung hervortreten lässt, ja darin geradezu seine Selbstfundierung findet. Man kann dies als oxymorale Struktur beschreiben, die für den frühneuzeitlichen Humanismus charakteristisch ist. Einerseits bieten seine Vertreter ihre literarischen und rhetorischen Kompetenzen als Ware zum Tausch an. Humanistisches Wissen wird sowohl an den Höfen als auch in republikanischen Gremien und Behörden als stabilisierendes und machterhaltendes Gut präsentiert. Andererseits gehen mit dem Austausch von humanistischem Wissen jedoch zwangsläufig Demokratisierungsprozesse einher, die mit der Nivellierung sozialer Unterschiede und der Ermöglichung sozialer Mobilität eine potentielle Legitimationskrise bedeuten können. Denn mit den neuen Methoden und Regulierungen des Wissenserwerbs müssen gleichzeitig auch die Fragen des Zugangs – sei es zur Bildung, sei es zur Macht – neu ausgehandelt und legitimiert werden.[7] Im Hinblick auf Fragen der gesellschaftlichen Legitimation besteht eine der großen Herausforderungen der Humanisten darin, dass sie Wissen, und zudem eine bestimmte Form des Wissens, als Grundlage, aber auch als Medium gesellschaftlicher Differenzierung und Legitimierung betrachten und zu etab-

---

7 Für eine solche funktionale und politische Einordnung des Erfolgs des Humanismus als ›performatives Vehikel‹ eines Elitenwechsels siehe programmatisch auch Johannes Helmrath, *Wege des Humanismus: Studien zu Techniken und Diffusion der Antike-Leidenschaft im 15. Jahrhundert*, Tübigen 2013, S. 4: »Dieser Erfolg [des Humanismus] ist vielmehr nur funktional und politisch überhaupt erklärlich, als Antwort auf neue Bedürfnisse, als performatives Vehikel, Autorisierung und Katalysator eines Elitenwechsels.«

lieren suchen. Wissen soll demnach als gesellschaftlich relevante Qualifikation dienen, die den Wert des Menschen zumindest mitbestimmt. Somit tritt Wissen als variable Größe in Konkurrenz zu ontologisch verbürgten Werthierarchien und eröffnet die Möglichkeit anderer Ordnungen, wie sie sich in sozialer Mobilität, aber beispielsweise auch im (oft nur scheinbaren) Rückzug des Humanisten anzeigen. Zugleich wird die Administration von Wissen ein entscheidender Faktor, der Zugänge und mithin die Verteilung gesellschaftlicher Räume und Interaktionsformen regelt.

Dies bedeutet, dass die Aufmerksamkeit verschoben wird von einem bestimmten Wissen im Sinne des ›Inhalts‹ des Wissens hin zu Techniken und Methoden des Umgangs mit Wissen, die seine Produktion ebenso wie seine Verwaltung und Weitergabe betreffen. In gewisser Weise wird Wissen damit zu einem Meta-Wissen, ein Wissen zu wissen. Damit korrespondiert ein Bewusstsein der Differenz – im Hinblick auf die Quellen, aber auch auf die Adressaten des Wissens –, das Wissen nicht losgelöst von seiner Vermittlung betrachtbar werden lässt und es gleichzeitig immer auch zu einem Übertragungswissen macht: ein Wissen von der Problematik der eigenen Übertragbarkeit und den Formen und Medien dieser Übertragung. Schließlich rückt so auch die Medialität des Wissens selbst, das zur Mitte und zum Mittler zwischen Personen, Epochen und Kulturen wird, in den Vordergrund. Diese Übertragungen humanistischen Wissens lassen sich, im Anschluss an Sibylle Krämers Unterscheidung zwischen erotischer und postalischer Kommunikation, als (erotischer) Versuch einer Überwindung von Differenz, Alterität und Geschichtlichkeit, aber auch als (postalisches) Bewusstsein eben dieser Differenz und der Kontingenz im Erwerb, in der Produktion und in der Veräußerung von Wissen interpretieren.[8] Dabei muss auch die nicht zu tilgende Materialität der Übertragungsformen thematisch werden, die in der Frühen Neuzeit nicht zuletzt infolge der neuen Marktgesetze des Buchdrucks materiellen und immateriellen Wert humanistischen Wissens in eine neue Beziehung setzen.

Als Botenfigur verkörpert der Humanist diese Medialität des Wissens, das seinem Wesen nach ökonomisch ist, da es – ähnlich wie Krämer zufolge das Geld[9] – relationierbare (Tausch-)Verhältnisse zwischen Gütern, aber auch zwischen Personen oder gar verschiedenen Anteilen des Selbst stiftet. In dieser Botenfunktion ist der Humanist, der zwischen heterogenen Welten vermittelt, ebenso wie ›sein‹ Wissen jedoch keineswegs autonom, sondern unterliegt verschiedenen Formen der Fremdbestimmung: sei es durch Formen der Patronage

---

8 Vgl. Sibylle Krämer, *Medium, Bote, Übertragung. Kleine Metaphysik der Medialität*, Frankfurt a. M. 2008, v. a. S. 12-18.
9 Vgl. ebd., S. 159-175.

oder des Amtes, sei es durch die Problematik der Verfügbarkeit des Wissens, das der Zeitlichkeit und beständig variablen Kontexten sowie der Vergänglichkeit seiner Medien unterworfen ist. Anthony Graftons und Lisa Jardines These, dass humanistische Bildung in der Frühen Neuzeit vor allem gefügige Subjekte für Autoritäten produziere[10], muss daher in der Perspektive humanistischer Ökonomien des Wissens und seiner vielschichtigen Formen *der* und äußerst hetergoner Relationen *zur* Macht differenziert und in Teilen revidiert werden.

Mit humanistischen Ökonomien des Wissens verbinden sich nicht zwangsläufig kontrollierbare Formen der Funktionalisierung und Reziprozität, sondern ein komplexes Beziehungsgeflecht, zu dem die hier versammelten Beiträge exemplarische Zugänge erschließen. Systematisch ergeben sich für uns drei entscheidende Fragefelder, die die humanistischen Ökonomien des Wissens betreffen und die diesen Band strukturieren: der Wert der Bildung, die Pragmatisierung des Wissens und schließlich die Interferenzen zwischen humanistischen Wissenskonzeptionen und den Entwicklungen des ökonomischen Denkens. Dabei verlangen die vielschichtigen pragmatischen Einbettungen humanistischen Wissens nach einer philologischen und literaturwissenschaftlichen Analyse. Da es sich beim Humanismus in der Frühen Neuzeit um ein Phänomen handelt, das einerseits in verschiedener Hinsicht zeit- und kulturübergreifend, andererseits in hohem Maße pragmatisch und kontextgebunden ist, erscheint uns eine komparatistische Perspektive geboten. Der Schwerpunkt liegt hier auf der Romania und dem englischsprachigen Raum, nicht zuletzt weil durch den gemeinsamen Bezugspunkt der römischen und griechischen Antike, aber auch durch die etymologischen Interferenzen der Volkssprachen mit dem Lateinischen ein hohes Maß an historisch-faktischen wie symbolischen Tauschverhältnissen gegeben ist, die zudem die Veränderungen im Zuge der Diffusion des Humanismus[11] verdeutlichen.[12]

10 Antony Grafton u. Lisa Jardine, *From Humanism to the Humanities: Education and the Liberal Arts in Fifteenth- and Sixteenth-Century Europe*, Cambridge (Mass.) 1986.
11 Zum Begriff der Diffusion als konstitutiver Dynamik humanistischen Denkens und Form seiner Verbreitung siehe anhand der Historiographie den Sammelband von Johannes Helmrath, Ulrich Muhlack u. Gerrit Walther (Hgg.), *Diffusion des Humanismus. Studien zur nationalen Geschichtsschreibung europäischer Humanisten*, Göttingen 2002.
12 Diese Austauschrelationen werden beispielsweise in der ökonomischen Metaphorik Du Bellays *Défense et Illustration de la Langue française* deutlich, insbesondere wenn es um das Verhältnis des Französischen zum Lateinischen und den Reichtum oder die Armut von Sprachen bzw. Volkssprachen geht. Vgl. Joachim Du Bellay, *Les Regrets – Les Antiquités de Rome – Défense et Illustration de la Langue française*, hrsg. v. S. de Sacy, Paris 1967, S. 217-295.

Der Wert der Bildung

Das erste Problemfeld kreist um die Situierung und Selbstpositionierung des Humanisten auf der Basis seiner Bildung und ihres jeweiligen Stellenwertes. Der Wert humanistischer Bildung entfaltet sich über Verfahren der Positionierung, die in den Artikeln des ersten Teils auf verschiedenen Ebenen untersucht werden. Als zentral hat sich dabei die Frage der Schnittstellen, der Grenzen und der Übergänge zwischen Modellen des (Privat-)Haushalts und der öffentlichen Verwaltung erwiesen. Die Funktionen des Humanisten innerhalb einer sich herausbildenden öffentlichen Administration sind diesbezüglich nur ein Betätigungsfeld, das aber maßgeblich zu einer Professionalisierung beiträgt, die Wissen und Bildung zunehmend auch ökonomisch nutzt und damit die alten Patronageverbünde überformt. Aber auch die auf diesen Kontext zurückgehenden Verbindungen innerhalb des Haushalts erfahren eine entscheidende Veränderung. Wie bereits Alan Stewart gezeigt hat, verwalten Humanisten oft aristokratische Haushalte und spielen dabei eine wesentliche Rolle für das Aushandeln der Differenz von privat und öffentlich, indem sie die Hoheit darüber haben, wie diese beiden gesellschaftlichen Bereiche miteinander gekoppelt und/oder gegeneinander abgegrenzt werden.[13] Hierbei gewinnt das Wissen der Humanisten unter anderem die Funktion einer Zugangsbeschränkung, die über die Einzigartigkeit der Verwaltungskompetenz und mithin über eine Form der Geheimhaltung fungiert. Als Verwalter des Haushaltswissens legitimiert sich der Humanist am effektivsten, wenn er das Wissen über seine spezialisierte Zugangsweise entzieht. Das heißt, dass das entsprechende Wissen um den Haushalt lediglich mithilfe der Kompetenz in der Verwaltungstechnik zugänglich und überhaupt (wieder) Wissen wird.[14] Für Stewart ergibt sich daraus vornehmlich eine paradoxale topologische Situation, die sich im konkreten Raum des *closet* manifestiert, der sich zur Verwaltung des Haushalts außerhalb des familiären Haushaltsverbundes stellt. Diese problematische Relation reicht aber weit über die (sexuelle) familiäre Ökonomie hinaus, insofern sie einen Raum schafft, der sich nicht mehr in den traditionellen Ordnungsmustern fassen lässt. Humanistische Texte entwerfen hier neue, alternative und häufig fiktionale Topologien. Diese implizieren Formen der Wertgenerierung und der Wertzuschreibung, die in dieser Sektion in paradigmatischer Weise hervortreten sollen.

Neben die horizontale Entdifferenzierung und Neuverhandlung zwischen Innen und Außen tritt hierbei das vertikale Phänomen einer zeitweisen Inversion sozialer Hierarchien, die charakteristisch ist für die paradoxale macht-

13 Alan Stewart, *Close Readers. Humanism and Sodomy in Early Modern England*, Princeton 1997.
14 Vgl. ebd., S. 182.

politische Stellung des Humanisten. Die humanistischen Kanzler, Sekretäre und Schreiblehrer perpetuieren zwar ein Wissen, das als notwendig für den Erhalt der etablierten Ordnung angesehen wird, allerdings suspendiert und invertiert die exemplarische Situation der Unterweisung diese Ordnung.[15] Bildung als dynamische Transaktion ihres Erwerbs und ihrer Weitergabe ebenso wie die Verwaltungskompetenzen der Humanisten tragen somit just in die kulturelle und soziale Kontinuitätsstiftung eine Differenz ein. Zumindest latent wird dadurch die Autorisierung der Ordnung hinterfragt und die Kontingenz und Supplementarität der humanistischen (Selbst-)Legitimation des Adels, aber auch anderer Bevölkerungsgruppen ausgestellt.

Besonders deutlich wird diese Differenz zum einen in Form eines historischen Bewusstseins, das auf die textuelle Basis der sogenannten Renaissance und ihre Wiederentdeckung klassischer antiker Quellen, aber auch auf ein erhöhtes Bewusstsein ihrer eigenen historischen und kulturellen Kontingenz verweist. Zum anderen manifestiert sie sich in der Vorstellung vom Individuum als separierter Einheit[16], die einem modernen Subjektdenken in der Foucaultschen Doppelung zwischen Ermächtigung und Unterwerfung[17] den Weg bereitet. Das historische

---

15 Vgl. Jonathan Goldberg, *Writing Matter. From the Hands of the English Renaissance*, Stanford 1990.

16 Im Unterschied zu jenem emphatischen Individualitätsbegriff, der zwar im Renaissancehumanismus und insbesondere in der humanistischen Vorstellung von der privilegierten Stellung und der Würde des Menschen angelegt ist (vgl. Paul Oskar Kristeller, »Die philosophische Auffassung des Menschen in der italienischen Renaissance«, in: ders., *Humanismus und Renaissance I* [wie Anm. 3], S. 177-194), allerdings vor allem in einer Art romantisierenden Rückprojektion besonders durch Burckhardts *Die Kultur der Renaissance in Italien* (1860) profiliert wurde, möchten wir hier den Begriff des Individuums eher wertneutral verstehen. Er soll auf eine Singularisierung des Menschen verweisen, die durchaus auch als bedrohlich empfunden wird (*pace* Hans Baron, *The Crisis of the Early Italian Renaissance: Civic Humanism and the Republican Liberty in the Age of Classicism and Tyranny*, Princeton 1966 [Erstausgabe Princeton 1955] sowie Barons Vorwort in Leonardo Bruni Aretino, *Humanistisch-philosophische Schriften: mit einer Chronologie seiner Werke und Briefe*, Leipzig u. Berlin 1928). Zwar bringt diese Singularisierung auch Formen der Innerlichkeit hervor, wäre aber von einem modernen Subjektdenken zu unterscheiden. Für eine entsprechende Konzeptualisierung des Selbst in der Renaissance, die Formen der Innerlichkeit mit sozialer Äußerlichkeit unter dem Begriff des Interpersonalen entwirft, siehe Nancy Selleck, *The Interpersonal Idiom in Shakespeare, Donne, and Early Modern Culture*, Basingstoke 2008, bes. das Kapitel »Properties of a ›Self‹«, S. 21-55; zu literarischen Praktiken des Selbstbezugs vgl. Jörg Dünne, *Asketisches Schreiben. Moderne literarische Subjektivität zwischen Autobiographie und unpersönlichem Schreiben*, Tübingen 2003. Zu den Posen und Positionierungen von Individualität in der frühneuzeitlichen Porätmalerei vgl. Harry Berger Jr., *Fictions of the Pose: Rembrandt Against the Italian Renaissance*, Stanford 2000.

17 Siehe dazu zusammenfassend Michel Foucault, »Le sujet et le pouvoir«, in: ders., *Dits et écrits, 1954–1988*, 4 Bde., Paris 1994, hier: Bd. IV, S. 222-243 sowie ausführlicher ders., *Surveiller et punir. La naissance de la prison*, Paris 1975 und *L'Usage des plaisirs. Histoire et sexualité II*, Paris 1984.

Bewusstsein schlägt sich in einem neuen Umgang mit Wissen und spezifisch mit den topischen Wissensbeständen der klassischen Tradition nieder, wie er in den nachfolgenden Beiträgen nochmals exemplarisch herausgearbeitet wird. Dabei rücken wesentlich Probleme der Aneignung in den Vordergrund, die nicht nur die Applikation und Gültigkeit des Wissens betreffen, sondern auch den Stellenwert desjenigen, der sich über das Wissen legitimieren will. Diese Legitimation erfolgt nicht zuletzt über literarische Techniken und philologische Fertigkeiten, die durch den Umgang mit antiken Texten und deren Übertragung auf verschiedene Bereiche des menschlichen Lebens geschult werden. Die Ethik des Humanisten speist sich daher weniger aus festen Werten und Normen denn aus den technischen Fähigkeiten des Philologen: aus seiner ebenso wertvollen wie wertgenerierenden Sprach-, Text- und Medienkompetenz und den daraus erwachsenden Praktiken. Diese gilt es, als umfassenden Ausweis kultureller und sozialer Kompetenz zu profilieren, so dass die humanistische Bildung, wie in den Beiträgen von Andreas Mahler, Anne Enderwitz und Judith Frömmer aus unterschiedlichen Blickwinkeln und auf mehreren Ebenen ersichtlich wird, in verschiedener Hinsicht als symbolisches Kapital gelten kann.

Innerhalb einer verstärkt höfischen Gesellschaft, die sich wesentlich auf semiotische Prozesse zur sozialen Distinktion und Strukturierung beruft[18], sind gerade die hermeneutischen und textuellen Fähigkeiten weit über deren direkten Anwendungsbereich hinaus von durchaus materiellem Nutzen. Wie es vor dem Hintergrund wachsender Zahlen von Humanisten in universitären und universitätsähnlichen Institutionen zu neuartigen Formen der Professionalisierung kommt, zeigt diesbezüglich der Beitrag von ANDREAS MAHLER. Die »Profession des Humanisten« wandelt sich im frühneuzeitlichen England vom ›interesselosen‹ Bekenntnis zu einem Bildungsideal hin zu einer Auffassung von Bildung als Qualifikationsmaßnahme für den Berufseinstieg. Damit verändert sich nicht nur der Stellenwert von Bildung, sondern auch soziale Positionen sind nicht mehr durch Geburt vorgegeben und können durch humanistische Kompetenzen erarbeitet werden. Dies hat Auswirkungen sowohl auf den Umgang mit den von der Scholastik übernommenen Argumentationstechniken als auch auf die Formen der Vermittlung von Bildung. Wie Mahler zeigt, verschiebt sich in den neuen, stärker pragmatisch sowohl auf die Aristokratie als auch auf das aufkommende Bürgertum ausgerichteten Bildungskontexten das Hauptaugenmerk auf eine individuelle Aneignung. Andererseits etablieren sich besonders

---

18 Siehe dazu vor allem die wirkmächtigen Konzeptualisierungen bei Stephen Greenblatt, *Renaissance Self-Fashioning. From More to Shakespeare*, Chicago u. London 1980 und Norbert Elias, *Die höfische Gesellschaft. Untersuchungen zur Soziologie des Königtums und der höfischen Aristokratie*, Frankfurt a. M. 2002; aber auch Frank Whigham, *Ambition and Privilege. The Social Tropes of Elizabethan Courtesy Theory*, Berkeley, Los Angeles u. London 1984.

mit den Anfängen empirisch-experimenteller Wissensproduktion neue Formen
der Objektivierung und Plausibilisierung des Wissens, die sich institutionell in
den neu geschaffenen Akademien niederschlagen.

Die veränderten sozialen und pragmatischen Kontexte stehen auch im Beitrag
von ANNE ENDERWITZ im Vordergrund, die untersucht, wie in der urbanen
Gattung der englischen *City Comedy* im 17. Jahrhundert das humanistische
Bildungs- und Wissensideal auf seine Gültigkeit und seinen Wert (im oben
beschriebenen Sinne) befragt wird. Die *City Comedy*, die in vielerlei Hinsicht
als Antwort auf die gesellschaftlichen Ansprüche des Bürgertums und deren
Konfliktpotential zu verstehen ist, inszeniert dabei, wie Enderwitz zeigt, unter
anderem anhand der humanistischen Wissensbestände und Bildung Probleme
einer Wirtschaftsordnung, die nicht mehr dem feudalen *oikos*-Modell folgt.
Bildung erscheint hier als Teil eines satirisch ausgestellten ökonomischen Kalküls, dessen Komik aus der Diskrepanz zwischen gleichzeitiger Affirmation und
Entwertung der humanistischen Ideale resultiert. Denn diese stellen mittlerweile
in einem solchen Maße Gemeingut und eine Grundvoraussetzung für soziale Mobilität dar, dass sie bis in die niederen sozialen Schichten und Bildungskontexte
vorgedrungen sind, wo sie nur mehr rudimentär oder gezielt dekontextualisiert
für ein Gewinnstreben eingesetzt werden. Von einer das Wissensideal garantie-
renden Ethik entkoppelt, wird die Frage des richtigen Erwerbs von Bildung in
mehr oder weniger gelingenden Aneignungen wirtschaftlichen wie symbolischen
Kapitals komisch gespiegelt.

In der Betonung kontextabhängiger Aneignung und deren pragmatischem Zuschnitt verweist die Frage nach der Funktion und dem ›Stellenwert‹ der Bildung
darüber hinaus jedoch nicht nur auf die sozialen Positionen der humanistisch
Gebildeten, sondern offenbart eine grundlegende Singularisierung des Individuums, die in der Spätrenaissance nicht zuletzt auch begriffsgeschichtlich in der
Verschiebung vom Ungeteilten zum Eigenständig-Separierten zu beobachten ist.[19]
Bildung und Wissenserwerb garantieren in diesem Zusammenhang gerade nicht
mehr den überzeitlichen Platz des Individuums in einer hierarchisch organisierten
Struktur, sondern machen es mehr und mehr zum geschichtlichen Subjekt des
Wissens in aller Ambivalenz des Genitivs. Aneignung der Bildung ist unter diesem
subjektivierenden Aspekt emphatisch zu verstehen als eine historisch bedingte
Prozessualität, die in der Adaptation das Eigene als eine bildende Formung erst
hervorbringt. Diesen formativen Charakter der Bildung für das Subjekt und das
Subjektdenken zeigt JUDITH FRÖMMER in Montaignes *Essais* auf. Montaignes
Texte erkunden nicht nur verschiedene Positionen für das sich in ihnen (er-)
schreibende Subjekt, dessen Relation zur Gesellschaft durch einen ambivalenten

---

19 Vgl. Peter Stallybrass, »Shakespeare, the Individual, and the Text«, in: Lawrence Grossberg, et
al. (Hgg.), *Cultural Studies. Now and in the Future*, New York u. London 1992, S. 593-612.

Rückzug in den Zwischenraum zwischen Öffentlichem und Privatem charakterisiert ist, sondern lassen Subjektivität gerade in der Notwendigkeit entstehen,
sich zu den Texten der Tradition positionieren zu müssen. Dem entspricht zum
einen ein Bewusstsein um die Kontextbezogenheit des eigenen Schreibens, aber
auch jener klassischen Texte, deren Wert sich immer wieder von ihren Inhalten
löst und über ihre mediale Funktion bestimmbar wird. Zum anderen tritt das
Subjekt der *Essais* selbst in ein spannungsvolles Verhältnis zur Tradition, die als
autorisierende Ordnung in diesen Texten repräsentiert ist, deren *auctoritas* aber
als konflikthafte inszeniert wird. Ihre zitathafte Proliferation bedingt die Möglichkeit und die Notwendigkeit subjektivierender Bezugnahme, die zwischen
Bildung als Ermächtigung und Bildung als Formung durch (fremdes) Wissen
changiert. Frömmer beschreibt dieses Spannungsverhältnis über unterschiedliche Formen der (Dis-)Positionierung, in denen sich rhetorische Verfahren
mit Prozessen der Subjektivierung verbinden und die Selbstdarstellung über die
Einnahme von Posen vollzieht. Montaignes literarische ›Versuche‹ bilden derart
ein frühneuzeitliches Ästhetisches aus.

Pragmatiken und Ökonomien des Wissens

Die aktive, aneignende Bezugnahme mit dem ihr eingeschriebenen Bewusstsein
der Historizität (des Wissens sowie seiner Träger) ist Teil einer radikal veränderten Wissenspraxis, die zugleich Grundlage der Wissenskonzeption(en) der
Renaissance wird. Diese offenbart sich zum einen im Umgang mit den topischen
Wissensbeständen der klassischen Antike, zum anderen im konkreten politischen
und ökonomischen Einsatz des Wissens in variablen Kontexten. Diese Pragmatiken und Ökonomien des Wissens sollen in der zweiten Gruppe der Beiträge
im Vordergrund stehen. Es geht hier um zwei verschiedene, aber einander
bedingende Dimensionen humanistischer Praxis und der damit verbundenen
Pragmatik von humanistischen Texten. Denn die Texte und die literarischen
Selbstinszenierungen der Humanisten folgen nicht nur einer Pragmatik im
landläufigen (häufig ökonomischen) Sinne von Funktionalität, sondern sind
sowohl auf ihre historischen als auch auf ihre fiktionalen Sprechsituationen hin
zu befragen, sprich auf ihre Pragmatik im linguistischen und literaturwissenschaftlichen Sinne. Auch wenn sich humanistische Gründerfiguren wie Petrarca
oder Boccaccio gerne als freie Intellektuelle darstellen, entspricht das nicht den
sozioökonomischen Realitäten der Frühen Neuzeit. Hier sind die Texte der meisten Humanisten sicher nicht zweckfrei und überzeitlich konzipiert (zumindest
nicht in erster Linie), sondern in differenzierte und vielschichtige, ja zum Teil
opake Kontexte eingebunden. Als Sprechakte entfalten sie in ihren komplexen

Appellfunktionen eine geschichtsprägende Kraft und – paradoxerweise oft gerade in der Hinwendung zur Vergangenheit – eine neuartige Form des Zukunftsbezugs, die ihre heutigen Lektüren mitbestimmt.

Humanistische Texte folgen in hohem Maße prozessualen Ökonomien, die fluktuierende Austauschrelationen zwischen Texten und Kontexten stiften. Das Wissen der Renaissance ist daher bestimmt durch eine drastische Verschiebung hin zu einer Wissenspraxis. Diese steht, wie bereits Vicoria Kahn ausgeführt hat, einer gleichsam ahistorischen, ›systematischen‹ und kontextunabhängigen Theorie gegenüber[20], wie sie sowohl in den Argumentationsformen der Scholastik als auch in der klassischen Wissensformation mit ihrem topisch-exemplarischen Wissen zum Ausdruck kommt.[21] Beispielhaft für diese Praxis ist die mediale Form der Übernahme topischen Wissens, die einerseits der *copia* des tradierten Wissens Rechnung trägt, andererseits aber eine neue Organisationsform findet, die dessen Gültigkeit unterminiert. Terence Cave sieht darin die grundlegende Ambivalenz und Duplizität des *cornucopian text* begründet, der als dynamische Wissenspräsentation die Historizität und Kontingenz des Wissens durch Formen der De- und Rekontextualisierung buchstäblich vollzieht.[22] Durch die Verschiebung und (Re-)Montage von literarischen Exempeln und Autoritäten, die in wechselnde Kontiguitätsbeziehungen treten, verändert sich die Konzeption humanistischen Wissens. In der humanistischen Praxis wird dem Wissen ein Anspruch auf Objektivität sukzessive entzogen, insofern Wissen nicht mehr unabhängig von seiner Produktion in spezifischen Kontexten gedacht wird. Besonders deutlich wird dies anhand jener Sammlungen der *loci communes*, für deren Verbreitung Erasmus stilprägend war. Denn diese fragmentieren und rekontextualisieren das exemplarische Wissen unter der Perspektive der Nutzbarkeit, werden die Exzerpte doch für bestimmte Situationen oder Themen konzipiert und um sie herum organisiert. Dies bedeutet auch, dass sie im Laufe der Zeit und für andere Kontexte neu organisiert oder anders parzelliert werden.[23] Zugleich verweist diese konstitutive Dynamisierung ihrer Organisation

20 Victoria Kahn, »Humanism and the Resistance to Theory«, in: Patricia Parker u. David Quint (Hgg.), *Literary Theory/Renaissance Texts*, Baltimore u. London 1986, S. 373-396.

21 Für die humanistische Praxis, jene Argumentationsformen rhetorisch und institutionell aufzugreifen und zu überformen, siehe beispielhaft Anita Traninger, *Disputation, Deklamation, Dialog. Medien und Gattungen europäischer Wissensverhandlungen zwischen Scholastik und Humanismus*, Stuttgart 2012 sowie die auf die Renaissance bezogenen Artikel in Klaus W. Hempfer u. Anita Traninger (Hgg.), *Der Dialog im Diskursfeld seiner Zeit. Von der Antike bis zur Aufklärung*, Stuttgart 2010.

22 Terence Cave, *The Cornucopian Text. Problems of Writing in the French Renaissance*, Oxford 1979.

23 Für die Lektürepraxis nach dem Dreischritt von Analyse, Parzellierung und Neukontextualisierung in der Aneignung siehe Walter J. Ong, *Rhetoric, Romance, and Technology. Studies in the Interpretation of Expression and Culture*, Ithaca u. London 1971, v. a. S. 162 f.

auf den Fluchtpunkt jener Instanz, die diesen Text für die eigenen Bedürfnisse als personalisiertes Konglomerat erstellt: Aus dem exzerpierenden Leser wird, wie Kevin Sharpe dies pointiert formuliert hat, der Autor eines Textes »for the use of one«.[24] Mit dieser aktivierenden Lektürepraxis korrespondieren zudem die Akzentverschiebungen der humanistischen Pädagogik, die anstelle des Memorierens und der Betonung grammatikalischer Regelhaftigkeit auf aneignenden Nachvollzug abzielen.[25] An die Stelle eines Wissens, das seinen Gegenwert in einer evidenten oder garantierten Realität findet[26], tritt die Einsicht in seine vielschichtigen Pragmatisierungen, aus denen sich umgekehrt auch verschiedene Formen und Konzeptionen von Ökonomie ergeben. Die Beiträge von Christina Schäfer, Christoph Oliver Mayer und Lars Schneider arbeiten dies anhand unterschiedlicher Gattungspragmatiken heraus, die wiederum aus verschiedenen sozioökonomischen Kontexten erwachsen.

So unterstreicht der Beitrag von CHRISTINA SCHÄFER anhand der äußeren Kommunikationssituationen von Albertis *Libri della famiglia* den »›anderen‹ Wert ökonomischen Wissens in der italienischen Renaissance«. Diese berühmte frühneuzeitliche Ökonomik entfalte ihren Wert über die Lehre von der vorbildlichen Haushaltsführung hinaus durch eine intrikate Verschränkung verschiedener Pragmatiken, die (weitgehend vergeblich) auf eine Vermehrung sowohl des Vermögens als auch des Stellenwertes der Familie Alberti selbst zielten. In diesem Dialog zwischen verschiedenen Familienmitgliedern verbinde sich die ökonomische *doctrina* mit einem humanistischen Bildungsideal, das indes nicht nur das Ansehen des Autors steigern, sondern durch den gezielten Einsatz der Volkssprache mit der Erweiterung des Adressatenkreises auch den Marktwert humanistischen Wissens erhöhen sollte. Während diese Strategie langfristig aufging, ist sie unter den Zeitgenossen gescheitert. In ihrer Ausdifferenzierung der inneren und vor allem der äußeren Kommunikationssituationen dieses Dia-

---

24 Kevin Sharpe, *Reading Revolutions. The Politics of Reading in Early Modern England*, New Haven u. London 2000, S. 279. Zur (Selbst-)Autorisierung durch Prozesse des aneignenden *framing* fragmentierend exzerpierter Texte siehe außerdem Mary Thomas Crane, *Framing Authority. Sayings, Self, and Society in Sixteenth-Century England*, Princeton 1993.

25 Für die neuen Formen pädagogischer Disziplinierung, die ein »juridical model of learning« (S. 32) ablösen, vgl. Richard Halpern, *The Poetics of Primitive Accumulation, English Renaissance Culture and the Genealogy of Capital*, Ithaca u. London 1991. Für einen detaillierten Überblick über die Curricula humanistischer Bildung in England und ihre Veränderungen siehe Arthur F. Kinney, *Humanist Poetics. Thought, Rhetoric, and Fiction in Sixteenth-Century England*, Amherst 1986, wenngleich Kinney entgegen der Thesen der hier versammelten Beiträge für die Humanisten stärker eine Tendenz zur Universalisierung und Abstraktion vom Kontext betont.

26 Für eine entsprechende Typologie historischer Wirklichkeitsbegriffe siehe Hans Blumenberg, »Wirklichkeitsbegriff und Möglichkeit des Romans«, in: Hans Robert Jauß (Hg.), *Nachahmung und Illusion*, München 1964, S. 9-27.

logs legt Schäfer für diesen Band exemplarisch dar, wie die Appellfunktionen humanistischer Texte auf diversen pragmatischen Ebenen operieren, nicht zuletzt um dabei in verschiedene ökonomische Kontexte innerhalb und außerhalb der Familie einzugreifen. Doch liefen diese funktionalen Pragmatiken – so die Pointe einer humanistischen Textpragmatik, die in Albertis Dialog am Ende jeden pragmatischen Nutzen im ökonomischen und machtpolitischen Sinne sabotiert zu haben scheint – ins Leere. Denn die Versuche des Autors, den Stellenwert der Alberti innerhalb des Machtkampfes der Adelsgeschlechter in Florenz zu stärken oder in Erbschaftsstreitigkeiten innerhalb seiner eigenen Familie einzugreifen, behinderte über mehrere Jahrhunderte auch die Verbreitung seines Dialogs. Langfristig hat dieser seinen Wert vor allem über seinen Beitrag zur Ausbildung einer politischen Ökonomie der Neuzeit entfaltet.[27]

Wesentlich erfolgreicher erscheinen hinsichtlich einer pragmatischen Funktionalisierung ihrer humanistischen Praktiken die Autoren der französischen Renaissance. Dass deren Wert nicht nur in entscheidender Weise von ökonomischen Faktoren abhängig ist, sondern auch ökonomischen Mehrwert generieren kann, arbeiten die Beiträge von Christoph Oliver Mayer und Lars Schneider jeweils innerhalb unterschiedlicher Gattungstraditionen heraus. So zeigt CHRISTOPH OLIVER MAYER anhand exemplarischer Gedichte Du Bellays und Ronsards und ihrer äußeren und inneren Kommunikationssituationen, dass die Dichter der Pléiade den Wert ihrer Dichtung an deren »Kanonisierung inklusive Kommerzialisierung« maßen. Das verbreitete Vorurteil eines Widerspruchs von »Kunst und Kommerz« muss daher gerade im Hinblick auf den prononcierten Idealismus der Pléiade differenziert werden. Deren Streben nach gesellschaftlicher und damit auch materieller Anerkennung erfordert eine spezifische Einsicht in ökonomische Funktionsweisen und damit ein Wissen, über das der Dichter und Humanist die determinierenden Faktoren der Herkunft oder des Vermögens ergänzen oder gegebenenfalls auch ersetzen konnte. Von diesem humanistischen Wissen in Bezug auf die Funktionsweisen eines literarischen ›Marktes‹ zeugen laut Mayer unter anderen Du Bellays »Hymn de la Surdité« und Ronsards »Discours à P. L'Escot«. Auf scheinbar paradoxe Weise fordern diese Texte ihrer ideellen Fundierung der Poesie zum Trotz eine materielle Wertschätzung des Dichters ein, um dessen exzeptionelle Stellung auch ökonomisch zu untermauern. Signifikanterweise sind es Mayer zufolge insbesondere poetische Inszenierungen der eigenen Biographie, innerhalb derer sich der Dichter den Gesetzen des Marktes entzogen habe. Auf

---

27 Eine solche Betonung der Rolle Albertis als Vordenker der politischen Ökonomie findet sich bei Germano Maifreda, *L'economia e la scienza: il rinnovamento della cultura economica tra Cinque e Seicento*, Rom 2010, hier zitiert nach der erweiterten englischen Ausgabe: *From Oikonomia to Political Economy. Constructing Economic Knowledge from the Renaissance to the Scientific Revolution*, Farnham 2012, dort v. a. S. 57 f.

diese Weise kreierten sich die Pléiade-Dichter »zwischen Poesie, Macht und
Ökonomie« ein Markenimage, um eben diesen Markt zu dominieren und auf
diese Weise gleichermaßen ideelle wie materielle Wertschätzung zu erlangen.

Ein wesentlicher, wenn nicht der bestimmende Faktor dieses literarischen
Marktes ist die Entstehung des Buchdrucks, der, wie Lars Schneider anhand
einer mediengeschichtlichen Analyse der Pragmatik(en) Rabelais' zeigt, nicht
nur den Radius und die Form der Verbreitung, sondern auch die Inhalte humanistischen Wissens zunehmend bestimmt. Denn ökonomische Prinzipien
dominieren hier sowohl die Herstellung als auch den Gegenstand von Büchern,
die nicht mehr nur in humanistischen Gelehrtenkreisen zirkulieren, sondern
zunehmend auch in den Volkssprachen für einen anonymen Markt produziert
und auf Messen vertrieben werden. Mit den Gesetzen des frühneuzeitlichen
Buchmarktes, auf dem das lateinische Schrifttum und die Editionen traditioneller Humanisten zunehmend marginalisiert werden, lässt sich, so die Hypothese
Schneiders, nicht zuletzt das eigentümliche Konglomerat aus Volks- und Gelehrtenkultur in Rabelais' *Pentalogie* erklären. Dabei habe der Editionsphilologe
Rabelais gewissermaßen die ökonomischen Zeichen der Zeit erkannt, ohne sich
diesen zu unterwerfen, sondern stattdessen »die blühende Konsumliteratur für
seine Zwecke« zu nutzen und die humanistische Gelehrtenkultur durch den
Pantagruel wieder marktfähig zu machen gewusst. Gerade in der vorgeblichen
Anpassung an die Volkskultur des Buchdrucks könne sich der Roman im Gewand
volkssprachlicher Unterhaltungsliteratur von dieser ironisch distanzieren. Im
Bewusstsein der Problematik von der eigenen medialen Übertragung und ihrer
ökonomischen wie philologischen Risiken verbindet sich in dessen Entstehungs-
und Rezeptionsgeschichte eine verlorene humanistische Vergangenheit mit der
ökonomischen Gegenwart des Buchmarktes der Frühen Neuzeit – aber auch
mit der Zukunft künftiger Überlieferungen eines Textes, der sich der Vergänglichkeit frühneuzeitlicher Konsumgewohnheiten zu entziehen vermag. Gerade
durch die paradoxe Pragmatik des *Pantagruel*, die sich auf einen performativen
Widerspruch gründet, indem das gewählte Medium dessen medien- bzw. buch-
marktkritische Äußerungen konterkariert, konnte sich dessen Wert auch in der
Zukunft variabler Sprechsituationen bewahren.

Humanismus und Ökonomie

Wie die Beiträge der zweiten Sektion deutlich machen, koppeln die Pragmatisierungen der humanistischen Textpraxis Wissen an eine hochgradige Selbstreflexion, die nicht nur die Form der Produktion und Vermittlung des Wissens
betrifft, sondern allgemein die Frage nach dem Wert des Wissens stellt. Das

Eingebundensein in ein ganzes Netzwerk[28] sich gegenseitig bedingender Beziehungen und die damit einhergehende Dynamisierung des Wissens und der Wissensproduktion zeugen jedoch nicht nur von einer Relativität, die sich unter anderem aus dem Bewusstsein der Historizität ableiten lässt. Vielmehr verweisen sie auf ein Verständnis dynamischer Relationalität, das für die Entwicklung eines modernen ökonomischen Denkens entscheidend wird. Wie sich in Germano Maifredas wissenschaftsgeschichtlicher Untersuchung der frühneuzeitlichen Ökonomie im Detail nachvollziehen lässt, ist die Ausbildung solch relationaler und pragmatischer Wissensdiskurse eine der zentralen Voraussetzungen für ein Verständnis der Ökonomie als ›systematische Interpretation von Austauschvorgängen‹, wie sie in der Renaissance und besonders in den humanistisch geprägten italienischen Stadtstaaten entsteht.[29]

Das Scharnier zwischen diesen beiden Bereichen der Wissensproduktion und des ökonomischen Denkens bildet eine grundlegende Veränderung in der Konzeptualisierung des Wertes selbst: »By re-proposing cognitive visual and ethnographic methods, as well as emphasizing empirical, comparative modes of understanding, the fifteenth and sixteenth centuries induced a deep revision of Western values and the very category of value itself, even from an economic perspective.«[30] Sowohl hinsichtlich des Wissens als auch im wirtschaftlichen Denken drängt sich nicht zuletzt durch die Ausweitung und Differenz der Wissensbestände einerseits und die zunehmende Internationalisierung des Handels andererseits das Problem einer Vergleichbarkeit auf, das sich als Frage der Wertbemessung stellt. Raumzeitliche Differenz wird hierbei zu einem Faktor, der Vorstellungen des direkten und reziproken Austauschs an seine Grenzen bringt und stattdessen die Medialität der Transaktionen wichtig werden lässt. Dies betrifft das gedruckte Buch als problematisches Medium des Austauschs von Wissen, das aufgrund seiner Entrückung aus den unmittelbaren und kontrollierbaren Kontexten einer bekannten Wissensgemeinschaft neue Strategien der Präsentation und Plausibilisierung verlangt[31], ebenso wie das Geld. Letzteres bedeutet nicht nur eine Unterbrechung des direkten Handels, die raumzeitlichen

---

28 Für einen auf der Netzwerktheorie Latours aufbauenden Zugang zur Institutionalisierung der frühneuzeitlichen Wissenspraxis siehe Andreas Mahler, »Netzwerke, Konstellation, intellektuelle Denkräume. John Donne und die Inns of Court«, in: Friedrich Vollhardt (Hg.), *Religiöser Nonkonformismus und frühneuzeitliche Gelehrtenkultur*, Berlin 2014, S. 51-70 sowie ders., »Urbane Raumpraxis und kulturelle Explosion – Netzwerkkonstellationen im frühneuzeitlichen London«, in: *Shakespeare-Jahrbuch* 147 (2011), S. 11-33.

29 Vgl. Maifreda (wie Anm. 27), S. 12.

30 Ebd., S. 8 f.

31 Siehe dazu vor allem Adrian Johns, *The Nature of the Book. Print and Knowledge in the Making*, Chicago u. London 1998 und Elizabeth Spiller, *Science, Reading, and Renaissance Literature. The Art of Making Knowledge, 1580 – 1670*, Cambridge 2004.

Aufschub etwa in Zinsen verrechenbar macht[32]; mit dem Geld stellt sich auch das interkulturelle Problem radikal verschiedener Ökonomien und Wertsysteme, weshalb die Materialität des Geldes seinen Wert nicht mehr garantieren kann. An die Stelle eines intrinsisch gedachten metallistischen Wertes, tritt auch hier ein Bewusstsein relationaler Wertzuschreibung. Dass dies immense ethische Konsequenzen hat, zeigt unter anderem der Beitrag von Wolfram Keller anhand der Gegenüberstellung des klassischen *oikos*-Modells mit einer frühneuzeitlichen Aufwertung der Chrematistik.

Er leitet damit die dritte Sektion ein, in der die thematischen und strukturellen Verbindungen zwischen Vorstellungen vom Ökonomischen und dem Denken des Wertes einerseits und spezifischen Textformen und Gattungen andererseits im Mittelpunkt stehen. Denn humanistische Ökonomien des Wissens sind nicht nur von der pragmatischen Nutzbarmachung des Wissens her zu denken. Vielmehr hat humanistisches Wissens auch entscheidenden Einfluss auf die radikalen Veränderungen des ökonomischen Denkens bis hin zur revolutionären Ausbildung einer politischen Ökonomie im 17. Jahrhundert. Humanisten spielen hierbei eine doppelte Rolle. Wie Maifreda gezeigt hat, ist diese Entwicklung nicht ohne ein neues Selbstverständnis der Händler und Kaufleute innerhalb der Renaissancegesellschaften denkbar. Vor allem äußern sich deren Ansprüche über Formen der Selbstrepräsentation, die ihren Werten und ihrer aus den Erfahrungen des internationalen Handels geprägten Vorstellungen von Wert Ausdruck verliehen.[33] Humanisten stellen dafür nicht nur die über ihre Schriften zugänglich gemachten Wissenstechniken und Medienkompetenzen bereit, sie profitieren auch von einer sich ausbildenden bürgerlichen Schicht. Dieses ›Bürgertum‹ wird, wie in diesem Band unter anderem Andreas Mahler betont, zu einer wichtigen Klientel humanistischer Wissensvermittlung. Zum einen wird humanistisches Wissen daher ganz konkret mit der Frage nach seiner Nützlichkeit und Nutzbarkeit konfrontiert und muss Formen der Vermittlung finden, die diesen Kontexten und deren Ansprüchen Rechnung tragen. Zum anderen hinterlassen die Erfahrung wirtschaftlicher Wertrelativität und deren Ausprägungen etwa in einer Geldwerttheorie, die nicht mehr auf intrinsischen oder essenzialistischen Parametern beruht, tiefgreifende Spuren in anderen Wissensfeldern. Während Keller dies für die Verhandlung der Gültigkeit klassischen literarischen und epistemologischen Wissens in allegorischen Traumvisionen untersucht, gehen die Beiträge von André Otto zu Graciáns textuellen Strategien

---

32 Vgl. dazu auch den historischen Überblick zur Entwicklung des Marktes vom konkret verorteten Platz des Güter- bzw. Gabentausches hin zum »relatively impersonal framework of a money and credit market« (S. 49) in Jean-Christophe Agnew, *Worlds Apart: The Market and the Theatre in Anglo-American Thought, 1550–1750*, Cambridge u. a. 1986.
33 Vgl. Maifreda (wie Anm. 27), S. 9-12.

der Verknappung und von Robert Folger zu Camões' Epos als kolonialem Fetisch den Interferenzen nach, die sich durch die Rekontextualisierung humanistischer Wissensbestände und Textformen in höfischen bzw. imperial-kolonialistischen Kontexten mit Blick auf den Wert des Wissens ergeben.

Im Übergang vom Spätmittelalter zur Frühen Neuzeit stellt die Gattung der allegorischen Traumvisionen ein hochgradig selbstreflexives Genre dar, in dem nicht nur literarisch-historisches Wissen vermittelt wird, sondern dessen Vermittlung selbst thematisch wird. In diesen Traumvisionen wirken, so WOLFRAM KELLER, epistemologische und ökonomische Diskurse konstitutiv zusammen, wobei zugleich entscheidende Probleme des ökonomischen Denkens in den Blick geraten. Wesentlich stellen die Traumvisionen eine Reflexion über die Möglichkeiten und Gefahren der Imagination dar. Sie basieren auf dem wahrnehmungsphysiologischen Modell, das die Imaginationstätigkeit stufenweise in verschiedene Gehirnkammern unterteilt, denen jeweils unterschiedliche Vermögen zugeordnet sind. Gemäß dieser Verräumlichung sollte die Imagination daher dem Ideal des *oikos*, also einer sich nach innen stabilisierenden Haushaltsführung, folgen. Als Allegorien der Imagination inszenieren Chaucers *House of Fame* und Douglas' *Palice of Honour* jedoch die Zeitlichkeit jener Bearbeitung in den Hirnventrikeln, so dass eine ausgeglichene Ordnung des *oikos* zunächst nur den Flucht- und Endpunkt des Imaginationsprozesses vorstellt. Der Weg durch die Kammern der Imagination hingegen setzt nicht nur mit einer epistemologischen Verunsicherung durch die Wahrnehmung ein, sondern ist auch gekennzeichnet durch ein gleichsam eigendynamisches Wuchern der Imagination, das der bereits bei Aristoteles kritisierten Chrematistik entspricht. Dieser Tausch um des Tausches willen wird in den Traumvisionen aber deshalb so problematisch, weil in ihnen traditionelles Wissen verhandelt und weitergegeben wird. Tritt dies in deregulierte Tauschprozesse einer wuchernden Imagination ein, treibt es ein unhintergehbares Bewusstsein für die Arbitrarität von Wertzuschreibungen hervor. Somit verliert aber der Imaginationsprozess jene regulativen Parameter, die in den unterschiedlichen Ventrikeln für ihre hauswirtschaftliche Ausgeglichenheit sorgen und den Wert der dichterischen Imagination vor dem Hintergrund und gegenüber der literarischen Tradition bestätigen und garantieren sollen. Wie Keller zeigt, wird dadurch in diesen Traumvisionen entgegen der formalen Einhegung im *oikos*-Modell das chrematistische Wuchern »zum Grundparadigma poetischer Arbeit erhoben«.

Nicht selten findet der Verlust eines ausgeglichenen *oikos* in der Literatur der Frühen Neuzeit seine Entsprechung in assymmetrischen Textökonomien, die dann wiederum häufig mit sozialen Machtgefällen und Hierarchien interagieren. Im permanenten Entzug eines Gegenwerts gehen beispielsweise im höfischen Kontext Baltasar Graciáns, wie ANDRÉ OTTO anhand der epistemologischen

Interferenzen des *Oráculo manual* mit der frühneuzeitlichen Theorie des Geldes und der sich ausbildenden politischen Ökonomie herausarbeitet, humanistische Wissenspraktiken mit sozialen Evaluierungsprozessen einher. Denn wenn Wissen nicht mehr ontologisch in Wahrheit fundiert werden kann, sondern Teil einer höfischen Praxis ist, innerhalb derer der eigene Stellenwert nicht zuletzt über Opazität gesteigert wird, hat diese Struktur des Entzugs Otto zufolge weitreichende Folgen für das Verständnis von Wertgenerierung. Die Logik der Verknappung, wie sie sich auf Ebene der Semantik, der Syntax, aber vor allem auch der Pragmatik von Graciáns *Handorakel* nahezu buchstäblich nachvollziehen lässt, koppelt Wissensproduktion und Wissenserwerb an ein Begehren, das über das Geheimnis und näherhin durch den permanenten Verweis auf einen unergründlichen *fondo* erzeugt wird. In seinem permanenten Entzug wird Wissen daher gleichzeitig zur potentiell unerschöpflichen Reserve. Innerhalb höfischer (Dis-)Simulation kann der Wert des Wissens, aber auch des Höflings, nicht auf intrinsischen Qualitäten beruhen, sondern ist assymetrischen Machtrelationen unterworfen, die, umgekehrt, Produkt eben dieser permanenten Verfahren der Wertgenerierung, der Wertverschiebung und nicht zuletzt des Wertentzugs sind. Diese ebenso dynamischen wie undurchdringbaren Relationierungsprozesse betreffen auch die Ökonomie des *Oráculo manual* selbst. Der Wert der Verknappung entfaltet sich nicht zuletzt dadurch, dass Graciáns Text in seinen unbestimmten Bezügen und Beziehbarkeiten auch das Begehren des Lesers erzeugt, der auf diese Weise an der Produktion des Wertes von humanistischem Wissen beteiligt wird.

Die begehrensgeleitete und -leitende Produktion und Zuschreibung von Wert problematisiert ROBERT FOLGER abschließend in Camões' Versuch, das moderne portugiesische Nationalepos im gesamteuropäischen Wettstreit zu schreiben, unter dem Begriff des Fetischs. Anhand der unterschiedlichen Besetzung der nach Žižek gedachten fetischistischen Struktur geht er dem Verhältnis von Camões' Epos zum portugiesischen Kolonialismus nach und zeigt, wie sich hierin der Übergang von den historischen Formationen des Feudalismus zum imperialen Kapitalismus beobachten lässt. In Camões' *imitatio* der klassischen Form des Epos spielt humanistisches Wissen eine entscheidende Rolle, um kulturelles in ökonomisches Kapital umzuwandeln. Auf verschiedenen pragmatischen Ebenen wird dieser Prozess jedoch durch eine doppelte fetischistische Ersetzung von Dingen (Text) durch Personen (Gama, Camões) und von Strukturen (Kolonialismus) durch Dinge camoufliert. Zunächst bietet das Epos unter Rückgriff auf klassisch-antike ebenso wie auf rinascimentale Vorbilder auf der Inhaltsebene das Muster, um das auf militärisch abgesicherten Handelsbeziehungen beruhende portugiesische Kolonialgebilde auf die Taten heroischer Personen zurückzuführen und somit ein Modell feudalistischer Legitimation zu reaffirmieren. Gleichzeitig, so Folger, kann dabei aber nicht kaschiert werden, dass diese feudalistische

Ersetzung in einem Kontext erfolgt, in dem kaum Heroisches erzählt werden kann. Vielmehr unterstreiche Camões' Text den Eintritt in kapitalistische Strukturen eines internationalisierten, kolonialen Warentauschs. Das koloniale Projekt erscheint so in erster Linie als wirtschaftliches Unterfangen, das auf der fetischistischen Ersetzung der imperialen Struktur durch vermeintlich intrinsisch wertvolle Dinge beruht. Indem es das epische Projekt des Helden als Vorwand für episches Schreiben ausstellt, dient das Epos seinem Autor darüber hinaus aber zur Selbstprofilierung und zur Wertsteigerung des so geschaffenen Nationalepos. Die humanistischen Wissensbestände, die textintern die kapitalistische Expansion und die Etablierung des kolonialen Imperialismus mittels der Überführung der heroisch-kriegerischen Ideale des Epos aus dem Feudalismus in die militärisch gestützte Ordnung des kapitalistischen Imperialismus vermitteln, profilieren auf der Ebene der textexternen Pragmatik den Text als Objekt innerhalb einer Warenzirkulation. Das humanistische Epos wird so selbst zum kolonialen Fetisch.

In dieser Perspektive interagiert die humanistische Ökonomie des Textes mit Begehrensstrukturen, die indes in der Verdinglichung der kapitalistischen Ware mortifiziert zu werden drohen. Doch wird humanistisches Wissen immer auch über ein Lesen gewonnen, in dem der Text als lückenhaftes Gewebe von Zeiten, Sprachen und Differenzen gewissermaßen den Fetischcharakter der Ware *und* sein Geheimnis bewahren und somit einer eindimensionalen Festlegung von Werten entzogen werden kann. Im Prozess der Lektüre kann Literatur vielmehr zum Ort einer belebenden Verhandlung zwischen verschiedenen ökonomischen Formationen, Werten und Funktionalisierungen humanistischer Bildung werden. Gerade der ›humanistische‹ Leser kann die Gegenwart seiner Lektüre in eine Beziehung zur Vergangenheit des Textes setzen, ohne dabei zwangsläufig der historischen Chronologie oder einer Fortschrittsteleologie verpflichtet zu sein, sondern stattdessen die Produktivität von Anachronismen[34], Verschiebungen und sogar Missverständnissen erfahren. Auf diese Weise ist der humanistische Lehrer oder Lerner in der Lage, den Modus der Übertragung zu wechseln und Wertzuschreibungen (ent-)historisierend zu hinterfragen. Sein Wissen erschöpft sich daher auch nicht in seiner Verwertbarkeit. Denn humanistisches Lesen kann im spannungsreichen Dialog der Zeiten, Kulturen und Personen Übertragungen zwischen Vergangenheit und Gegenwart vollziehen, die den Zirkulationsbewegungen des kapitalistischen Marktes und seiner Fetische eine andere erotische Struktur entgegensetzen, die nicht zwangsläufig in Widerspruch zu ökonomischen Prozessen treten muss: eine Erotik, die sich aus einem ökonomischen

---

34 Vgl. hier auch Jacques Rancière, »Le concept d'anachronisme et la vérité de l'historien«, in: *L'inactuel: Psychoanalyse & Culture* 6 (1996), S. 53-68 sowie Alexander Nagel u. Christopher S. Wood, *Anachronic Renaissance*, New York 2010.

Wissen bildet, das nicht einfach ein funktionales Wissen von Tauschverhältnissen und Verwertbarkeit ist, sondern das seinen Wert nicht zuletzt über das Problem der (Un-)Verfügbarkeit seiner Quellen gewinnt und steigert. Denn der Wert humanistischer Quellen besteht nicht nur in der Aufbewahrung von Wissen, sondern diese werden gerade in ihrer problematischen An- und Enteignung zur unerschöpflichen Reserve. Deren Funktionsweisen bestimmen sich wesentlich über eine Dialektik von Erhaltung und Entzug, die humanistische Ökonomien des Wissens zum Objekt jener erotischen Hingabe machen, von der auch Curtius gesprochen hat. Wie die hier versammelten Beiträge hoffentlich in Ansätzen vorführen, bestünde die (Selbst-)Aufgabe des Humanisten demnach weiterhin darin, sich und sein Wissen zur Disposition zu stellen.

Der Wert der Bildung

Andreas Mahler

Die Profession des Humanisten

Zum ›Stellen-Wert‹ von Bildung im frühneuzeitlichen England

I

Vom virtuosen frühneuzeitlichen Dichter und wortmächtigen Prediger John Donne – in seinen jungen Jahren in den 1590er Jahren notorisch bekannt als ›*a great frequenter of ladies and of plays*‹ – stammt folgende Einschätzung: »The University is a Paradise, Rivers of Knowledge are there. Arts and Sciences flow from there. Counsell Tables are *Horti conclusi*, (as it is said in the Canticles), *Gardens that are walled in*, and they are *Fontes signati*, Wells that *are sealed up*; bottomless depths of unsearchable Counsels there.«[1] Vom selben John Donne stammt aber auch die Charakterisierung: »an *University* is but a *wildernesse*, though we gather our learning there«.[2] Liest sich die erste Einschätzung uneingeschränkt wie ein positives, enthusiastisches Glaubensbekenntnis in die Wirkmächtigkeit der frühneuzeitlich ›humanistisch‹ geprägten Bildungsinstitution ›Universität‹, also gleichsam wie eine *profession de foi*, so erscheint die zweite wie eine zerknirschte Anerkenntnis, dass, obzwar man sich dort allenthalben verlieren könne, man in der Universität zumindest eines erwerbe: das nötige ›*little learning*‹ für den späteren Beruf, die ›Profession‹.

Ökonomisch gesehen traf dies für John Donne zunächst allerdings nur bedingt zu.[3] Nach Aufenthalten in Cambridge und Oxford, glaubensbedingtem frühen Wechsel an die Londoner Rechtsschulen der Inns of Court, nicht zuletzt – aufgrund eines ausgezahlten Erbes – großer Karriere dort als das, was man heute

---

1 John Donne, *The Sermons*, hrsg. v. George R. Potter u. Evelyn M. Simpson, 10 Bde., Berkeley, CA 1953-1962, Bd. 6 [1953], S. 227 (seine Hervorh.).

2 Ebd., Bd. 4, S. 160 (seine Hervorh.); ich verdanke beide Zitate dem Eingangsmotto zu Wolfgang Weiß, *Der anglo-amerikanische Universitätsroman. Eine historische Skizze*, Darmstadt 1988 (Erträge der Forschung 260), S. VII.

3 Nach wie vor eine der Standardbiographien zu John Donne ist R. C. Bald, *John Donne. A Life*, Oxford 1970; zu einer besonderen Berücksichtigung des intellektuellen Milieus, näherhin der Inns of Court in den 1590er Jahren, siehe die Ergänzungen bei Arthur F. Marotti, *John Donne, Coterie Poet*, Madison, WI 1986. Für einen informativen Überblick siehe auch Stevie Davies, *John Donne*, Plymouth 1996, sowie die Beiträge in Achsah Guibbory (Hg.), *The Cambridge Companion to John Donne*, Cambridge 2006.

wohl als ›Partylöwe‹ bezeichnen würde (der erwähnte ›*great frequenter*‹), heiratet
John Donne als über seine Bildung 1597/98 zum Privatsekretär des Sir Thomas
Egerton, Lord Keeper of England, aufgestiegener, hoffnungsvoller junger Mann
ohne Erlaubnis 1601 mit Ann More die Tochter von Egertons Schwager und verliert umgehend alles: Ansehen, Renomme und Stelle. Das Resüme ist bekannt:
es ist der Einzeiler ›John Donne, Ann Donne, undone‹.[4]

Was Donnes Geschichte sehen lässt, ist Einsatz und Bedeutung von ›Bildung‹
im frühneuzeitlichen England um 1600, vor allem aber auch schon deren soziales
wie finanzielles Risiko und deren Prekarität.[5] Im England der Spätrenaissance
gilt Bildung zuweilen stärker bereits als die Standeszugehörigkeit vermehrt
auch als Eintrittskarte in ein gesellschaftlich-ökonomisches Spiel. Im Zuge
der unter Heinrich VIII. eingeleiteten ›Verhofung‹ des Adels zum weitgehend
entmachtet an den Hof und seine Intrigen gebundenen ›Funktionsadel‹ – zu
bloßen, herrschaftsfeiernden wie -repräsentierenden ›*courtly satellites*‹ – ist sie
unabdingbare Kenntnisvoraussetzung, selbstverständliche Wissensbasis sowie
jederzeit abrufbare Garantie für einzufordernde, und auch eingeforderte, Fähigkeiten und Fertigkeiten.[6] Vor allem aber dient sie als Teil eines für den Raum des
Hofes Geltung beanspruchenden, öffentlichkeitsbedachten *self-fashioning* dem
internen – wie auch externen – *impression management* des Beeindruckens und
Renommierens.[7] Auf diese Weise wirkt Bildung wie ein Sprungbrett in nach wie
vor maßgebliche höfische Kreise, sie dient dem intelligenten Unterhalten und

---

4 Gleichwohl wird dies, wie bereits die Eingangszitate verdeutlichen, nicht Donnes spätere Karriere
  als Kirchenmann und gewichtiger Prediger in der Funktion des Dean of St. Paul's verhindern.

5 Zu einem konzisen Überblick über frühneuzeitliche englische Bildungsgeschichte siehe den Eintrag von Jean R. Brink, »Literacy and Education«, in: Michael Hattaway (Hg.), *A New Companion to English Renaissance Literature and Culture*, 2 Bde., Chichester 2010, Bd. 1, S. 27-37.

6 Die klassische Studie zur ›Verhofung‹ oder auch ›Verhöfischung‹ des europäischen (Schwert-)Adels
  durch Abzug von den Ländereien und Bindung an ein sichtbar zelebriertes, über Präsenz und Etikette organisiertes funktionales Hofzeremoniell ist nach wie vor Norbert Elias, *Die höfische Gesellschaft. Untersuchungen zur Soziologie des Königtums und der höfischen Aristokratie* (1969), Frankfurt
  a. M. 1983; vgl. in diesem Zusammenhang auch Elias' *Über den Prozess der Zivilisation. Soziogene-
  tische und psychogenetische Untersuchungen* (1969), 2 Bde., Frankfurt a. M. 1976. Für die französische Kultur des 17. Jahrhunderts findet sich dies mit Blick auf den Bildungsbegriff maßgeblich
  untersucht bei Erich Auerbach, »La Cour et la ville«, in: ders., *Vier Untersuchungen zur Geschichte
  der Französischen Bildung*, Bern 1951, S. 12-50; eine vergleichbare Untersuchung zu den Folgen der
  henrizianischen Reform für den englischen Adel steht noch aus. Zum üblichen Vergleich des Hofes
  mit dem Sonnensystem und den jeweiligen Adelsstufen als dessen ›*courtly satellites*‹ siehe etwa James
  W. Saunders, *The Profession of English Letters*, London u. Toronto 1964, S. 41 f.

7 Zum Begriff des ›*impression management*‹ (in der Übersetzung als ›Eindrucksmanipulation‹)
  siehe die klassische Studie von Erving Goffman, *Wir alle spielen Theater. Die Selbstdarstellung
  im Alltag* (1959), übersetzt v. Peter Weber-Schäfer, München 1983; für eine konkrete Nutzung
  mit Blick auf die Beschreibung frühneuzeitlicher Gesellschaften siehe die mentalitätsgeschicht-

selbstvorführenden Brillieren. In diesem Spiel ist sie allerdings zunehmend kein
Wert mehr an sich. Denn ratifiziert wird ihr ›Stellen-Wert‹ gewissermaßen von
außen: in diesem Fall noch vom Adelsvertreter selbst wie etwa von nämlichem
Egerton, der in der Position und Lage war, unmissverständlich klarzumachen,
wem hier was gefällt und was nicht – nunmehr jedoch nicht mehr so sehr aufgrund seines unverrückbaren Standes als vielmehr vornehmlich aufgrund seines
finanziellen Einflusses in seiner ökonomisch bestimmten Rolle als ›Arbeit-Geber‹.

Um diesen Zusammenhang geht es mir in den folgenden skizzenhaften Überlegungen. Inwieweit gilt (renaissance-)humanistische ›Bildung‹ im frühneuzeitlichen England vorwiegend noch substantiell als Wert ›an sich‹ und zu welchem
Grad wird sie frühneuzeitlich integriert in ein relationales Spiel zugemessen,
d. h. lediglich funktionalen Werts? Wie sehr wird sie ausgegeben als in sich
ruhend, selbstgenügsam ›autonom‹ und in welchem Ausmaß fällt sie alsbald
verborgenen – und sodann immer offeneren – Interessen, Zuschreibungen und
damit auch ökonomischen Parametern anheim? Inwieweit also entspricht humanistisches Tun noch, um die Eingangsworte aufzugreifen, einer amateurhaften
profession de foi und unter welchen Bedingungen wird es zur qualifizierenden
Voraussetzung für den konkreten Einstieg in eine entgoltene ›Profession‹, wandelt
sich mithin ›Humanismus‹ von mehr oder minder selbstvergessener ›Bildung‹
zu explizit ziel- und zweckorientierter ›Ausbildung‹?

lichen und kulturanthropologischen Überlegungen bei Peter Burke, *Städtische Kultur in Italien
zwischen Hochrenaissance und Barock. Eine historische Anthropologie*, übersetzt v. Wolfgang Kai-
ser, Berlin 1986. Die klassische Untersuchung zu Praktiken frühneuzeitlicher Selbstdarstellung
ist, in starker Orientierung an Autorenprofilen, Stephen Greenblatt, *Renaissance Self-fashioning. From More to Shakespeare*, Chicago, IL 1984; eine spätere, stärker ökonomisch-dynamisch
gedachte Umformulierung des Sachverhalts als ›circulation of social energy‹ findet sich in der
Aufsatzsammlung *Shakespearean Negotiations. The Circulation of Social Energy in Renaissance
England* (1988), Oxford 1992.

II

Die frühe Neuzeit erlebt eine regelrechte ›Explosion‹ von Bildung.[8] Der allmähliche Weg von der Zentralstellung Gottes zur Zentralstellung des Menschen artikuliert sich bekanntlich zuvörderst in der Bewegung des ›Humanismus‹. ›Dem‹ Humanismus geht es in all seiner eingestandenen Differenziertheit vornehmlich um die allumfassende Förderung des menschlichen Intellekts hin zu seiner Vervollkommnung. Seine Institutionen sind die ab dem 12. Jahrhundert noch vornehmlich unter scholastischem Vorzeichen gegründeten Universitäten wie im Gefolge sodann auch die Höheren Schulen.[9] Hervorstechende Kennzeichen humanistischen Handelns sind Debatte, Mediation und Dialog[10]; sein Medium ist die Sprache: zuerst das Lateinische, sodann zusätzlich und zuweilen in markierter Rivalität hierzu das Griechische, zu guter Letzt und vermehrt schließlich zudem auch die Vernakularsprachen. In diesem Sinn geht es dem Humanismus vornehmlich um die Schaffung von Relationen, wie etwa mündlich in der Tradition der Mit- und Gegeneinander-Rede oder schriftlich in der Praxis der aneignenden und übernehmenden Übersetzung; es geht um Dyna-

8 Zum Begriff der ›Explosion‹ für die Beschreibung unverrechenbarer Kulturentwicklungen siehe die Überlegungen bei Jurij M. Lotman, *Kultur und Explosion*, hrsg. v. Susi K. Frank, Cornelia Ruhe u. Alexander Schmitz, übersetzt v. Dorothea Trottenberg, Berlin 2010; für eine Nutzung des Explosionsbegriffs zur Beschreibung frühneuzeitlicher englischer Entwicklungen siehe Verf., »Urbane Raumpraxis und kulturelle Explosion. Netzwerkkonstellationen im frühneuzeitlichen London«, in: *Shakespeare Jahrbuch* 147 (2011), S. 11-33. Für einen kompetenten Abriss frühneuzeitlicher Bildungsgeschichte siehe das Kapitel »Bildung, Schulsystem, frühmoderne Wissenschaft« bei Richard van Dülmen, *Entstehung des frühneuzeitlichen Europa 1550 – 1648*, Frankfurt a. M. 1982, S. 293-306; vgl. auch den Eintrag von Jürgen Hannig, »Schule, Bildung«, in: *Fischer Lexikon Geschichte*, hrsg. v. Richard van Dülmen, Frankfurt a. M. 1995, S. 270-290.

9 Siehe hierzu Hannig (wie Anm. 8), S. 279. Nach wie vor einen informativen Überblick zur Geschichte des englischen Humanismus gibt Ludwig Borinski im Kapitel »Der englische Humanismus« in: ders. u. Claus Uhlig, *Literatur der Renaissance*, Düsseldorf 1975, S. 10-39, sowie sein auf das Problemfeld »Humanismus und Renaissance« bezogener Exkurs zu Begrifflichkeit und Forschungslage, S. 86-94; vgl. in diesem Zusammenhang auch die ein weites Spektrum absteckenden Beiträge in Jill Kraye (Hg.), *The Cambridge Companion to Renaissance Humanism*, Cambridge repr. 2001, sowie die entsprechenden Artikel in *Reassessing Tudor Humanism*, hrsg. v. Jonathan Woolfson, Basingstoke 2002.

10 Zur Profilierung vor allen Dingen des Dialogs als einer im Lauf der Renaissance enorme Konjunktur gewinnenden eigenen Gattung siehe, auf Italien bezogen, die Beiträge in Klaus W. Hempfer (Hg.), *Möglichkeiten des Dialogs. Struktur und Funktion einer literarischen Gattung zwischen Mittelalter und Renaissance in Italien*, Stuttgart 2002 (Text und Kontext 15), sowie, in weiterer Perspektive, die speziell der Renaissance gewidmeten Artikel in Klaus W. Hempfer u. Anita Traninger (Hgg.), *Der Dialog im Diskursfeld seiner Zeit. Von der Antike bis zur Aufklärung*, Stuttgart 2010 (Text und Kontext 26), vgl. dort insbesondere auch Hempfers »Zur Einführung«, S. 9-23, v. a. S. 11 f.

misierung, die Ingangsetzung von Prozessen, die Etablierung von Netzwerken und Konstellationen, um beständigen Austausch – es geht um die Organisation von ›offenem‹ Wissen.[11] In diesem Sinne steht er auch gegen überkommene Formen traditioneller, dogmatischer und damit wahrheitsinteressiert einseitiger ›statischer‹, das Gegebene erhaltender Wissensvermittlung, wie dies etwa noch beobachtbar ist für die einschlägigen Fachschulen am Hofe oder in den Bettelorden wie bei den Dominikanern.[12]

Ein in der Spätzeit der noch ganz in der vormals bürgerlichen Humanismus-Tradition des 19. Jahrhunderts begriffenen DDR erschienenes, großangelegtes *Lexikon der Renaissance* definiert entsprechend den von ihm als Vorlauf gedeuteten, so genannten »Renaissancehumanismus« fortschrittsoptimistisch wie folgt:

Bildungsbewegung von der Mitte des 14. Jh. bis über die Schwelle zum 17. Jh. in Süd-, West-, Mittel- und vereinzelt Osteuropa, eine der wichtigsten ideellen, bes. literar.-wissenschaftl. Erscheinungsformen der Renaissance. [...] Ein *umanista* (it., »Humanist«) meinte urspr. einen Rhetoriklehrer, dann erweitert einen Gelehrten, der sich mit den antiken Dichtern, Rednern, Geschichtsschreibern und Philosophen beschäftigte. Heute spricht man besser von R[enaissancehumanismus]. Das gemeinsame Merkmal des R. als eines weitverzweigten Verbundes von Intellektuellen neuen Typs, die oft über Konfessions- und Ländergrenzen hinaus miteinander verkehrten und korrespondierten, sich aber mitunter auch heftig kritisierten, ist die Hinwendung zum Menschen in seiner vorzüglich diesseitigen Bestimmung und natürl.

---

11 Zum jüngst wiedererstarkten Interesse an der Erforschung von Netzwerken siehe die soziologischen Vorschläge zu einer ›Akteur-Netzwerk-Theorie‹ bei Bruno Latour, *Eine neue Soziologie für eine neue Gesellschaft. Einführung in die Akteur-Netzwerk-Theorie* (2005), übersetzt v. Gustav Roßler, Frankfurt a. M. 2010; zur Profilierung des Konstellationsbegriffs siehe Martin Mulsow u. Marcelo Stamm (Hgg.), *Konstellationsforschung*, Frankfurt a. M. 2005. Zum Versuch einer Auswertung für eine an Michel de Certeaus *Kunst des Handelns* (1980; übersetzt v. Roland Voullié, Berlin 1988) ausgerichtete Differenzierung in strategiegebundene Netzwerke und taktikorientierte Konstellationen siehe die Überlegungen bei Verf., »Urbane Raumpraxis« (wie Anm. 8), v. a. S. 17-19, und ders., »Netzwerke, Konstellationen, intellektuelle Denkräume. John Donne und die Inns of Court«, in: Friedrich Vollhardt (Hg.), *Religiöser Nonkonformismus und frühneuzeitliche Gelehrtenkultur*, Berlin 2014 (Quellen und Darstellungen zur Geschichte des Antitrinitarismus und Sozinianismus in der Frühen Neuzeit 2), S. 51-70, v. a. S. 56-60. Zu den Inns of Court als maßgeblichem Ort für humanistische Mittleraktivitäten, vor allem auch hinsichtlich einer enorm intensiven Übersetzertätigkeit, siehe den nach wie vor geltenden gründlichen Überblick bei Philip J. Finkelpearl, *John Marston and the Middle Temple. An Elizabethan Dramatist in his Social Setting*, Cambridge, MA 1969, S. 1-80, v. a. S. 19-22.

12 Vgl. nochmals Hannig (wie Anm. 8), S. 279.

Würde, seiner autonomen Individualität und seiner schier unbegrenzten Fähigkeit zur Vervollkommmnung.[13]

Zentrale neue Eigenschaft ist – neben den im Eintrag herausgestellten Merkmalen der Sprachmächtigkeit, einer gewissen ›Internationalität‹ (also recht eigentlich einer über übliche Grenzen hinausgehenden Vernetztheit) und der Diesseitigkeit – die Neugier.[14] In zunehmender Entfernung von ihrer Klassifikation als Todsünde erschließt sie aufeinander verweisende, neue Zusammenhänge suggerierende bzw. erst eigentlich herstellende disparate Räume wie getrennte Zeiten: heidnische Quellen antiker Vergangenheit ebenso wie neueste technische Errungenschaften oder auch geographische Entdeckungen.

Die mittelalterliche Institution der Universitäten führt auf diese Weise im Laufe der frühen Neuzeit zur Etablierung von bis dahin ungeahnten Freiräumen – dies wären also Donnes ›*horti conclusi*‹ –, in denen sich eine vornehmlich gegen normative scholastische Einübungspraxis gerichtete und verstärkt individuell bestimmte humanistische Wissensneugier weitgehend jenseits von Diskursbeschränkungen ›frei‹ und unbegrenzt, im Prinzip ›endlos‹ – Donnes ›*fontes signati*‹ – entfalten können soll.[15] Die Universitäten werden mithin – auch in dem vom zitierten Lexikon nahegelegten marxistischen Sinn – zu Orten der ›Aneignung‹: zu Orten übernehmenden, sich zu eigen machenden Erwerbs, aber sodann unmittelbar zugleich zu Orten ›diskursiven‹ Abwägens, des Gegenein-

---

13 Siehe hierzu den entsprechenden Eintrag im *Lexikon der Renaissance*, hrsg. v. Günter Gurst et al., Leipzig 1989, s. v. »Renaissancehumanismus«, S. 607-609, hier S. 607 (Kursivierung hinzugefügt); der Beitrag stammt von Jürgen Teller. Zu einer ›westlich-bürgerlichen‹ Sicht siehe die einschlägige klassische Aufsatzsammlung von Paul O. Kristeller, *Humanismus und Renaissance*, hrsg. v. Eckhard Keßler, übersetzt v. Renate Schweyen-Ott, 2 Bde., München 1980, v. a. die Aufsätze »Die humanistische Bewegung« und »Humanismus und Scholastik in der italienischen Renaissance«, Bd. 1, S. 11-29 u. S. 87-111, sowie »Humanistische Gelehrsamkeit in der Renaissance« und »Der italienische Humanismus und seine Bedeutung«, Bd. 2, S. 9-29 u. S. 244-264. Für eine Rekonstruktion des humanistischen Bildungsideals im England des 19. Jahrhunderts siehe die Bemerkungen in Cordelia Borchardt, *Vom Bild der Bildung. Bildungsideale im anglo-amerikanischen Universitätsroman des zwanzigsten Jahrhunderts*, Münster 1997, v. a. S. 53-93.

14 Zur allmählichen Umwertung und Nobilitierung der Neugier zum positiven Wert siehe die tiefgreifenden Überlegungen bei Hans Blumenberg, *Der Prozeß der theoretischen Neugierde. Erweiterte und überarbeitete Neuausgabe von »Die Legitimität der Neuzeit«, dritter Teil*, Frankfurt a. M. 1988.

15 Zu den Techniken und Mechanismen der Diskurskontrolle etwa über ›Tabuierung des Redegegenstands‹, ›Ritualisierung der Sprechsituation‹, ›Einschränkung des Rederechts durch Verknappung der Subjekte‹ siehe die Ausführungen bei Michel Foucault, *Die Ordnung des Diskurses. Inauguralvorlesung am Collège de France – 2. Dezember 1970*, übersetzt v. Walter Seitter, Frankfurt a. M. et al. 1982; einen knappen Überblick zu den ersten Universitäten gibt Paul O. Kristeller, »Die italienischen Universitäten der Renaissance«, in: Kristeller (wie Anm. 13), S. 207-222.

anderhaltens, des Überlegens, des Verhandelns, des Be- und nicht zuletzt gar auch des Ver-Zweifelns.[16] Als solche tragen sie, obwohl eindeutig mittelalterliche Gründungen, zusehends die Signatur der Renaissance als vielbeschworener Epoche einer ›Pluralisierung‹.[17] Im Gegensatz zur *einen* dogmatischen Theozentrik und ihrer monologisch-diskursiven Einübung etwa in die Muster der Scholastik – wie dies in gewiss unfair einseitiger, aber gekonnt polemischer Zuspitzung etwa noch die Ausbildung von Rabelais' Gargantua bezeugt[18] – weisen sie den Weg in eine grundständige Relativierung: in die Vielfalt der Standpunkte und Argumente, in die eigenständig nutzbaren Interessensinstrumente von Rhetorik und Dialektik, in die zunehmend vielfältig geschätzte Kunst offener *disputatio*.[19]

16 Der Begriff der ›Aneignung‹ findet sich auf einleuchtende und nützliche Weise prominent gemacht in den Forschungen des weithin bekannten DDR-Anglisten Robert Weimann; siehe vor allem Robert Weimann, *Shakespeare und die Macht der Mimesis. Autorität und Repräsentation im elisabethanischen Theater*, Berlin u. Weimar 1988. Weimann geht es in seinen Untersuchungen vornehmlich um die frühneuzeitliche Aneignung von ›Welt‹ über die Aneignung von Diskursmacht; entsprechend fasst er den ›Diskurs‹ »als *angeeignete* Sprache [...], als handlungsorientierte Artikulation und eine Äußerungsform, die sich bestimmte Interessen, Zwecke, Ziele *zu eigen* macht, dabei zugleich auch notwendig andere Interessen und Zwecke ausschließt, unterdrückt, *enteignet*« (S. 12 f.; seine Herv.), und folgert bündig: »Die Enteignung der Burgen und Schlösser führt über die Aneignung der Sprache.« (S. 34) Den Zweifel als Grundvoraussetzung für die Legitimation der Neugier benennt bereits Blumenberg, *Der Prozeß der theoretischen Neugierde* (wie Anm. 14), v. a. S. 55-64; eine groß angelegte Darstellung der Bedeutung der Skepsis sowohl für die Herausbildung frühneuzeitlichen Erkenntnisstrebens als auch und vor allem für die allmähliche Emergenz dessen, was wir heute gewohnt sind, ›Literatur‹ zu nennen, findet sich, gerade auch unter den Vorzeichen des Abwägens, Aushandelns, Gegeneinanderhaltens, bei Verena Olejniczak Lobsien, *Skeptische Phantasie. Eine andere Geschichte der frühneuzeitlichen Literatur*, München 1999.

17 Der Gedanke von einer die Frühneuzeit wesentlich bezeichnenden ›Pluralität der Welten‹ findet sich bereits etwa bei Hans Blumenberg, *Säkularisierung und Selbstbehauptung. Erweiterte und überarbeitete Neuausgabe von »Die Legitimität der Neuzeit«, erster und zweiter Teil*, Frankfurt a. M. 1983, hier S. 180. Systematisch diskutiert und programmatisch ausgewertet wird er in den Beiträgen zu Wolf-Dieter Stempel u. Karlheinz Stierle (Hgg.), *Die Pluralität der Welten. Aspekte der Renaissance in der Romania*, München 1987 (Romanistisches Kolloquium 4); seine intensive und fundierte Weiterentwicklung fand er unter anderem in den Projekten und Publikationen des langjährigen Sonderforschungsbereichs »Autorität und Pluralisierung« an der Ludwig-Maximilians-Universität München.

18 Zur scholastisch geprägten Ausbildung des Gargantua durch einen »nommé maistre Thubal Holoferne« siehe das Kapitel XIII: »Comment Gargantua fut institué par un théologien en lettres latines«, in: François Rabelais, *Les cinq livres*, hrsg. v. Jean Céard, Gérard Defaux u. Michel Simonin, Paris 1994, S. 77-81, hier S. 79.

19 Zur *disputatio* als standpunktdeklierender dialogischer Sprachübung und darin zugleich potentieller Relativierungsagentur siehe die ausführliche Darstellung bei Anita Traninger, *Disputation, Deklamation, Dialog. Medien und Gattungen europäischer Wissensverhandlungen zwischen Scholastik und Humanismus*, Stuttgart 2012 (Text und Kontext 33); vgl. auch dies., »*Disputative, non assertive posita*. Zur Pragmatik von Disputationsthesen«, in: Vollhardt (wie Anm. 11), S. 318-339.

III

Hierüber gliedert sich humanistisches Tun ein in die allgemeinen geschichtlichen Prozesse der Herausbildung einer ›frühen‹ Neuzeit. Es ist Signatur wie Promulgator der Prozesse einer Säkularisierung, Linearisierung, Individualisierung: ›Säkularisierung‹ über den verstärkt valorisierten Einbezug nicht unmittelbar christlich bzw. theologisch geprägter, eben ›weltlicher‹ Austauschsysteme als zusätzliche Autorisierungsinstanzen; ›Linearisierung‹ über die dezidierte, im wahrsten Sinne ›selbst-bewusste‹ Stärkung der Aneignungsprozesse, welche gerade das ›Eigene‹ betonen als zeitabhängige Akquise für die resultathafte ›Realisierung‹ eines eigenen Wegs und mithin eines eigenen Ziels; ›Individualisierung‹ durch den sich über solche Realisierungsprozesse ergebenden potentiellen Erwerb eines über die Standeszuschreibungen hinausgehenden, selbst errungenen und damit eigens erst hergestellten Subjektstatus.[20]

Solches zeigt sich in idealisierter Selbstsicht etwa in Gargantuas – gegen seine eigene scholastische ›Miss-Bildung‹ anschreibenden – gleichermaßen humane Dignität wie Diesseitigkeit herausstreichenden Erziehungsbriefen an seinen Sohn Pantagruel:

> Parquoi, mon fils, je te admoneste que employes ta jeunesse à bien profiter en étude et en vertus. Tu es à Paris, tu as ton précepteur Epistemon, dont l'un par vives et vocales instructions, l'autre par louables exemples te peut indoctriner. J'entends et veux que tu apprennes les langues parfaitement. Premièrement la Grecque, comme le veut Quintilian. Secondement la Latine. Et puis l'Hébraïque pour les saintes Lettres, et la Chaldaïque et Arabique pareillement. Et que tu formes ton style, quant à la Grecque, à l'imitation de Platon; quant à la Latine, à Cicéron. Qu'il n'y ait histoire que tu ne tiennes en mémoire présente [...]. Des arts libéraux, Géométrie, Arithmétique et Musique [...], [...] Astronomie [...]. Du droit Civil [...]. Et quant à la connaissance des faits de nature, je veux que tu te y adonnes curieusement [...]. Puis soigneusement, revisite les livres des médecins [...]: et par fréquentes anatomies acquiers-toi parfaite connaissance de l'autre monde, qui est l'homme. [...] Somme que je voie un abîme de science. [...] Et veux que, de bref, tu essayes combien tu as

---

20 Zu den Prozessen der Säkularisierung und Individualisierung siehe nochmals die weitreichenden Überlegungen bei Blumenberg, *Säkularisierung und Selbstbehauptung* (wie Anm. 17). Zur Beschreibung der frühen Neuzeit als Zeit einer ›säkularisierenden‹ Umstellung des geltenden Wirklichkeitsbegriffs vom Konzept einer in Gott verbürgten Weltengarantie zu dem einer über einzelne Handlungsakte jeweils individuell in der Zeit hergestellten ›Resultat einer Realisierung‹ siehe zusätzlich Blumenbergs grundlegenden Aufsatz »Wirklichkeitsbegriff und Möglichkeit des Romans« (1964), in: ders., *Ästhetische und metaphorologische Schriften*, hrsg. v. Anselm Haverkamp, Frankfurt a. M. 2001, S. 47-73; zu den beiden ›mittleren‹ Wirklichkeitsbegriffen v. a. S. 50-52.

profité: ce que tu ne pourras mieux faire que tenant conclusions en tout savoir, publiquement, envers tous et contre tous. Et hantant les gens lettrés, qui sont tant à Paris comme ailleurs.

Mais parce que selon le sage Salomon Sapience n'entre point en âme malivole, et science sans conscience n'est que ruine de l'âme, il te convient servir, aimer et craindre Dieu [...]. Aie suspects les abus du monde. Ne mets ton cœur à vanité [...]. Sois serviable à tous tes prochains [...]. Révère tes précepteurs. [...] Et quand tu connaîtras que auras tout le savoir de par là acquis, retourne vers moi, afin que je te voie et donne ma bénédiction devant que mourir.[21]

Hier wird humanistische Bildung gefeiert als desinteressiertes und gleichwohl neugierig (›curieusement‹) und sorgsam (›soigneusement‹) gerichtetes Vervollkommnungsprogramm (›parfaitement‹): als neuplatonisch gefärbtes realisierendes Streben nach menschlicher Perfektionierung (›parfaite connaissance‹); als individueller Erwerb (›acquiers-toi‹) des Erwerbsmöglichen (eines unüberschaubaren ›abîme de science‹) zur Glorifizierung der eigenen Gattung als eines würdigen Mikrokosmos (›l'autre monde‹) im umfassenden, von Gott geschaffenen Makrokosmos; als zielgerichteter Perfektibilitätsweg innerhalb der *chain of being* zur respektvollen (›Révère‹) Sicherstellung gleichberechtigten und von allen gleichermaßen geteilten (›Sois serviable‹), ethisch bestimmten Fortlebens aller menschlicher Möglichkeit (›science sans conscience n'est que ruine de l'âme‹); als in einem langen, liberalen, dialogisch-debattierenden Aneignungs- und Weitergabeprozess (›tenant conclusions en tout savoir‹) allumfassend gebildete Ausprägung (›que auras tout le savoir de par là acquis‹) eines zutiefst humanen Subjekts, welches sich schlussendlich den väterlichen Segen (›ma bénédiction‹) rechtschaffen verdient haben wird.

Ganz ähnlich findet sich solches auch noch einmal etliche Jahre später in Montaignes ebenfalls als Brief konzipiertem Essay »De l'institution des enfants« (I.25):

A un enfant de maison, qui recherche les lettres, non pour le gain (car une fin si abjecte est indigne de la grâce et faveur des Muses, et puis elle regarde et dépend d'autrui) ni tant pour les commodités externes, que pour les siennes propres, et pour s'en enrichir et parer au-dedans, ayant plutôt envie d'en réussir habile homme, qu'homme savant, je voudrais aussi qu'on fût soigneux de lui choisir un conducteur, qui eût plutôt la tête bien faite, que bien pleine: et qu'on y requît tous les deux, mais plus les mœurs et l'entendement que la science: et qu'il se conduisît en sa charge d'une nouvelle manière.[22]

---

21 Kapitel VIII aus dem *Pantagruel*: »Comment Pantagruel étant à Paris reçut lettres de son père Gargantua et la copie d'icelles«, in: Rabelais (wie Anm. 18), S. 343-351, hier S. 347-351. Man beachte den markanten Einsatz ökonomischen Vokabulars.

22 »De l'institution des enfants, à Madame Diane de Foix, Comtesse de Gurson«, in: Michel de Montaigne, *Les Essais*, hrsg. v. Jean Céard *et al.*, Paris 2001, S. 222-274, hier S. 230.

Auch Montaignes Rat geht es nicht um die wiederholende reine Quantität
größtmöglichen monologischen Wissens, sondern um die bewusst eingesetzten
Qualitäten seiner Nutzung: nicht um die bloße Anhäufung von Kenntnissen
(der ›science‹ eines ›homme savant‹), sondern um weises und umsichtiges Verstehen (also das ›entendement‹ eines ›habile homme‹); nicht um die für das
vordergründige Fassadenspiel des gesellschaftlichen *impression management* im
Rahmen eines zunehmend zum Selbstläufer werdenden *self-fashioning* notwen-
digen ›commodités externes‹, sondern um den würdigen (eben *nicht* ›indigne‹)
›inneren Schmuck‹ des Selbst (›pour s'enrichir et parer au-dedans‹); weniger um
die Fülle eingelernten und stets wiederhol- und abrufbaren faktischen Wissens
als um dessen individuelle, erfahrungsreiche Einschätzung und Wert (›plutôt
la tête bien faite, que bien pleine‹; ›plus les mœurs et l'entendement que la
science‹). Ganz explizit beinhaltet dies eine deutliche Absage an den ›gain‹, an
eine interessiert umsetzbare, instrumentalisierte Nutzung des Erworbenen als
›schnelle Mark‹; und es unterstreicht die Betonung des Selbstzweckhaften von
Bildung als eines ›Werts an sich‹.

IV

In England vollziehen sich weitgehend ähnliche Diskurse. Shakespeares *Love's
Labour's Lost* – um lediglich an bereits Erwähntes anzuschließen – etwa greift
karikierend-ablehnend Rabelais' ›Holofernes‹-Figur nochmals auf; Montaignes
Erziehungsrat artikuliert sich in direkter Übernahme erneut in John Florios
kulthaft-ingeniöser Übersetzung von 1603; humanistische Ideale rekurrieren
in allen pädagogisch-didaktisch ausgerichteten Traktaten der Zeit von Elyots
Governor (1531) bis hin zu Aschams *Schoolmaster* (1570) und später.[23] Gleichwohl
ist die Grundsituation – wie stets – ein wenig anders als diejenige auf dem
Kontinent. Verspätung wie Verdichtung bewirken eine geballtere Entfaltung

---

23 So heißt es etwa in einigen Fassungen von *Love's Labour's Lost* programmatisch »Enter Holofernes, the Pedant«; siehe William Shakespeare, *Love's Labour's Lost*, hrsg. v. R. W. David,
London 1980, IV.2.1 SD, und die dortige Anmerkung des Herausgebers. Zum Kultstatus
von Florios Übersetzung siehe die einleitende Bemerkung, wonach deren »Kongenialität und
Verbreitung es rechtfertigt, die Essays als Teil der englischen Renaissanceliteratur zu betrachten«, bei Lobsien (wie Anm. 16), S. 87, wie auch die insbesondere auf seine Mittlertätigkeit
abstellenden Überlegungen bei Manfred Pfister, »*Inglese Italianato – Italiano Anglizzato*: John
Florio«, in: Andreas Höfele u. Werner von Koppenfels (Hgg.), *Renaissance Go-Betweens. Cultural Exchange in Early Modern Europe*, Berlin 2005 (speçtrum Literaturwissenschaft 2), S. 32-
54; zum Text selbst siehe *The Essayes of Michel de Montaigne translated by John Florio*, 3 Bde.,
London o. J. Zu Elyot und Ascham siehe den Überblick bei Borinski u. Uhlig (wie Anm. 9),
S. 28-34.

humanistischen Gedankenguts vor allem ab den 1530er Jahren nach der durch
Heinrich VIII. zunächst aus ganz anderen Interessen heraus betriebenen Los-
lösung von der Römisch-Katholischen Kirche als Siegelbewahrerin der ›einen‹
Wahrheit. Gerade im Gefolge der Reformation kommt es in England zu einer
deutlich beobachtbaren, eigenständigen und hochdynamischen Bildungsexplosion.[24] Rasch ergibt sich eine sich aus vermeintlich ›katholisch‹ belasteten
Präzepten zu befreien suchende ausgedehnte Bildungsarbeit, welche sich alsbald
niederschlägt in einer unübersehbaren Fülle von aneignenden Übersetzungen,
mittelnden Lehr- und Handbüchern wie darüber hinaus sodann auch in der philologisch wahrheitssuchenden Pflege antiker Texte, ihrer historisch-philosophisch
deutenden Auslegung mitsamt einer entsprechend einhergehenden Auf- und
Umwertung von Rhetorik und Dialektik.[25]

Vor allem aber erschließt die von den englischen Humanisten betriebene
massive Bildungswerbung, wie Wolfgang Weiß aus literatursoziologischer Sicht
zusammenfassend herausgestellt hat, neue soziale Schichten:

> Ihre Tätigkeit fand breite Zustimmung beim Landadel und Bürgertum, den
> beiden Schichten, die von den Tudors besonders gefördert wurden und ih-
> ren politischen und wirtschaftlichen Einfluß immer stärker geltend machen
> konnten. Die Weckung eines breiten Bildungsinteresses führte im 16. Jahr-
> hundert zu einer enormen Steigerung der Studentenzahlen in Oxford und
> Cambridge.[26]

Dies geht solange gut, wie innerhalb des praktizierten Patronagesystems die zur
Verfügung stehenden Stellen noch weitgehend sicher scheinen. Sobald aber dieser
alte ›feudale‹ Markt durch das neue Überangebot gesättigt ist, schafft die neue
Bildungssituation in vielfacher Hinsicht ein akademisches Prekariat:

> Mittellose Studenten waren nicht selten gezwungen, ohne Examen die Uni-
> versität zu verlassen. Da sie sich als Gebildete oft weigerten, einen hand-
> werklichen Beruf zu ergreifen, konnten sie nur schwer in die Gesellschaft

---

24 Zum ›Explosions‹-Begriff siehe nochmals oben Anm. 8. Die klassischen Studien zur frühneuzeitlichen Bildungsexplosion in England sind die beiden Aufsätze von Lawrence Stone, »The Educa-
   tional Revolution in England, 1560 – 1640«, in: *Past and Present* 28 (1964), S. 41-80, und für die
   Folgezeit ders., »Literacy and Education in England, 1640 – 1900«, in: *Past and Present* 42 (1969),
   S. 69-139; für gewisse Korrekturen aus neuerer Sicht siehe Brink (wie Anm. 5), v. a. S. 27-30.

25 Zur Übersetzungstätigkeit siehe vor allem die zusammenfassenden Bemerkungen bei Peter Burke, »The Renaissance Translator as Go-Between«, in: Höfele u. von Koppenfels (wie
   Anm. 23), S. 17-31; vgl. auch den Hinweis auf die Inns of Court als Horte reger Übersetzungstätigkeit oben Anm. 11.

26 Siehe hierzu Weiß (wie Anm. 2), S. 30; Weiß liefert dort für eine Vorgeschichte des von ihm
   aus guten Gründen vor allem als angelsächsische Gattung angesehenen Universitätsromans
   einen knappen, aber informativen Abriss der englischen Bildungsgeschichte (ebd., S. 24-39).

eingegliedert werden und fielen ihren Familien zur Last. Aber auch diejenigen Studenten, die sich bis zum Examen durchgekämpft hatten und im Gegensatz zu den jungen Erben aus der Oberschicht gezwungen waren, sich ihren Lebensunterhalt zu verdienen, taten sich angesichts des Akademikerüberschusses, der eine Folge der humanistischen Bildungsexpansion war, schwer, eine sichere und angemessene Stellung zu finden.[27]

Wir sind also zurück beim ›Fall‹ John Donnes. Das Drama der Zeit reagiert unmittelbar und adäquat mit der Figur des verbittert sich von der Welt abwendenden Melancholikers, wie etwa eines Jaques in *As You Like It* (1599), oder auch ganz direkt des enttäuschten Akademikers, wie z. B. der Studenten der *Parnassus Plays* (ca. 1600), der Figur des Pennyless in Middletons *Black Book* (1604) oder auch der des Flamineo in Websters *White Devil* (1612).[28] Zugleich aber profitiert es gerade auch, wie bereits die *Parnassus Plays* selbst andeuten, von solchen Akademikern als ihre Bildung nunmehr anderweitig und innovativ nutzenden Ko-Autoren für den sich rasch kommerzialisierenden Theaterbetrieb und eröffnet auf diese Weise humanistischer Bildung neue, auf Erwerb beruhende Einsatz- und Arbeitsgebiete.[29] Hierüber verwischen sich zunehmend nicht nur die angestammten sozialen Grenzen, sondern zudem auch die zugemessenen Wertigkeiten:

---

27 Ebd., S. 32.
28 Ebd.; vgl. diesbezüglich auch die Untersuchung bei Cordelia Borchardt, »Der Akademiker als satirischer Sprecher in Dramen um 1600«, in: *Archiv für das Studium der neueren Sprachen und Literaturen* 141 (1989), S. 291-309. Eines der bekanntesten Portraits John Donnes zeigt ihn in der Pose des Melancholikers.
29 Zur für Europa außergewöhnlich frühen Kommerzialisierung der Theater und ihrem Auf- und Ausbau als auf einen weiten Publikumsgeschmack abzielende, einnahmebasierte Teilhabergesellschaften siehe etwa die überblickshafte Darstellung bei R. A. Foakes, »Playhouses and Players«, in: A. R. Braunmuller u. Michael Hattaway (Hgg.), *The Cambridge Companion to English Renaissance Drama*, Cambridge 1990, S. 1-52, sowie gleichermaßen den Abschnitt »Das elisabethanische Theater« von Helmut Castrop in: Ina Schabert (Hg.), *Shakespeare Handbuch. Die Zeit – Der Mensch – Das Werk – Die Nachwelt*, 5. Aufl., Stuttgart 2009, S. 71-116. Eine der klassischen Studien zur allmählichen Dynamisierung der mittelalterlich-frühneuzeitlichen Standesgesellschaft ist, vor allen Dingen mit Blick auf die von ihm so genannten ›Handwerker-Ingenieure‹, nicht zuletzt aber auch auf die ›Erfahrung‹ zunehmend individualisiert interpretierenden Humanisten, die vornehmlich in den 1930er Jahren entstandenen und nunmehr gesammelt vorliegenden Arbeiten von Edgar Zilsel, *Die sozialen Ursprünge der neuzeitlichen Wissenschaft*, hrsg. v. Wolfgang Krohn, Frankfurt a. M. 1976 wie auch das dortige Vorwort des Herausgebers, »Zur soziologischen Interpretation der neuzeitlichen Wissenschaft«, S. 7-43, hier v. a. S. 23-29; vgl. auch die hieran anschließenden weiterführenden Überlegungen bei Wolfgang Krohn, »Die ›neue Wissenschaft‹ der Renaissance«, in: Gernot Böhme, Wolfgang van den Daele u. ders., *Experimentelle Philosophie. Ursprünge autonomer Wissenschaftsentwicklung*, Frankfurt a. M. 1977, S. 13-128, insbes. S. 61-85.

Die Bedeutung, die eine humanistische Bildung für eine Karriere im Hof- und Staatsdienst oder auch im bürgerlichen Beruf eines Juristen oder Kaufmanns gewann, verschaffte der Gelehrsamkeit und dem Gelehrten soziale Anerkennung: Bildungsadel in dieser Zeit sozialer Umschichtung trat in erfolgreiche Konkurrenz mit dem Geburtsadel, der, wie Sir John Elyot in seinem *The Book of the Governor* betonte, erst durch sittliche Persönlichkeit und Bildung seine Legitimation erfahre.[30]

Dies zeichnet auch für den Bereich der Bildungsgeschichte den von Niklas Luhmann beschriebenen frühneuzeitlichen Weg von einer stratifizierten Gesellschaft zur funktionalen.[31] Hiernach bestimmt sich die gesellschaftliche Stellung bzw. in diesem Sinne nunmehr näherhin der ›Stellen-Wert‹ des Individuums nicht mehr so sehr über das substantielle Privileg eines Hineingeborenwerdens in eine bestimmte Position, sondern vielmehr über deren Erarbeitung durch selbsterworbene, funktional anbiet- und einsetzbare Fähigkeiten und Fertigkeiten: also weg von der standesgebundenen ›göttlichen Garantie‹ des geburtsadeligen Vorrangs hin zur immer stärker standesunabhängig gesehenen ›Realisierung‹ einer bildungsadeligen Vormacht.[32]

In ökonomischen Begriffen stellt sich dies dar als Umstellung von einem noch vorwiegend hauswirtschaftlich ausgerichteten feudalen Austauschsystem gegenseitig austarierten Verbrauchs zu einem eher ›chrematistisch‹ bestimmten System eines einseitig gerichteten, auf persönlichen Nutzen und Gewinn hin orientierten individuellen Erwerbs.[33] Auf diese Weise wird humanistisches

---

30 Weiß (wie Anm. 2), S. 33.

31 Luhmann unterscheidet bekanntlich für die westlichen Gesellschaften die drei Typen ›segmentärer‹, ›stratifikatorischer‹ und ›funktionaler‹ Gesellschaftsordnung als einander langsam ablösende und oftmals zueinander parallel laufende Formen sozialer Differenzierung; siehe Niklas Luhmann, *Gesellschaftsstruktur und Semantik. Studien zur Wissenssoziologie der modernen Gesellschaft*, 3 Bde., Frankfurt a. M. 1993, Bd. 1, v. a. S. 24-35.

32 Zu den hier abgerufenen Wirklichkeitsbegriffen siehe nochmals Blumenberg, »Wirklichkeitsbegriff« (wie Anm. 20).

33 Zur Ablehnung »›chrematistischen‹ Erwerbsstrebens« in den traditionalen Gesellschaften mit der Begründung, wonach »das Prinzip der Ökonomie im Verbrauch liegt und nicht im Gewinn«, und seiner frühneuzeitlichen Ablösung durch ein den Staat als ›Super-Oikos‹ fassendes, (proto)kapitalistisches System ›rational‹ und abstrakt geleiteter Steigerung und Mehrung siehe die grundlegende wirtschaftsgeschichtliche Studie von Leonhard Bauer u. Herbert Matis, *Geburt der Neuzeit. Vom Feudalsystem zur Marktgesellschaft*, München 1988, das Zitat S. 15; zu den Krisen des feudalen Systems siehe insbes. S. 120-186, zur Emergenz einer kapitalistischen Wirtschaftsordnung S. 189-297. Zum Wandel von der Haus- und Gemeindewirtschaft über die Stadt- hin zur Weltwirtschaft vgl. auch die ausführliche klassische Darstellung in Fernand Braudel, *Sozialgeschichte des 15. – 18. Jahrhunderts*, 3 Bde., Bd. 3: *Aufbruch zur Weltwirtschaft*, übersetzt v. Siglinde Summerer u. Gerda Kurz, München 1986, sowie die der frühen Neuzeit gewidmeten Beiträge in Carlo M. Cipolla u. Knut Borchardt (Hgg.), *Europäische Wirtschaftsgeschichte*, 5 Bde., Bd. 2, übersetzt v. Monika Streissler, Stuttgart 1983.

Wissen zusehends zum eigenen ›Kapital‹; es ist nicht mehr so sehr Teil einer Relation gegenseitigen Gebens und Nehmens zwischen einem zum höfischen Leben substantiell beitragenden humanistischen Gelehrten und dem ihm dafür Protektion und Schutz gewährenden Fürsten, wie es weithin so noch im Patronagesystem angelegt war, sondern eher schon, wenn auch in einem ›Freiraum‹ agierende, so doch bereits zielorientiert instrumentell eingesetzte oder zumindest einsetzbare, funktionale Dienstleistung für einen durch den Regenten lediglich repräsentierten Staat, wie es sich allmählich über die immer eigenständigeren Akademien institutionell abzuzeichnen beginnt.[34] Die Ideologie eines sich ausgleichenden, immer wieder zur Ausgangsordnung zurückkommenden, stabilen ›Commonwealth‹ kippt so allmählich in die Vorstellung kontinuierlich und individuell zu realisierenden – und darin weltverändernden – Wachstums; die vormals idealistisch beschworene ›*profession de foi*‹ wandelt sich mithin im Lauf der Zeit zu einer materiell entgoltenen Profession.[35]

34 Für eine gründliche Untersuchung des frühneuzeitlichen Patronagesystems, am Beispiel Galileis, wie auch die These von seiner allmählichen Ablösung durch die zusehends in eigenem Namen agierenden Akademien siehe die großangelegte Studie von Mario Biagioli, *Galilei der Höfling. Entdeckungen und Etikette: Vom Aufstieg der neuen Wissenschaft*, übersetzt v. Michael Bischoff, Frankfurt a. M. 1999, v. a. S. 9-21 u. S. 377-387; zur Rolle der Akademien in den Prozessen frühneuzeitlicher ›Demokratisierung‹ siehe die umfassenden Beiträge in Klaus Garber u. Heinz Wismann (Hgg.), *Europäische Sozietätsbewegung und demokratische Tradition. Die europäischen Akademien der Frühen Neuzeit zwischen Frührenaissance und Spätaufklärung*, 2 Bde., Tübingen 1996 (Frühe Neuzeit 26/27).

35 Zu einer äußerst anregenden Darstellung der frühen Neuzeit in England als Epoche eines tiefgreifenden Umbaus der semiotischen Ökonomien von einem in sich ruhenden und stabil zu haltenden, weil das Gemeinwohl repräsentierenden, ›Commonwealth‹ zur notgedrungenen, aber ungeliebten Anerkenntnis von unweigerlich beobachtbarer und erfahrener Veränderung und Bewegung siehe die Untersuchung von Barry Taylor, *Vagrant Writing. Social and Semiotic Disorders in the English Renaissance*, London 1991, v. a. S. 15-24; zum Aufstieg des symbolischen Mediums des Geldes bei der Umstellung auf ein zunehmend funktionales System siehe die zusammenfassend auf die Shakespeare-Zeit perspektivierten Überlegungen bei Christina von Braun, »›Viel Fleisch ums Geld‹. Shakespeare als Zeitgenosse neuer Wirtschaftsformen«, in: *Shakespeare Jahrbuch* 150 (2014), S. 11-29. Für den Übergang von frühneuzeitlichem Gelehrten- und vor allem Schriftstellertum von der amateurhaften Liebhaberei zur deutlich beobachtbaren Professionalisierung siehe Saunders (wie Anm. 6), v. a. Kap. 3: »The Renaissance Amateurs«, S. 31-48, und 4: »The Renaissance Professionals«, S. 49-67.

V

Erweist sich die erste große frühneuzeitliche Bildungsverschiebung als eine Verschiebung von der zyklisch bestätigenden, weltversichernden Einlösung des vorgegebenen Dogmas zum in der Zeit erkennenden, wissenserwerbenden und sich darin selbstbewusst ›humanistisch‹ bildenden Subjekt, so ergibt sich – vornehmlich gerade auch von England aus – um 1600 sodann zugleich eine zweite Verschiebung vom sich solchermaßen über Bildung formenden Subjekt zu den zu entdeckenden, zu erkennenden Objekten selbst.[36] Diese zweite Verschiebung von der stabilisierenden Bewahrung zur dynamisierten Zielorientierung ist in England vor allen Dingen verbunden mit dem Namen Francis Bacon; sie führt vom Humanisten zu den *virtuosi*, von der in sich ruhend nach Perfektion strebenden Bildung ›an sich‹ zum erkundend-neugierigen Blick auf die ›Empirie‹, von den Universitäten zu den ›Akademien‹.[37] Dies hat Mario Biagioli in seiner weitreichenden Institutionengeschichte frühneuzeitlicher Wissenschaft für Galileo Galilei und Italien auf einlässige Weise auf den Punkt gebracht:

> Der Übergang von einem wissenschaftlichen Sozialsystem, das in der Patronage gründete, zu einem Sozialsystem, das seinen Mittelpunkt in den wissenschaftlichen Institutionen hatte, war zugleich von der Entstehung einer neuen wissenschaftlichen Praxis begleitet. Wie Shapin und Schaffer gezeigt haben, gewannen Experimente und die kollektive Beglaubigung von »Tatsachen« zentrale Bedeutung für den neuen wissenschaftlichen Diskurs. Mit der Entstehung der Experimentalphilosophie verlagerte sich der Diskurs vom Disput hin zu weniger streitanfälligen Formen der Erkenntnis. Zugleich erhob die Institutionalisierung der Wissenschaft das Experiment zu einer grundlegenden wissenschaftlichen Praxis und verlagerte das Schwer-

---

36 Siehe hierzu etwa die entsprechenden Bemerkungen bei Foucault (wie Anm. 15), S. 12 f.: »an der Wende vom 16. zum 17. Jahrhundert ist (vor allem in England) ein Wille zum Wissen aufgetreten, der im Vorgriff auf seine wirklichen Inhalte Ebenen von möglichen beobachtbaren, meßbaren, klassifizierbaren Gegenständen entwarf; ein Wille zum Wissen, der dem erkennenden Subjekt (gewissermaßen vor aller Erfahrung) eine bestimmte Position, einen bestimmten Blick und eine bestimmte Funktion (zu sehen anstatt zu lesen, zu verifizieren anstatt zu kommentieren) zuwies; ein Wille zum Wissen, der (in einem allgemeineren Sinn als irgendein technisches Instrument) das technische Niveau vorschrieb, auf dem allein die Erkenntnisse verifizierbar und nützlich sein konnten.«

37 Zur Folgeentwicklung siehe die knappen Bemerkungen bei Weiß (wie Anm. 2), S. 34-39. Für eine allgemeine Charakterisierung und Einordnung Bacons siehe Anthony Quinton, *Francis Bacon*, Oxford 1980; für eine einlässliche Beschreibung seiner Persönlichkeit als dynamisch nach vorwärts schreitende, Fixierungen lösende wie erstarrte ›frozen minds‹ aufzutauen suchende Natur siehe vor allem auch die »Introduction« zu Francis Bacon, *The Advancement of Learning and New Atlantis*, hrsg. v. Arthur Johnston, Oxford 1980, S. vii-xx.

gewicht zunehmend von einem an Ehrbegriffen orientierten zu einem auf
wissenschaftlicher Glaubwürdigkeit basierenden Diskurs. Glaubwürdigkeit
beruhte nun nicht länger ausschließlich auf dem *persönlichen* Status oder
auf der *persönlichen* Beziehung zu einem Schirmherrn, sondern zunehmend
auf der Mitgliedschaft in wissenschaftlichen *Körperschaften* wie den frühen
Akademien.[38]

Genau hierin besteht Bacons zentrales Anliegen. Auch wenn er sich zeit seines
Lebens vergeblich um direkte Förderung vor allem durch James I. bemühte,
ging es ihm stets genau um solche ›Entpersönlichung‹ des Wissens über die
Errichtung einer wohl initial patronatsgestifteten, sodann aber gleichwohl weitgehend unabhängig-eigenständig arbeitenden ›Körperschaft‹, deren Ziel in der
kontinuierlichen Erschließung eines objektalen ›Neuen‹ liegen sollte. Eine solche
Umstellung von selbstgenügsamer Bildung zu zielorientiert nützlicher Forschung
bezeugt nicht zuletzt das sich 1660 in der Gründung der Royal Society zumindest
teilweise erfüllende utopische Projekt von ›Salomon's House‹.[39]

Durchweg hat sich Bacon in seinen Schriften den Themen ›Wissen‹ und
›Wissenserwerb‹ gewidmet. Dies betrifft in einem ersten Schritt wiederum
zunächst den Gedanken der Bildung selbst. In der *peroratio* seines Essays »Of
Custom and Education« spricht er von der Notwendigkeit, der aus seiner Sicht
dominant handlungsleitenden menschlichen ›Gewohnheit‹ schon früh durch
gezielt gesetzte erzieherische Maßnahmen den rechten Weg zu weisen:

---

38 Biagioli (wie Anm. 34), S. 378 (seine Herv.); die Referenz im Zitat ist auf das Buch von Steven
   Shapin u. Simon Schaffer, *Leviathan and the Air Pump*, Princeton, NJ 1985, v. a. S. 22-79.
   Für eine gerade auch auf Zilsels These von den ›Handwerker-Ingenieuren‹ bezogene, sozial-
   geschichtlich ausgerichtete Darstellung der frühneuzeitlichen Umstellung wissenschaftlicher
   Praxis auf das Experiment siehe Krohn (wie Anm. 29), v. a. S. 61-86. Dies wäre nun der Ort,
   an dem sich die laufende Modifikation humanistischer Praktiken mithilfe der Latourschen
   Akteur-Netzwerk-Theorie und des ›Konstellations‹-Begriffs (beides wie Anm. 11) als ein mög-
   lichkeits- und zunehmend auch mitspielerreiches beständiges ›Dazu-Bringen, etwas zu tun‹,
   als ein *›faire faire‹*, beschreiben ließe, aus dessen prozessualem Umbau allmählich der neue
   Konsens gegenstandsbeobachtend experimenteller ›Objektivität‹ erwüchse.
39 Zu ›Salomon's House‹ siehe den utopischen Entwurf von *New Atlantis* bei Bacon (wie
   Anm. 37), S. 213-247, insbes. S. 239-247; zur Umstellung auf Forschung siehe etwa Bacons
   programmatische Aussage aus dem *Novum Organum* (I, 97): »There is no hope except in a
   new birth of science; that is, in raising it regularly up from experience and building it afresh;
   which no one (I think) will say has yet been done or thought of.« (Zitiert nach Johnstons
   dortiger »Introduction«, S. vii; dort noch eine Fülle weiterer einschlägiger Bacon-Äußerungen
   wie auch eine Kurzcharakterisierung der Grundideen des ›House of Salomon‹). Zur Rolle
   Bacons in der Vorgeschichte der Gründung der Royal Society siehe die Bemerkungen bei
   Wolfgang Weiß, »›An Attempt, which all Ages had despair'd of‹. Das Selbstverständnis der
   Royal Society im 17. Jahrhundert«, in: Garber u. Wismann (wie Anm. 34), Bd. 1, S. 669-688.

Therefore, since custom is the principal magistrate of man's life, let men by all means endeavour to obtain good customs. Certainly custom is more perfect when it beginneth in young years: this we call education, which is in effect but an early custom. So we see, in language the tongue is more pliant to all expressions and sounds, the joints are more supple to all feats of activity and motions, in youth than afterwards. For it is true that late learners cannot so well take the play, except it be in some minds that have not suffered themselves to fix, but have kept themselves open and prepared to receive continual amendment, which is exceeding rare. But if the force of custom simple and separate be great, the force of custom copulate and conjoined and collegiate is far greater. For there example teacheth, company comforteth, emulation quickeneth, glory raiseth, so as in such places the force of custom is in his exaltation. Certainly the great multiplication of virtues upon human nature resteth upon society well ordained and disciplined. For commonwealths and good governments do nourish virtue grown, but do not much mend the seeds. But the misery is that most effectual means are now applied to the ends least to be desired.[40]

Dies folgt dem humanistischen Bild von der menschlichen Perfektibilität (›more perfect‹) über nachahmende *imitatio* (›example teacheth‹) wie eine sich und andere zu übertreffen suchende *aemulatio* (›emulation quickeneth‹) und beschreibt den zeitlichen Erwerb (›endeavour‹) ›guter Gewohnheiten‹ (›to obtain good customs‹) als einen über möglichst früh beginnende Bildung (›education, which is [...] an early custom‹) geleiteten Vervollkommnungsweg angestrebter einzelner (›custom simple and separate‹), vor allem aber gemeinschaftlicher Realisierung (›custom copulate and conjoined and collegiate‹) desinteressierter *virtus* bis hin zur ›exaltation‹. Dabei erscheint der individuelle Bildungsprozess, wie der Vergleich des Spracherwerbs bezeugt, umso erfolgreicher, je länger er in der Lage ist, Fixierungen zu umgehen (›have not suffered themselves to fix‹), sich Beweglichkeit (›more supple to all feats of activity and motions‹; ›take the play‹) und Offenheit zu erhalten (›have kept themselves open‹), und dementsprechend auch je wirkungsvoller er sich in ›continual amendment‹ weiter entfaltet, bis er sich letztlich ehrheischend erhebt (›raiseth‹) – sofern die Ziele recht gesetzt sind (›ends [...] to be desired‹).

In seinem Essay »Of Studies« wertet Bacon diesen einer noch dominant vertikalen Vorstellung folgenden Gedanken humanistischer Perfektionierung funktional aus. Bildung, so führt er dort aus, diene vor allen Dingen drei wesentlichen Funktionen:

---

40 Francis Bacon, *The Essays*, hrsg. v. John Pitcher, London 1985, S. 179-180, hier S. 180.

Studies serve for delight, for ornament, and for ability. Their chief use for delight, is in privateness and retiring; for ornament, is in discourse; and for ability, is in the judgement and disposition of business. For expert men can execute, and perhaps judge of particulars, one by one; but the general counsels, and the plots and marshalling of affairs come best from those that are learned. To spend too much time in studies is sloth; to use them too much for ornament is affectation; to make judgement wholly by their rules is the humour of a scholar. They perfect nature, and are perfected by experience, for natural abilities are like natural plants that need proyning by study; and studies themselves do give forth directions too much at large, except they be bounded by experience. Crafty men contemn studies, simple men admire them, and wise men use them; for they teach not their own use; but that is a wisdom without them and above them, won by observation.[41]

Nach innen (›in privateness and retiring‹) erfüllt Bildung den Selbstzweck des persönlichen Vergnügens (›delight‹), nach außen hin rein oberflächlich den Zweck vornehmlich in der öffentlichen Rede (›discourse‹) zur Geltung kommenden ostentativen Schmucks (›ornament‹), in der Tiefe jedoch den der Befähigung (›ability‹) zu klugem, wohlbedachtem, sorgsam abwägendem sozialen Handeln (›judgement and disposition‹) in geschäftlicher Interaktion (›of business‹). Birgt ersteres die Gefahr selbstgenügsamer Trägheit (›sloth‹) und zweiteres die Gefahr selbstgefälliger ›affectation‹, so entbirgt erst die konkrete Bildungsnutzung in Geschäften (›the general counsels, and the plots and marshalling of affairs‹) den rechten Wert und wahren ›humour of a scholar‹. Dies fügt dem ersten Schritt nunmehr einen zweiten hinzu: perfektioniert rechte Bildung den naturgegebenen Geist durch ordnendes Zurechtstutzen (›proyning‹ [›pruning‹]), so vervollkommnet erst die Erfahrung ihn zu rechtem Gebrauch (›They perfect nature, and are perfected by experience‹). Erst solchermaßen erfahrungsgesättigte Bildung macht mithin den weisen Mann, denn sie erfüllt sich erst im Gebrauch; nicht liegt die Weisheit in der Bildung selbst, sondern außer- oder auch oberhalb ihrer in einer von Erfahrung und Beobachtung geleiteten klugen Nutzung (›but that is a wisdom without them and above them, won by observation‹).

Hierin ergänzt sich die vertikale Perfektionierung durch eine Vervollkommnung in der Zeit. Dies artikuliert vielleicht am exemplarischsten Bacons Traktat zu *The Advancement of Learning* (1605). Bereits das Titelwort ›advancement‹ verweist auf die neue Zentralstellung linearer Entwicklung. Flankiert wird es von einem hohen Pathos des ›improvement‹, des ›making better‹, vor allem eines pragmatisch orientierten ›better use and management‹, von ›innovation‹ und ›revolution‹, ›adventure‹ und ›discovery‹ sowie eines beständigen Flusses von

---

41 Ebd., S. 209-210, hier S. 209.

›new works and further progress‹.[42] Auf diese Weise stellt sich *The Advancement of Learning* dar als ein programmatisches Plädoyer für eine die Kenntnis der Bibel als Gottes Wort um die präzise Kenntnis der empirischen Welt als Gottes Werk ergänzende positivistisch-zweckgebundene Art von Bildung, deren ›Würde‹ in menschlicher Erfindungsgabe, zivilisatorischen Effekten und weiser Herrschaft, deren ›Exzellenz‹ allerdings im Erwerb persönlicher ›Tugendhaftigkeit‹, in Führungsqualitäten, Lebensglück und Weiterkommen, Zufriedenheit und ›Unsterblichkeit‹ gesehen wird.[43]

Dies verweist noch einmal auf die Zweiteilung in humanistische Bildung ›an sich‹ als unverzichtbarer Grundlage und zugleich konkret nutzbare, dem Fortschritt der Menschheit dienende, ›utilitaristische‹ Forschung als deren unabdingbar mit einzufordernder Einlösung. Im Fokus stehen somit nicht mehr *res et verba*, sondern nurmehr »matter«; und die »words« als »but the images of matter« dienen lediglich ihrer transparenten Wiedergabe zu allgemeinem Nutzen: nicht mehr einer verbal persönlichkeitsformenden *disputatio*, sondern objektbezogener, sachgerechter Repräsentation eines beobachtbaren Sachverhalts mit dem Ziel, sich die Welt untertan zu machen zur Verbesserung des irdischen Lebens wie zum Lobpreis von Gottes Schöpfung.[44] Dies formuliert im Besonderen sodann auch die Utopie des ›Salomon's House‹ als ›College of the Six Days' Works‹, »dedicated to the study of the Works and Creature of God«: »The End of our Foundation is the knowledge of Causes, and secret notions of things; and the enlarging of the bounds of Human Empire, to the effecting of all things possible.«[45]

---

42 Alle hier direkt bzw. indirekt zitierten Bacon'schen Belege finden sich aus den verschiedenen Quellen gebündelt zusammengestellt bei Johnston (wie Anm. 37), S. vii-x.

43 So schon in den Kapitelüberschriften bei Bacon (wie Anm. 37), I, Kap. VII u. VIII, S. 43-59.

44 Eine einlässige Darstellung der für die frühe Neuzeit wesentlichen, insbesondere die Kopula betonenden ›humanistischen‹ Formel von ›res et verba‹, derzufolge »Seiendes dem Menschen nie bloß begrifflich, sondern erst mittels der Sprache zugänglich« sei, findet sich in Stephan Otto, *Renaissance und frühe Neuzeit*, Stuttgart 1984 (Geschichte der Philosophie in Text und Darstellung 3), S. 107-192, das Zitat S. 108; vgl. auch, in ausführlicher Auseinandersetzung mit Foucault und dessen Thesen zum frühneuzeitlichen Ähnlichkeitswissen, ders., *Das Wissen des Ähnlichen. Michel Foucault und die Renaissance*, Frankfurt a. M. et al. 1992, S. 77-95, zur Formel nochmal S. 80. Zur vor allem auch gegen englische Humanisten wie Elyot und Ascham vorgebrachten Herausstellung der ›matter‹ siehe die Kritik am zeitgenössischen Zustand der Bildung in Bacon (wie Anm. 37), I, Kap. IV, die Zitate S. 26. Zum Siegeszug des Transparenzmodells siehe Verf., »Die Materialität der Transparenz. Sprache, Politik und Literatur in der englischen Aufklärung«, in: Garber u. Wismann (wie Anm. 34), Bd. 1, S. 721-754; dort auch eine Diskussion der die menschheitsverbessernden Experimente der Royal Society gnadenlos ironisierenden ›Academy of Lagado‹ aus Swifts *Gulliver's Travels* (S. 734-739).

45 Siehe hierzu Bacon (wie Anm. 37), die Zitate S. 229 u. S. 239.

Im einzurichtenden College selbst befinden sich nunmehr also die neuen
Stellen. Der ›in the judgement and disposition of business‹ befähigte Humanist
professionalisiert sich letzthin ›eigen-ständig‹ im ›neuen‹ (Natur-)Wissenschaftler.
Und dieser gerät fortan auf eine endlos ›realisierende‹ Spur des Wachstums und
der Progression, des Fortschritts und der Beschleunigung, der Expansion wie
auch der Ausbeutung; er bewegt sich auf diese Weise in leisen Schritten weg vom
autonomen ›scholar‹ hin zum stellenbewussten ›scientist‹: von einem in stetem
Austausch wissensmehrenden Humanismus zu erwerbsorientierter, nutzen- wie
vor allen Dingen zunehmend auch geldmehrender Anthropozentrik.

Anne Enderwitz

Humanistische Bildung und ökonomisches Kalkül in Middletons *A Chaste Maid in Cheapside**

Einleitung

In Ben Jonsons poetischem Nachruf auf William Shakespeare findet sich bekanntermaßen ein Kommentar auf Shakespeares Bildung[1]: »And though thou hadst small Latin and less Greek …« Der mangelnden Kenntnis klassischer Sprachen zum Trotz weist Jonson jedoch in den folgenden Zeilen Shakespeare einen Platz an der Seite der großen klassischen Tragödiendichter zu. Die Konjunktion »though« ist somit doppeldeutig: Sie identifiziert den Mangel an humanistischer Bildung als Manko, zeigt aber zugleich an, dass diese keine notwendige Voraussetzung für dichterisches Können ist. Das Verhältnis zwischen zeitgenössischer Dichtkunst und klassischer Bildung bleibt bei Jonson mehrdeutig, doch ist gerade die nicht aufgelöste Spannung zwischen individuellem Erfolg in der (frühneuzeitlichen) Gegenwart und einem der Vergangenheit verpflichteten Bildungskanon im Kontext dieses Aufsatzes interessant. Auch die Komödie *A Chaste Maid in Cheapside* (1611) von Thomas Middleton, um die es im Folgenden gehen soll, inszeniert dieses Verhältnis, allerdings nicht bezogen auf die Dichtkunst: Sie hinterfragt den Nutzen humanistischer Bildung für Handwerker und Händler in der Handelsmetropole London.

A Chaste Maid in Cheapside ist ein Paradebeispiel für die sogenannte City Comedy, ein Genre, das im frühen 17. Jahrhundert die Kommerzialisierung sozialer Beziehungen in London auf die Bühne bringt.[2] In Middletons Komödie erweist sich auch humanistische Bildung als Bestandteil eines ökonomischen Kalküls, das

---

* Der Aufsatz steht in direktem Zusammenhang mit dem Projekt *Economies of Early Modern English Drama*, das durch die Freie Universität Berlin im Rahmen der Exzellenzinitiative der Deutschen Forschungsgesellschaft unterstützt wurde.

1 »To the Memory of My Beloved, the Author William Shakespeare And What He hath Left Us«. Zitate im Folgenden in modernisierter Schreibweise (Folio, 1623, EEBO http://eebo. chadwyck.com, zuletzt aufgerufen am 10.10.2016).

2 Jean Howard schreibt in *Theater of a City: The Places of London Comedy, 1598–1642*, Philadelphia 2007, S. 19: »The label has been attached to a number of works written between about 1598 and 1615 that take London (or cities that are screens for London) as their setting and deal in some detail with the geography of that urban setting and with the non-noble characters who people it.«

jedoch grandios scheitert. Ein lateinischer Brief und verschiedene Versuche, ihn zu entschlüsseln, sorgen bereits zu Beginn des Stückes für Komik: Latein wird von Anfang an als Lachnummer abgehandelt und behält diesen Status durchweg bei. Die satirisch überzeichnete Inszenierung humanistischer Bildung lässt sich nicht nur als Kritik am ökonomischen Kalkül des sozialen Aufstiegs lesen, sondern auch als Absage an eine Bildungsform, die dem regen Handelstreiben in London nicht gerecht wird. Insofern leistet Middletons Komödie eine Anpassungsarbeit[3], die bei aller Satire auch eine neue ökonomische Realität mitsamt ihren Anforderungen an Bildung und ein überliefertes Wertesystem verhandelt.

Der Aufsatz führt zunächst in das Genre der City Comedy ein und situiert diese im Spannungsfeld von kritischer Darstellung und Anpassungsleistung. Daran schließt sich eine historisch kontextualisierte Diskussion des proto-bürgerlichen Aufstiegswillens und der sozialen Funktion humanistischer Bildung an, sowie die Verortung des Begriffes *humanitas* im englischen Kontext. Dieses sozialgeschichtliche Kontextwissen soll einerseits den in der Komödie inszenierten Bildungswillen erhellen und andererseits den umstrittenen Status humanistischer Bildung im kommerziellen Kontext aufzeigen. Im Anschluss an solches Kontextwissen analysiert der Aufsatz das Scheitern des Bildungskalküls im Falle des Bürgersöhnchens Tim und diskutiert abschließend anhand einer fiktiven, intradramatischen Übersetzung die Abwertung von universitärem Wissen zugunsten eines praktischen, anwendungsorientierten Könnens.

City Comedy: Kritik und Anpassungsleistung

Die City Comedy markiert, wie Jean Howard schreibt, »a moment in early modern culture, when urban commoners, those below the ranks of gentlemen, could become the protagonists in theatrical fictions«.[4] Nicht nur spielt die City Comedy gern gewöhnliche Leute (›commoners‹) und Adlige gegeneinander aus. Sie inszeniert in proto-realistischer Weise die räumlichen und ökonomischen Gegebenheiten Londons und nutzt als Figurenpersonal Charaktere, die in London zuhause und häufig im Publikum der kommerziellen Theater zu finden waren: Kaufleute und Handwerker, Auszubildende und Studenten, Prostituierte und Taschendiebe, Adlige und Reisende, die sich in London am regen Handels-

---

3 Vgl. Howard (wie Anm. 2), S. 14, aber auch die Überlegungen Andreas Mahlers zu den Begriffen Assimilation und Akkomodation nach Piaget in »Welt Modell Theater«, in: *Poetica* 30 (1998), S. 3: »Als Instrumente diskursiver Sinnbestimmung des Lebens wirken mithin Sujettexte in zwei Richtungen: assimilierend in Richtung auf die Kohärenz einer alten Ordnung oder akkommodierend mit Blick auf eine zuweilen noch ungewisse neue Kohärenz.«
4 Vgl. Howard (wie Anm. 2), S. 19.

treiben und an Luxusgütern aus aller Welt erfreuten. Der realistische Eindruck wird durch eine den jeweiligen Charakteren angepasste Sprache verstärkt, die den Schauplätzen Lokalkolorit verleiht.[5] Auch der Verzicht auf lebensferne Elemente, die in anderen Dramen der Zeit gerne eingesetzt werden (etwa die Hexen in *Macbeth* oder der unerwartete Goldfund in *Timon of Athens* ebenso wie Elfenkönig und -königin in *Midsummer Night's Dream* oder der Zauberer Prospero in *The Tempest*), stützt diesen Eindruck.

Proto-realistisch meint jedoch nicht lebensecht: City Comedies porträtieren Londons Bewohner, ihre sozialen Ambitionen und Laster in satirisch überzeichneter Weise. Sie bieten kein Abbild der Wirklichkeit, vielmehr nutzen sie orts- und milieuspezifische Elemente, um, wie Brian Gibbons es formuliert, tatsächliche und aktuelle (und in diesem Sinne ›reale‹) soziale und moralische Probleme zur Anschauung zu bringen: »the critical realist writer is primarily concerned to shape character and incident in order to bring alive the underlying social and moral issues *through* the specific and local experience.«[6] Diese Perspektive, die mit dem Sichtbarmachen sozialer und moralischer Anliegen das kritische Potential realistischer Darstellung betont, lässt sich gewinnbringend mit einer Aussage Howards kontrastieren. In *Theatre of a City* diskutiert sie die spezifische ›Arbeit‹, die das kommerzielle Theater leistet: »the popularity of that theatre arose in part because of the work it unconsciously but robustly and imaginatively performed in accommodating Londoners of all stripes to the somewhat bewildering world in which they were living.«[7] Auf den ersten Blick scheinen diese beiden Aussagen in Widerspruch zu stehen: Vollbringt die City Comedy nun eine kritische Leistung oder eine Anpassungsleistung? Erst auf den zweiten Blick entpuppt sich der Widerspruch als Paradoxon, denn in der Tat leistet die City Comedy beides zugleich: Während sie moralische Kritik an exzessivem Begehren und den entsprechenden Lastern übt, verankert sie zugleich eine neue ökonomische Realität in den Köpfen der Zuschauer. Diese ökonomische Realität ist nicht bloß Gegenstand von Kritik, sondern führt auch zu einer Werteverschiebung im moralischen System, die in den City Comedies mitvollzogen und sichtbar gemacht wird. An dieser Werteverschiebung, so könnte man mit Howard formulieren, ›arbeitet‹ das Genre der City Comedy: Kritik geht Hand in Hand mit der Anerkenntnis von Eigeninteresse als omnipräsenter und in gewissen ethischen Grenzen auch legitimer Motivation. Während die City Comedy ex-

---

5 Vgl. ebd., S. 19: »Typically these plays, which are based on Roman New Comedy, pit gentlemanly »gallants« against artisans and merchants for preeminence within the city milieu, and they pay detailed attention to the topography of the city and to urban culture in terms of its fashions, typical occupations, street slang, and con games.«

6 Brian Gibbons, *Jacobean City Comedy*, Cambridge, Mass. 1968, S. 17.

7 Howard (wie Anm. 2), S. 14.

zessive Begehren und Laster derart seziert, dass dahinter ein alles beherrschender Hunger nach Wohlstand und Aufstieg sichtbar wird, etabliert sie zugleich dieses ›Eigeninteresse‹[8] als anthropologische Konstante, der es Rechnung zu tragen gilt und mit der mithin auch zu rechnen ist – die also Gegenstand rationaler Kalkulation werden kann. Brian Gibbons beschreibt die Perspektive der City Comedy zwar als dezidiert moralische und nicht als ökonomische[9], doch ist dies für die Frühe Neuzeit meiner Ansicht nach ein Scheinwiderspruch: Um 1600 lassen sich weder Oikonomia (die Verwaltung des Hauses) noch Handel unabhängig von ethischen Fragen denken. Andersherum werden ethische Tugenden wie Gerechtigkeit, Mäßigung und praktische Weisheit im Kontext von Haus, Handel und Gemeinschaft erörtert.

Beliebtes Thema der City Comedies ist das Streben nach materiellen Gütern sowie der soziale Aufstieg. Middletons *A Chaste Maid in Cheapside* inszeniert neben freizügig feil gebotener Sexualität als weiblicher Aufstiegsoption auch humanistische Bildung als männlich kodiertes Vehikel des Aufstiegs. Die Arbeit am Habitus und das Knüpfen wichtiger sozialer Kontakte an der Universität soll den Weg in die Reihen des niederen Adels ebnen.[10] Die Komödie zielt parodistisch auf den übertriebenen Aufstiegsehrgeiz reicher Handwerker und Kaufleute, die dem Adel nacheifern. Gleichzeitig aber nimmt sie eine Neubewertung des tatsächlichen Nutzens humanistischer Bildung in der Handelsmetropole London vor. Lange vor Milton, der das Lernen in Schulen und Universitäten als »pure trifling at grammar and sophistry« kritisierte[11], suggeriert die Komödie die Unzulänglichkeit lateinischer Grammatik und Logik für das Leben in der City. Sie ›gewöhnt‹ damit die Zuschauer an eine neue ökonomische Realität, die – mit dem Tuchhändler William Scott gesprochen – praktisches Urteilsvermögen und strategisches Handeln erfordert und auf die humanistische Bildung nur unzulänglich vorbereiten kann.[12]

---

8 Der Begriff der ›private interests‹ war bei einigen Denkern des 16. und 17. Jahrhunderts (La Rochefoucauld, Hobbes) recht weit gefasst (vgl. Alfred O. Hirschman, *The passions and the interests: political arguments for capitalism before its triumph*, Princeton 2013, S. 42), wurde aber zunehmend auf Besitzstreben eingeengt: »›Interests‹ of persons and groups eventually came to be centered on economic advantage as its core meaning [...] But the economic meaning became dominant rather late in the history of the term« (Ebd., S. 32).

9 Gibbons (wie Anm. 6), S. 29.

10 Vgl. auch Anm. 35.

11 John Milton, *(Of) Education* (1644), Hoboken, N. J.: Generic NL Freebook Publisher. http:// eds.b.ebscohost.com. Vgl. auch Clarke, *Classical Education in Britain 1500–1900*, Cambridge 1959, S. 44.

12 *An Essay of Drapery*, London 1635. Vgl. auch Anm. 40 und 42.

A Chaste Maid in Cheapside: Aufstiegswille im historischen Kontext

A Chaste Maid in Cheapside spielt in jener Straße, in der die wohlhabendsten Goldschmiede Londons ihrem Geschäft nachgingen und die das kommerzielle Zentrum Londons darstellte.[13] In Cheapside wurde der Reichtum der Metropole zur Schau gestellt[14]: Aufgrund ihrer Breite[15], der prächtigen Häuserfronten und der wertvollen Güter[16], die hier zum Kauf angeboten wurden, avancierte die Straße zum »setting for all the great civic gatherings and processions« in London.[17] Selbst nach dem Bau von Greshams Royal Exchange (1566) und Robert Cecils New Exchange (1609)[18], Handelsbörsen, die zugleich als frühneuzeitliche Shoppingzentren fungierten[19], blieb Cheapside unangefochtenes Zentrum des gehobenen Kommerzes: »The best shops with the highest rents, were still on Cheapside, which was a mixed shopping thoroughfare with the premises of manufacturing trades located behind the shops, on side streets.«[20]

Cheapsides Karriere als wichtigste Shoppingmeile Londons begann bereits im Mittelalter. Obwohl es in fast allen Straßen und Gassen Londons Geschäfte gab, war Cheapside zwischen dem 12. und 17. Jahrhundert »without rival as the principal shopping street in London«.[21] Insbesondere siedelten sich hier Goldschmiede an.[22] Im Laufe des 17. Jahrhunderts entwickelten sie sich mit der Ausgabe sogenannter ›goldsmiths notes‹ zu Proto-Bankern: Sie nahmen wertvolle Gegenstände wie etwa Goldmünzen in Verwahrung und gaben dafür Belege aus,

---

13 Vgl. Karen Newman, »Goldsmith's Ware: Equivalence in *A Chaste Maid in Cheapside*«, in: *The Huntington Library Quarterly* 71:1 (2008), S. 103.

14 Derek Keene, »Material London in Time and Space«, in: Lena Cowen Orlin (Hg.), *Material London, ca. 1600*, Philadelphia 2000, S. 60.

15 Vgl. Vanessa Harding, »Cheapside: Commerce and Commemoration«, in: *The Huntington Library Quarterly* 71:1 (2008), S. 2.

16 Vgl. ebd., S. 2: »Shops displaying luxury goods and costly wares were another highly visible feature of the street.« Zur Sichtbarkeit und Zurschaustellung der wertvollen Waren der Goldschmiede siehe auch ebd., S. 6.

17 Dorothy Davis, *A History of Shopping*, London 1966, S. 108. Vgl. dazu auch Harding (wie Anm. 15), S. 3.

18 Kathryn A. Morrison, *English Shops and Shopping*, New Haven & London 2003, S. 31 f.

19 Die Royal Exchange beherbergte 120 kleine Läden oder Stände. Auch die New Exchange beherbergte Läden. Vgl. Morrison (wie Anm. 18), S. 31 f.

20 Ebd., S. 33.

21 Derek Keene, »Shops and Shopping in Medieval London«, in: L. Grant (Hg.), *Medieval Art, Architecture, and Archaeology in London,* London 1990, S. 29-46, hier S. 29. Vgl. auch Harding (wie Anm. 15), S. 5, die Cheapside als »notable center of wealth owing to its development as a high-quality retail environment« beschreibt.

22 Vgl. Harding (wie Anm. 15), S. 4: »Goldsmiths' Row, on the south side of the street towards St. Paul's, clearly formed a unified group described in 1603 as the most beautiful frame of fair houses and shops, in London and anywhere in England«.

die anfänglich personengebunden waren, später dann aber zur Auszahlung an den jeweiligen Überbringer berechtigten und somit als Geldscheine fungierten.[23] Als kommerzielles Milieu, das mit Luxusgütern und Wohlstand assoziiert war, mit »inexpressibly great treasures« und »vast amount[s] of money«, mit Goldschmieden und Geldwechslern[24], ruft Cheapside im Titel der Komödie zugleich eine aufstrebende soziale Schicht auf: jene wohlhabenden Handwerker und Kaufleute, die bisweilen auch junge Männer aus den Reihen des Adels ausbildeten und die darauf hoffen oder zumindest davon träumen konnten, sich über den Kauf von Land in die Reihen des Adels hinein zu manövrieren.[25]

Gleich in der ersten Szene der Komödie tritt ein Goldschmied namens Yellowhammer mitsamt Frau und Tochter auf. Der abwesende Sohn ist eben jener Gentleman aus Cambridge, der titelgebend für diesen Aufsatz ist. Zwar handelt es sich bei Middletons Komödie um einen Plot mit vier relativ gleichberechtigten Handlungssträngen, die die Beziehungen zwischen verschiedenen Haushalten gestalten, doch stehen die Yellowhammers mit ihren Kindern Tim und Moll im Zentrum des Geschehens. Nicht nur spielt die allererste Szene im Laden des Goldschmieds, auch die Feier der ›Doppelhochzeit‹ von Tim und Moll bildet den krönenden Abschluss des Stückes. Ihre Aufstiegsambitionen rahmen somit das gesamte Stück. Als wohlhabende Handwerker, Händler und Proto-Banker haben die Yellowhammers gute Chancen, ihre Kinder über Bildung und Ehe im Adelsstand zu platzieren. Tim wird entsprechend nicht als Goldschmied ausgebildet, sondern bekommt die Erziehung eines jungen Gentleman: Latein, und logisches Argumentieren suggerieren die klassische humanistische Bildung eines Bachelor of Arts.[26]

23 Vgl. Newman (wie Anm. 13), S. 105: »By the 1630s the fortunes of Cheapside's goldsmiths had increasingly come to depend not on their craft but on their banking activities. They began to expand the service of safekeeping deposits of gold, plate, and currency and issued reclamation receipts that served as evidence of the bearer's ability to pay. Such goldsmith's receipts in fact became the first banknotes.«

24 Zit. nach Harding (wie Anm. 15), S. 6.

25 Lawrence Stone, *The Crisis of the Aristocracy 1558–1641*, Oxford 1965, S. 51 schreibt über reiche Kaufleute: »Despite their wealth they lacked confidence in their status and pride in their occupation; their chief ambition was to pull out of trade, buy an estate, and become absorbed into the landed gentry.« Auch die jüngeren Söhne des niederen Adels nahmen bisweilen den Weg über einen Brotberuf »and in late middle age most of them deliberately cut loose and bought their way back into the countryside at a higher social level.«

26 Vgl. James A. Sharpe, *Early Modern England: a Social History 1550–1760*, London 1988, S. 259: »The curriculum to which the university student was exposed was essentially conservative and non-utilitarian. What were studied were the ›liberal arts‹ […] At Cambridge, under the University Statutes of 1570, the art course took seven years: four years to Bachelor of Arts, then another three years to Master of Arts. The student would study rhetoric, logic and philosophy up to his BA, and would then progress to his MA through the study of natural, moral and metaphysical philosophy, drawing and Greek.«

Molls Freier ist ein Adliger mit dem sprechenden Namen Sir Walter Whorehound, der seine Geliebte, Mistress Allwit, und deren gesamte Familie aushält, und die Hand und Mitgift der Tochter des wohlhabenden Goldschmieds Yellowhammer erringen will. In seinem Gefolge reist eine Hure, die den Part einer walisischen Edelfrau spielt und mit ihrem fingierten Titel und angeblichen Ländereien Tim, den Sohn des Goldschmieds, ködert. Dynamik in die ambitionierten Pläne der Yellowhammers, ihre Kinder gewinnbringend zu verheiraten, bringt jedoch Touchstone Junior, ein sympathischer Zweitgeborener, der die Verlobte von Sir Walter liebt (und sie ihn). Zwar misslingt der Plan von Moll und Touchwood Junior, die Eheschließung heimlich zu vollziehen, doch dürfen sie schließlich in aller Öffentlichkeit heiraten, nachdem sie ihren Tod vorgetäuscht und mit dieser Inszenierung in der Inszenierung die versammelten Trauergäste zu Tränen gerührt haben. Tim dagegen heiratet die Waliserin, die sich dann erst als (ehemalige) Hure entpuppt. Beim Versuch, das Leben in der City und vor allem den sozialen Aufstieg zu meistern, erweist sich sein Universitätsstudium als nutzlos.

Mit *A Chaste Maid in Cheapside* nimmt dieser Aufsatz eine Komödie in den Fokus, die humanistische Bildung als Kernbestandteil der ökonomischen Logik der aufstrebenden und wohlhabenden Bürger Londons inszeniert. Die Komödie entlarvt humanistische Bildung als offensichtlichen und allzu bemühten Versuch, sich dem Habitus eines ›gentleman‹ anzunähern. Der soziale Status der Goldschmiede war durch duale soziale Beschreibungsmodelle, die allgemein zwischen ›gentlemen‹ und ›commoners‹ unterschieden, nur unzulänglich erfasst.[27] Kaufleute oder Goldschmiede verfügten über einen unabhängigen Haushalt und Wohlstand und standen dadurch dem niederen Adel näher als manchen ›commoners‹ (wie etwa Bediensteten, Arbeitern oder Landstreichern).

---

27 Vgl. Stone (wie Anm. 25), S. 49: »On the broad view this was a two-class society of those who were gentlemen and those who were not. As a contemporary put it with disarming simplicity, ›All sortes of people created from the beginninge are devided into 2: Noble and Ignoble‹.« Natürlich bot dieses duale Modell nur ein grobes Raster; es gab innerhalb dieses Rasters durchaus differenziertere Beschreibungsmodelle. Richard Mulcaster (1581), der grundsätzlich zwischen »gentlemen« und »commonalty« unterschied (vgl. Stevenson, *Praise and Paradox: Merchants and Craftsmen in Elizabethan Popular Literature*, Cambridge 1984, S. 79), differenzierte letztere weiter in »merchants and manuaries« (ebd.). Weit verbreitet waren Differenzierungen, die die beiden großen Gruppen jeweils in drei Untergruppen einteilten (Stone, S. 51). Aus den *commoners* wurden auf diese Weise drei Gruppen: 1. »the vagrant, the cottager, the hired labourer, the household servant, and the industrial and commercial wage-earner«, 2. »the small freeholder or leaseholder, the self-employed artisan, the shopkeeper, and the internal trader«, 3. »the hundred-odd great export merchants of London, Exeter, Bristol, and a few other major ports« (ebd.). Der Adel setzte sich ebenfalls aus drei Gruppen zusammen: 1. »plain gentlemen«, 2. »the county *élite* – many of the esquires and nearly all the knights and baronets«, 3. »the titular peerage« (ebd., S. 51 f.).

In Oxford und Cambridge trug der Begriff des ›gentleman commoner‹ dieser Tatsache Rechnung: Die *gentlemen commoners* waren wohlhabende Studenten, die besondere Privilegien genossen und dafür höhere Gebühren zahlten.[28] Auch Tim genießt diesen Status. Seine Mutter schickt ihm einen Silberlöffel, damit er beim gemeinsamen Mahl mit den anderen *gentlemen commoners* standesgemäß dinieren kann.

Lawrence Manley beschreibt die Grenze zwischen »gentlemen and burgesses« als »the point at which the crisis of social mobility was most intense«.[29] Die soziale Unterscheidung verlor an dieser Grenze durch Konversionsmöglichkeiten in beide Richtungen an Trennschärfe: »the London marketplace [...] enabled wealthier merchants to influence agrarian developments and purchase landed estates, just as it provided the younger sons of gentry with an entrée to trade and the legal and court bureaucracies«.[30] Die Möglichkeit der »mutual conversion«[31] nährte den Aufstiegsehrgeiz reicher Geschäftsleute. Laut James A. Sharpe war diese vertikale soziale Mobilität der wohlhabenden Bürger (*citizens*) für den Erhalt des englischen Adels nicht unwesentlich. Er diagnostiziert in seiner Sozialgeschichte geradezu ein Adelssterben: »on average, a peerage or gentry family died out in the direct male line every three generations, and hence for the nobility to maintain its numbers newcomers had to be recruited«.[32] Quereinsteiger waren essentiell für den Erhalt des englischen Adels; qualifizierte Kandidaten benötigten Reichtum und »social graces«, also den passenden Habitus. Sharpe beschreibt das Attribut »gentility« als kulturelles Merkmal (und nicht nur als Frage sozialen Ranges).[33] Er zitiert Thomas Smith, der in den 1560er Jahren diesen knappen Schluss zog: »to be short, who can live idly and without manual labour, and will

---

28 Im *Oxford English Dictionary*, s. v. »gentlemen commoners«, heißt es dazu: »Gentlemen commoners were distinguished from ordinary commoners by special academic dress, by dining at a separate table, by various immunities with respect to lectures, etc., and by the payment of higher fees.« Die erste Verwendung des Begriffes ist hier zwar von 1687, doch findet sich der Begriff bereits in *A Chaste Maid*.

29 Lawrence Manley, *Literature and Culture in Early Modern London*, Cambridge 1995, S. 94.

30 Ebd.

31 Ebd.

32 Ebd., S. 153. Sharpe (wie Anm. 26, S. 153) unterteilt den Adel in *nobilitas major* und *minor*. Erstere Kategorie schließt »the peerage, and such upper gentry as knights and esquires« ein, letztere umfasst »the lesser gentry«.

33 Vgl. Sharpe (wie Anm. 26, S. 153). Laut *Oxford English Dictionary* trifft sich in dem Attribut »gentility« Abstammung mit guten Manieren. Der Begriff umfasst 1. »the fact of belonging to a family of gentle blood« und 2. »the quality of being gentle (in manners, etc), or genteel«. Die zweite Wortbedeutung hebt insbesondere auf soziale Zuordnung aufgrund des Benehmens ab: 2.a »The manners, bearing, habits of life, etc., characteristic of a gentleman or gentlewoman« und 2.b »Social superiority, rank above the commonalty, as evidenced by, or asserted on the ground of, manners or habits of life«.

bear the port, charge, and countenance of a gentleman, he shall be called master [...] and shall be taken for a gentleman«.[34]

Bildung als Vehikel des Aufstiegs

Tatsächlich mögen Bildung und Erziehung ein wesentlicher Erfolgsfaktor für den Aufstieg gewesen sein. Ian Green verweist auf die sozio-ökonomische Dimension des Bildungswillens: Neben der Möglichkeit des Aufstiegs versprachen Schul- und Universitätsbesuch Kontakte, die sich einmal als profitabel erweisen mochten.[35] Middletons Komödie zeigt jedoch, dass humanistische Bildung versagt, wo Scharfsinn fehlt und Ehrgeiz blendet. Je größer die sozio-ökonomischen Ambitionen der Figuren sind, desto leichtere Beute sind sie für Betrüger und Gauner: Tochter Moll soll mit Sir Walter einen Gentleman ehelichen, dessen Aussichten auf Landbesitz tatsächlich mehr als zweifelhaft sind; Sohn Tim fällt auf besagte Hure herein, die sich als Herrin über neunzehn walisische Berge ausgibt. Doch vielleicht muss man Middletons Komödie noch radikaler lesen. Einerseits gewiss als Absage an den übersteigerten Ehrgeiz jener wohlhabenden Bürger Londons, die im frühen 17. Jahrhundert dem Adel nacheifern.[36] Andererseits aber lässt sich die Komödie auch als Kritik an einer als unzulänglich empfundenen Bildungsform lesen, die dem regen Geschäftsleben der City of London nicht entspricht. Diese Kritik richtet sich nicht unbedingt gegen die Lektüre und Aneignung antiker Texte an sich. Aufs Korn genommen wird vielmehr eine repetitive und mechanische Wissensvermittlung, die in *A Chaste Maid* über das stupide Widerkäuen grammatischer Formen und die sinnlose Konstruktion inhaltsleerer logischer Syllogismen inszeniert wird. Green spricht von einer »litany of complaints that the classical teaching provided in many English Grammar schools was so boring and stultefying that it alienated most

---

34 Zit. nach Sharpe (wie Anm. 26), S. 153.

35 Vgl. Ian Green, *Humanism and Protestantism in Early Modern English Education*, Burlington 2009, S. 77 f.: »it may be wise to look not just for the obvious and demonstrable aspirations – gentry anxious that their younger sons be enabled to aim at a career in the church or the law, parents who were themselves lawyers or teachers or clergy who wanted their sons to follow in their footsteps, or sons of pious laity hoping their son would become a clergyman – but also for the less easily defined or proved: the desire of parents of middling rank that their offspring should have the opportunity to move a rung up the social ladder through transfer to a leading grammar school, attendance at a university or Inn of Court [...] or the hope that attendance at a grammar school would lead to the making of contacts and the acquisition of a polish that would stand them in good stead in later life.«

36 Autoren des 16. und frühen 17. Jahrhunderts, denen daran gelegen war, den Ruf von Handel und Händlern zu verbessern, argumentierten gern »that gentlemen think well enough of merchants to apprentice their sons to them.« (Stevenson [wie Anm. 27], S. 115)

adults completely«.[37] Diese Form von Bildung erweist sich in Middletons Komödie als wirkungslos gegenüber einer ökonomischen Realität, die nach Witz
und Pragmatismus verlangt.

Um 1600 gab es durchaus alternative oder wenigstens zusätzliche Bildungs-
und Ausbildungsmöglichkeiten für die Söhne von Kaufleuten und Händlern.[38]
Textbücher, die sich mit praktischem Können in Arithmetik, Rechnungswesen
oder Navigation befassten, ergänzten die Lektüre antiker Texte.[39] Der Wert solcher Lektüre und die Art, wie diese Texte unterrichtet wurden, waren zumindest
punktuell Gegenstand von Skepsis. So erklärte der Tuchhändler William Scott,
dessen umfassende Schrift *Essay on Drapery* (1635) überliefert ist, Arithmetik
und Buchhaltung für unabdingbar[40], aber äußerte sich höchst skeptisch über
humanistische Bildung. Diese schien ihm »ambitious clamour« (laute, vehemente
Äußerungen, die auf Eindruck abzielen) ebenso zu fördern, wie unproduktive,
stille Versenkung (»contemplation«). Gleichzeitig versagte humanistische Bildung gerade in der Ausbildung jener Fähigkeit, die für kommerziellen Erfolg
wesentlich ist: »discretion«, eine Form praktischer Klugheit[41], die in »action«
überführt werden kann, also Handlungsfähigkeit impliziert. Scott kontrastiert
»discretion« und »action« mit intellektuellem, universitärem Wissen (›learning‹):

And have not our times seene those which have had almost all *Aristotle* and
Cicero in their heads, to bee the worst in the execution of businesse? Policy
when it is naturall, workes free and quietly; it is without noise, whereas the

---

37 Green (wie Anm. 35), S. 24. Sharpe (wie Anm. 26), S. 265 schreibt über die *grammar school*:
»Latin grammar dominated the syllabus, and was taught largely through memorizing and
repetition (›gerund grinding‹ as Milton called it)«.

38 Vgl. Helen M. Jewell, *Education in Early Modern England*, Basingstoke 1998, S. 85. Bruce Carruthers u. Wendy Nelson Espeland, »Accounting for Rationality: Double-Entry Bookkeeping
and the Rhetoric of Economic Rationality«, in: *American Journal of Sociology* 97:1 (1991),
S. 31-69, hier S. 49, erklären: »In England, young merchants typically got their training either
through apprenticeship or at a commercial school.«

39 Siehe zum Beispiel John Herfords *An Introduction for to lerne to recken with the penne or coun-
ters* (1537), Robert Recordes *Ground of artes* (1543), Humphrey Bakers *Wellspring of Sciences*
(1546), James Peeles *The maner and fourme how to kepe a perfecte reconying* (1553) und Thomas
Mastersons *Second book of Arithmetic* (1592). Vgl. auch Jewell (wie Anm. 38), S. 86.

40 Scott (wie Anm. 12), S. 62 f.

41 ›Discretion‹ eröffnet laut *Oxford English Dictionary* ein Bedeutungsfeld das im weitesten Sinne das praktische Urteilsvermögen anspricht. Dabei meint ›discretion‹ »Freedom to act ac-
cording to one's own will or judgement« (*Oxford English Dictionary* I.1.b), also eine Freiheit,
die durch die Reformation prägend geworden ist und für Scott (wie Anm. 12) ebenso wie für
andere Händler auch Kommerz legitimiert. Ebenso wichtig ist aber, dass ›discretion‹ als »pos-
session or demonstration of sound judgement in speech and action« mit praktischer Weisheit
(»prudence«) korreliert oder gar gleichbedeutend ist (*Oxford English Dictionary* II.4.a). Ange-
sprochen ist mit ›discretion‹ zugleich ein Unterscheidungsvermögen: »the action of separating
or distinguishing« (*Oxford English Dictionary* III.8).

other is of an ambitious clamour. I speak not this against Learning; for a Citizen may use her, so she be not imperious, but assistant: yet let me say, that Discretion, which is above Learning, doth sufficiently inable a man to improve in all his affaires, what ever he is or hath, to the best advantage; the other stands in Contemplation, this is busie in action.[42]

Während diese Passage die Bedeutung praktischen Urteilsvermögens und entschiedenen Handelns hervorhebt, denunziert sie humanistische Bildung als unzeitgemäß und ineffizient, als Angeberei oder handlungsfernes Studium.

Humanistische Bildung als ›Slippery Slope‹

Um zu zeigen, inwieweit Middletons Komödie humanistische Bildung als Vehikel für den sozialen Aufstieg aufs Korn nimmt, möchte ich kurz klären, was unter *humanitas* im englischen Kontext überhaupt zu verstehen ist.[43] Arthur F. Kinney schreibt: »*humanitas* among the Elizabethans focuses largely on the rhetoric of Cicero and Quintilian [...] while urging on them a newly valued sense of civility and pleasure«[44], eine Bedeutungskomponente, die mit dem Begriff der *courtesy* verbunden ist und von Baldassare Castigliones *Il Cortegiano* (1528) herstammt, bzw. von Sir Thomas Hobys Übersetzung (1561). Wie Tony Davies erklärt, prägte diese Übersetzung »a good deal of English writing in the later sixteenth century« und »helped to establish, in the figure of the ideal courtier, a particular humanist model of conduct, characterised by the quality that Castiglione calls *sprezzatura*.«[45]

In *Elizabethan Humanism: Literature and Learning in the later Sixteenth Century* unterscheidet Mike Pincombe anhand eines Gedichts von Robert Aylett drei semantische Komponenten des Begriffs »humanitie«, eine philosophische, eine höfische und eine literarische: »Humanitie may have a *threefold sense, / Mans*

---

42 Scott (wie Anm. 12), S. 64 f.

43 Wie Kent Cartwright in *Theatre and Humanism: English Drama in the Sixteenth Century*, Cambridge 1999, S. 23 schreibt, ist *humanism* nicht nur eine Erfindung des 19. Jahrhunderts, sondern als Begriff auch »notoriously fuzzy at the edges«. Vgl. auch Tony Davies, *Humanism, The New Critical Idiom*, London u. New York, 1997. Er verortet den Begriff ebenfalls im 19. Jahrhundert und konstatiert bereits für den Renaissance-Begriff der *studia humanitatis* eine »notable absence of coherence and a remarkable degree of discord« (S. 94).

44 Arthur F. Kinney, »The Making of a Humanist Poetic«, in: *Literary Imagination* 8:1 (2006), S. 29-43, hier S. 30.

45 Davies (wie Anm. 43), S. 84. Hoby übersetzt diesen Begriff als »recklessness« (ebd., S. 85). In einem Gedicht von Robert Aylett (1622) erscheinen *courtesy* und *humanity* als austauschbare Begriffe: eine seiner vier Meditationen ist überschrieben mit »Of Courtesy, or Humanity«. Auch Mike Pincombe beschreibt in *Elizabethan Humanism: Literature and Learning in the Later Sixteenth Century*, Harlow u. London 2001, S. 47 f., diese Begriffe als synonym.

Nature, Vertue, and his *education*«.[46] Pincombe verweist unter dem Stichwort »Mans Nature« auf philosophische Diskurse, die den Menschen einerseits in Beziehung zum Tierischen und andererseits zum Göttlichen setzen.[47] *Vertue* sieht er in Zusammenhang mit »courtly humanism«, dem höfischen Humanismus:

> Cicero tended to view *humanitas* as the capacity to live at ease with other people, especially where graceful intercourse was marked by a graceful consideration for others (›courtesy‹), and, even more importantly, where it was confirmed by witty and elegant conversation, in which the uniquely human virtues of speech could be exercised most fully.[48]

Humanitie im literarischen Sinne wurde bisweilen als Synonym für *grammar* benutzt mit dem Unterschied, dass *humanitie* nicht nur die Kenntnis lateinischer Grammatik implizierte, sondern das Vermögen, sich gut und gewählt, mithin eloquent, auszudrücken.[49] Diese dreifache Differenzierung deckt sich auch mit den begrifflichen Erläuterungen in Thomas Coopers *Thesaurus linguae Romanae et Britannicae* von 1565, hier in Anlehnung an Pincombe unterteilt in drei Gruppen: (1) »mans nature«, (2) »gentilenesse : courtesy : gentile behaviour : civility : pleasantness of manner«; (3) »doctrine : learning : liberall knowledge«.[50] Kinney bringt die kuriose Ambiguität des Begriffs auf den Punkt: »it is inclusive – it is the state of humanity common to all men – and it is exclusive – it is the cultivation of civility by training in the language arts. What distinguishes all men from beasts – *ratio* – leads to a winnowing out through trained use of language – *oratio*.«[51]

46 Robert Aylett, »Of Courtesy, or Humanity«, in: *Peace with her Four Guarders* (1622), zit. nach Pincombe (wie Anm. 45), S. 6.
47 Pincombe (wie Anm. 45), S. 7 diskutiert dies unter dem Stichwort »philosophical humanism«.
48 Ebd. Die *ars disserendi* der Rhetorik fasst Arthur F. Kinney, *Humanist Poetics*, Amherst 1986, S. 8, als: »the arts of speaking correctly, speaking well, and arguing well«.
49 Vgl. auch Pincombe (wie Anm. 45), S. 11.
50 Thomas Cooper, http://eebo.chadwyck.com, image 349, zuletzt aufgerufen am 27.12.2016. Vgl. auch Kinney (wie Anm. 48), S. 31, und Pincombe (wie Anm. 45), S. 6. Die Aufzählung deckt sich mit Coopers *Thesaurus*, allein die Schreibweise ist modernisiert und die Einteilung entspricht Pincombe (wie Anm. 45), S. 6. Nur der Begriff ›gentileness‹ ist in der Originalschreibweise zitiert, weil hier die Begriffskomponente ›gentility‹ sichtbar wird.
51 Kinney (wie Anm. 48), S. 31. Vgl. auch Pincombe (wie Anm. 45), S. 7: »The Elizabethans inherited from the works of Cicero that notion that *humanitas* was both ›inclusive‹ – Cooper's ›state of humaine nature common to us all‹ – and also (and more importantly) ›exclusive‹. It was hard for the upper-class gentleman Cicero to resist the idea that some people might, in fact, be more human than others if they cultivated what made them different from the brutes to a greater degree than their fellow men did.«

Das komplexe semantische Feld, das der Begriff eröffnet, ist laut Pincombe nicht als horizontale Ebene vorzustellen, sondern als »slope«, als Abhang.[52] Während die intensive philosophische Beschäftigung mit der menschlichen Natur gewissermaßen am höchsten Punkt humanistischen Studiums angesiedelt ist, implizieren die höfische und die literarische Bedeutung eine gewisse inhaltliche Verflachung: auf der einen Seite eine Überbetonung des stilistischen Ausdrucks, auf der anderen Seite das mechanische Auswendiglernen, die bloße Repetition lateinischer Formen.[53] Pincombe zeigt, dass ›humanist‹ bisweilen als abfälliger Terminus gebraucht wurde, der genau solch eine Oberflächlichkeit suggeriert. Gabriel Harvey schreibt an der Wende zum siebzehnten Jahrhundert: »It is not sufficient for poets to be superficial humanists: but they must be exquisite artists, & curious universal schollers«.[54] Pincombe schließt aus dieser und anderen Quellen: »There is much evidence to suggest that the ›humanist‹ – the word is an Elizabethan coinage – was regarded as a trifler or dilettante quite as much as a scholar or critic in late sixteenth-century England.«[55]

Middletons Komödie zeichnet die Verflachung humanistischer Bildung satirisch nach. Wenn wir uns auf Pincombes Abhang, den *slippery slope* humanistischer Bildung begeben, und am höchsten Punkt des Gelehrtentums beginnen, so finden wir in der Tat in Middletons Drama eine kurze Beschäftigung mit dem Problem des Menschen, allerdings nicht in Abgrenzung zum Tierhaften oder Göttlichen, sondern in der trivialisierten Form eines Nonsense-Syllogismus, der das humanistische Problem der Rationalität des Menschen nur tangiert, um zu dem paradoxen Schluss zu kommen, dass ein Narr vernunftbegabt sei: »I prove it, sir: a fool is a man just as you and I are; a man is a rational creature, so that a fool is a rational creature.«[56] Anstelle einer Diskussion darüber, was den Menschen auszeichnet, exemplifiziert Tims Syllogismus die stupide und mechanische Anwendung eines vorgegebenen Modells. Die paradoxe Schlussfolgerung stößt keinen philosophischen Diskurs an, sondern bildet nur die letzte Stufe einer sinnentleerten Übung.

52 Pincombe (wie Anm. 45), S. 11.
53 Vgl. ebd., S. 12: »The connection between literary humanity and the drills and exercises of the grammar school led to an emphasis on technical expertise and stylistic flair, not to say flamboyance; and the connection between courtly humanity and the pleasures of witty and often amorous conversation led to a concomitant emphasis on all the more charming and delightful, indeed, 'courtly', aspects of literary composition.«
54 Zit. nach ebd., S. 3.
55 Ebd., S. 4.
56 »[S]tultus est homo sicut tu et ego sumus, homo est animal rationale, sicut stultus est animal rationale« (4.1.15-16, Übersetzung nach Middleton, »A Chaste Maid in Cheapside«, in: *Five Plays*, hrsg. v. Brian Loughrey u. Neil Taylor, London 2006, S. 210).

Die mechanische Anwendung ohne Reflektion thematisiert die Komödie
über ein doppelsinniges Wortspiel, das sich zwischen den Begriffen ›Dunces‹
und ›natural‹ entspinnt. Tims Tutor brüstet sich mit Tims Lernerfolg:

> TUTOR: Yes, surely, lady, I am the man that brought him in league with
>   logic, and read the Dunces to him.
> TIM: That did he, mother, but now I have 'em all in my own pate, and can
>   as well read 'em to others.
> TUTOR: That can he, mistress; for they flow naturally from him.
> MAUDLINE: I'm the more beholding to your pains, sir.[57]

Die »Dunces« beziehen sich einerseits auf die Anhänger des Duns Scotus, gleichzeitig aber meint das Wort bereits im späten 16. Jahrhundert: »One whose study
of books has left him dull and stupid, or imparted no liberal education; a dull
pedant«, aber auch »One who shows no capacity for learning«.[58] Der *natürliche*
Fluss, der sich aus Tims Mund ergießt, ist ebenfalls ein zweifelhaftes Kompliment,
denn »naturally« suggeriert nicht nur die perfekte Aneignung eines Habitus oder
Wissens, sondern eben jenen Mangel an Reflektion, Witz und *refinement*, der
Tim auszeichnet. Schon im 15. Jahrhundert meint ›natural‹: »Formed by nature;
not subject to human intervention, not artificial«, aber auch »spiritually unen-
lightened« sowie »not educated by study«.[59] Der Dank von Tims Mutter betont
mit den Mühen des Tutors (»your pains«) diese Wortbedeutung, die dann auch
explizit gemacht wird: »True, he was an idiot indeed / When he went out of
London, but now he's well mended.«[60] Letztere Aussage ist ein Fall von drama-
tischer Ironie. Zwar verlegt die Mutter ihr Urteil (»idiot«) in die Vergangenheit,
doch ist und bleibt Tim im ganzen Stück ein Dummkopf, dessen begrenzter
Überblick durch seine Hochzeit mit einer Hure quasi objektiviert wird. Als
Möchtegern-Gentleman bekommt er, was er verdient: eine vorgebliche Adlige.

In Middletons Drama ersetzen repetitive grammatische und logische Figuren
einerseits die ernsthafte Reflektion und andererseits die so zentrale Fähigkeit der
Eloquenz – »Language most shows a man«, schrieb Ben Jonson.[61] Die Debatten
zwischen Tim und seinem Tutor zeichnen sich durch unzählige Wiederholungen
aus, sind inhaltsleer und als logische Übungen rein ›technisch‹; sie erfordern
weder Witz noch Eloquenz noch Leidenschaft.[62] Aus dem lebendigen Dialog,

---

57 Middleton (wie Anm. 56), 3.2.152-8.
58 *Oxford English Dictionary* s. v. »dunce«, 4. und 5.
59 *Oxford English Dictionary* s. v. »natural«, 7. und 9.a und c.
60 Middleton (wie Anm. 56), 3.2.159-60.
61 Davies (wie Anm. 43), S. 79. Jonson bedient sich hier bei dem spanischen Humanisten Juan
   Luis Vives (ebd.).
62 Erasmus schrieb in einem Brief: »A speech comes alive only if it rises from the heart.« (Zit.
   nach Cartwright [wie Anm. 43], S. 17).

dessen zentrale Stellung für humanistische Schriften Davies betont[63], wird bei Tim und seinem Tutor ein hölzerner Schlagabtausch. Die Diskussion über die bereits erwähnte Frage, ob ein Narr vernunftbegabt sei, mag als Beispiel dienen. Sie leitet die erste Szene des vierten Aktes ein. Über eine Seite erstreckt sich hier der Austausch lateinischer Argumente, die vom Gegenüber jeweils akribisch wiederholt werden, um sie dann zu negieren. Entnervt äußert sich Tims Mutter Maudline: »Here's nothing but disputing all the day long with 'em.«[64] Und kurz darauf: »Your reasons are both good what e'er they be. / Pray, give them o'er; faith, you'll tire yourselves. / What's the matter between you?«[65]

Zum Gegenstand der Satire wird hier ein sophistisches und lebensfremdes Gelehrtentum, dessen Unvernunft durch die ungebildete Maudline aufgezeigt wird. Maudlines Unverständnis ist jedoch selbst auch komisch, wie die Szene im weiteren Verlauf zeigt. Die Komik des Nicht-Verstehens wird hier pointiert durch den erotischen Genuss, den eben jenes Unverständnis produziert:

> MAUDLINE: He so sham'd me once before an honest gentleman that knew
> me when I was a maid.
> TIM: These women must have all out.
> MAUDLINE: ›*Quid est grammatica?*‹ says the gentleman to him (I shall re-
> member by a sweet, sweet token), but nothing could he answer.
> TUTOR: How now pupil, ha? *Quid est grammatica?*
> TIM: *Grammatica?* Ha, ha, ha!
> MAUDLINE: Nay, do not laugh, son, but let me hear you say it now; there
> was one word went so prettily off the gentleman's tongue, I shall
> remember it for the longest day of my life.
> TUTOR: Come, *quid est grammatica?*
> TIM: Are you not asham'd, tutor? *Grammatica?* Why, *recte scribendi atque
> loquendi ars*, sir-reverence of my mother.[66]

Die Erinnerung an eine erotische Begegnung gipfelt in dem Gleichklang *ars / arse*, der durch die Bezeichnung »sir-reverence« noch betont wird.[67] Die Mutter reduziert humanistische Bildung damit auf die Gelegenheit zum Seitensprung. Auch Tims Tutor wird zum Stelldichein in einen Nebenraum gebeten (»Let us withdraw a little into my husband's chamber«)[68], vorgeblich um Tim mit der

---

63 Davies (wie Anm. 43), S. 80 ff.
64 Middleton (wie Anm. 56), 4.1.18.
65 Ebd., 4.1.21-23.
66 Ebd., 4.1.58-70.
67 Laut *Oxford English Dictionary* konnte »sir-reverence of« ›with respect to‹ oder ›with apologies to‹ meinen, bezeichnete aber ebenso ›human excrement‹.
68 Middleton (wie Anm. 56), 4.1.72-3.

Waliserin allein zu lassen. Hier wird ein grundlegendes Unverständnis gerade
jener Schicht vorgeführt, die humanistische Bildung nutzbar machen will. Dies
ist zwar durch die genderspezifische Form entschärft – von einer Frau waren
Lateinkenntnisse nicht erwartbar[69] –, in der Reminiszenz an Tims schulische Bildung verfestigt sich aber der Eindruck, dass Tim gegenüber seinen anfänglichen
Bemühungen nicht allzu große Fortschritte gemacht hat. Der Dialog fragt mit
der Definition von *grammatica* ein *grammar school* Wissen ab, das weiten Teilen
der Zuschauer in London bekannt gewesen sein dürfte, und über das Tim mit
seinen hölzernen Syllogismen kaum hinausgelangt zu sein scheint.

Auch mit den höfischen Tugenden, mit Sprachwitz und gewandter Konversation ist es nicht weit her. Tim spricht seine zukünftige Ehefrau auf Lateinisch
an, hält ihre walisische Replik für hebräisch und blamiert sich gründlich in
der Themenwahl. Nicht nur fragt er unmittelbar nach ihren Besitztümern, er
präsentiert sich noch dazu als unerfahrenen Tölpel – und all dies auf Latein:
»*Iterum dico, opibus abundas maximis montibus et fontibus et, ut ita dicam, rontibus;
attamen vero homunculus ego sum natura simul et arte baccalaureus, lecto profecto
non paratus.*«[70] Jene Zuschauer, die des Lateinischen mächtig waren, konnten
sich über den Inhalt und Tims Fehler amüsieren, für den Rest erschloss sich die
Komik aus dem Unverständnis der *Welsh Gentlewoman* (»This is most strange.
May be he can speak Welsh.«[71]), aus Gleichklängen mit obszönen englischen
Worten, die sicherlich ausgekostet wurden (so z. B. »fertur« und *fart*[72]) sowie aus
dem Gelächter der anderen. Die *oratio* als Mittel zur sozialen Differenzierung
weist Tim als tölpelhaften *commoner* aus. *Ratio* besitzt er höchstens in dem sehr
allgemeinen Sinne, den er selbst in seinem Syllogismus aufgerufen hat: Auch
ein Narr ist, weil ein Mensch, prinzipiell vernunftbegabt. In Tim offenbart
sich der Unsinn einer Bildung, die die wahre Herkunft des *commoners* nicht
verschleiern kann, aber gleichzeitig nichts dazu beiträgt, junge Männer für die
sozio-ökonomischen Realitäten der City fit zu machen. Sicherlich ließe sich
einwenden, dass nicht humanistische Bildung hier das Problem ist, sondern
Tim, der als Dummkopf brilliert. In der Tat trifft das Stück keine Aussage über
das ernsthafte Studium antiker Text. Es kritisiert jedoch mit Tim und seinem
Tutor eine Bildungsform, die weder der Ausbildung praktischer Fertigkeiten
noch dem Reflektionsvermögen dient, sondern allein der sozialen Präsentation
und Zuordnung.

69 Vgl. Jewell (wie Anm. 38), S. 11 f.
70 Middleton (wie Anm. 56), 4.1.116-8. »Again I say, you abound in great riches, in mountains
   and fountains and, to coin a phrase, runts; but, truly, I am a little man by nature and a bachelor by art, really not prepared for bed« (Übersetzung der Herausgeber, S. 213).
71 Ebd., 4.1.119-20.
72 Ebd., 4.1.111.

Lateinkenntnisse als ökonomischer Erfolgsfaktor?

A Chaste Maid in Cheapside präsentiert humanistische Bildung als ökonomisches Investment im Sinne des *oikos*, des Hauses. Tims Erziehung ist im Interesse der Eltern, weil sein sozialer Aufstieg die Reputation ihres Hauses fördert und soziale Verbindungen in eine zahlungskräftige Schicht knüpft. Zwar führt humanistische Bildung hier gerade nicht zum ökonomischen (oder besser: oikonomischen) Erfolg, doch zahlen sich Lateinkenntnisse an einer ganz anderen Stelle aus. In der ersten Szene überbringt ein Bote Tims lateinischen Brief aus Cambridge. Der Bote bekräftigt die erhoffte soziale Zuordnung Tims mit seiner Ankündigung: »A letter from a gentleman in Cambridge«. Doch natürlich kann ein bloßer Bote sozialen Status nur begrenzt validieren und überdies erweist sich der Mann eher als geschäftstüchtig denn als glaubwürdig. Er liefert eine witzige, improvisierte Übersetzung des lateinischen Briefes, die ihm ein Trinkgeld einträgt. Der Brief richtet sich an die Eltern, wird von diesen aber nicht verstanden: »Amantissimis carissimisque ambobus parentibus *patri et matri*.«[73] Die Mutter versucht sich an einer Übersetzung:

> MAUDLINE: Pray let me see it, I was wont to understand him. [*Reads.*]
> ›Amantissimis carissimis‹, he has sent the carrier's man, he says; ›ambobus parentibus‹, for a pair of boots; ›patri et matri‹, pay the porter, or it makes no matter.[74]

Die auf originelle Weise auf Gleichklängen basierende Übersetzung vom Lateinischen in die englische Sprache wird auf Zuschauer aller Schichten komisch gewirkt haben. Der Bote findet jedoch, dass er für seine Dienste bezahlt werden sollte, und bietet eine alternative Übersetzung an, die den Fokus von den obskuren Stiefeln (»a pair of boots«) ablenkt und auf ihn selbst richtet:

> PORTER: Let me come to't, for I was a scholar forty years ago. Tis thus, I warrant you: *matri*, it makes no matter; *ambobus parentibus*, for a pair of boots; *patri*, pay the porter; *amantissimis carissimis*, he's the carrier's man, and his name is Sims – and there he says true, forsooth, my name is Sims indeed… A money matter, I thought I should hit on't.
> YELLOWHAMMER: Go, thou art an old Fox, there's a tester for thee.
> (*Gives money.*)[75]

---

73 Ebd., 1.1.53-4: »To my father and mother, both my most loving parents.« (Übersetzung der Herausgeber, S. 165).
74 Ebd., 1.1.58-61.
75 Ebd., 1.1.63-9.

Dies ist der einzige Moment im Stück, in dem sich ›humanistische Bildung‹
tatsächlich ›auszahlt‹ und das, obwohl sie offensichtlich bloß inszeniert ist. Hier
wird Witz honoriert – nicht Bildung. Interessant ist jedoch, dass Lateinkenntnisse dabei nicht als Teil eines Habitus ökonomisch produktiv gemacht werden
und somit als Code für soziale Zugehörigkeit, sondern als ›skill‹ – als nützliche
Fähigkeit. Zwar wird die Fähigkeit hier nur vorgegaukelt, aber es deutet sich
ein pragmatischer Nutzen zumindest an. Nicht Bücherwissen zählt, sondern
Urteilsvermögen und die gezielte Anwendung – sei es auch eines Nicht-Wissens.
Bezahlt wird der Bote mit einem *tester*. Der Begriff bezeichnete zur Zeit von
Middleton eine *sixpenny*-Münze, er weist aber zugleich auf eine Periode der
Geldentwertung unter Henry VIII. zurück, in der der »testoon«, eine Schilling-
Münze, die das Profil des Königs zeigte, zunehmend an Silbergehalt verlor.[76] Die
fiktive Übersetzung wird hier mit Geld bezahlt, dessen Wert (potentiell) selbst
auf einer Fiktion beruht.

Schluss: Bildung als ökonomisches Kalkül

Für Middletons City Comedy lässt sich konstatieren, dass humanistische Bildung weder eine notwendige noch hinreichende Bedingung für Erfolg ist – sie
ist jedoch in jedem Fall Teil eines ökonomischen Kalküls. Bildung stellt für die
Yellowhammers ein Investment dar, das den Wert des Sohnes auf dem Heirats-
markt steigern und den Aufstieg in eine höhere Gesellschaftsschicht sicherstellen
soll. Tims Schwester Moll dagegen soll ihren Wert nicht durch Bildung, sondern
durch die Performanz ihrer körperlichen Reize steigern, durch Tanzstunden
und Flirten mit ihrem Freier, Sir Walter Whorehound. Noch deutlicher als das
Studium in Cambridge markiert diese Anforderung an die Tochter, wie sehr
die Ausbildung der Kinder im Dienste eines ökonomischen Kalküls steht. Die
angestrebten Verbindungen sind im klassischen Sinne ökonomische Operationen insofern sie dem Haus der Yellowhammers zugutekommen. Es handelt sich
jedoch um Operationen, die den eigentlichen Rahmen der Ökonomik sprengen:
Zwar steht die Familie in dieser Komödie ebenso wie in den frühneuzeitlichen
Ökonomiken im Vordergrund und die Ehe der Kinder ist auch in der präskrip-
tiven Literatur ein legitimes Interesse, doch gleichzeitig ignoriert das Vorgehen
der Yellowhammers die Grenzen ethischen Handelns, die für die Verwaltung des
Hauses konstitutiv sind. Es hat mit der praktischen Klugheit, die ökonomisches
Handeln leiten soll, nichts gemein, kennt kein gründliches Abwägen des Für und

---

76 Stephen Deng, *Coinage and State Formation in Early Modern English Literature*, New York
   2011, S. 94.

Wider, ignoriert den Imperativ der Mäßigung. Kurz, die Yellowhammers haben zwar ein Haus zu führen, tun dies aber im Abseits ethischer Haushaltsführung. Humanistische Bildung dient hier erkennbar nicht dem Zweck eines tugend-haften Lebens und der Beherrschung der Leidenschaften durch die Vernunft; als symbolisches Kapital soll sie nur den Tauschwert Tims erhöhen. Middletons Komödie zielt nicht nur auf den ungehemmten Aufstiegswillen der ›middling sort of people‹, sondern auch auf den schönen Schein: Die Inszenierung huma-nistischer Bildung suggeriert, dass sozio-ökonomischer Wert theatral verfasst ist – nämlich zur Schau gestellt und inszeniert werden muss.

Dennoch vertritt *A Chaste Maid* keinen generalisierten ethischen Standpunkt. Innerhalb der Komödie wird der Bote für seine witzige Übersetzung, die doch eine kleine Gaunerei darstellt, belohnt. Auch parasitäre Existenzen wie die von Sir Walter ausgehaltenen Allwits bleiben ungestraft und werden auch nicht zum tugendhaften Leben bekehrt. Im Gegenteil, die Allwits professionalisieren sich, bleiben aber ihrer Branche treu. Der Verdienstausfall, der durch den Niedergang Sir Walters droht, wird durch den Betrieb eines Bordells ersetzt. Im Unterschied zu den Überlebenstechniken der kleinen Leute stellt humanistische Bildung, zu-mindest wie sie in *grammar school* und Universität vermittelt wird, keine effektive ökonomische Strategie dar. Sie kann auf die neuen kommerziellen Realitäten in London nur unzulänglich vorbereiten, sehr viel schlechter jedenfalls als Witz und Realitätssinn. Zwar kritisiert *A Chaste Maid in Cheapside* den ungebrems-ten Willen zum Aufstieg und versagt den Yellowhammers den gewünschten Erfolg ihres Bildungskalküls. Doch zeichnet (und überzeichnet) die Komödie zugleich das Leben der gemeinen Leute, die ohne Landbesitz und Wohlstand ein Auskommen finden müssen und dies dank ihres Erfindungsreichtums und strategischen Geschicks auch tun. Statt eine kohärente Kritik des Lasters und privater Interessen zu liefern, verhandelt die Komödie das Leben in der Han-delsmetropole London in einer Weise, die Geschäftssinn honoriert und die Existenzsicherung auch im Abseits ethischer Imperative als berechtigtes Anliegen anerkennt. Damit leistet sie genau die eingangs erwähnte Anpassungsarbeit an kommerzielle Verhältnisse, die mit Profit operieren. Ist die haushaltsökonomi-sche und merkantile Literatur der Zeit noch bemüht, Profit in das überlieferte Schema der Tugendethik einzupassen und darüber Legitimität herzustellen, inszeniert Middletons Komödie materiellen Gewinn ganz selbstverständlich als legitimes Anliegen, das pragmatisch und ohne Ansehen ethischer Imperative verfolgt wird. Reflektiert und diskutiert die Ökonomik praktische Fragen im Zeichen der Ethik, zeichnet Middletons Komödie das Bild einer Ökonomie, in der es auf praktisches Können und praktische Klugheit ankommt, nicht jedoch auf konventionelle Vorstellungen von Tugend. Chancen wollen erkannt und ergriffen, Risiken vermieden werden – ethische Überlegungen wären für das

Fortkommen der Allwits und Touchwoods wie auch der walisischen Hure bloß hinderlich. So bietet dieses Stück eine Momentaufnahme ökonomischer Vorstellungen im Wandel, weg von einer der Tugendethik verhafteten Ökonomik und hin zu einer Ökonomie, die ganz selbstverständlich mit Eigeninteresse (oder auch Nutzenmaximierung) rechnet.

Middletons Einsatz des Lateinischen erscheint übrigens selbst als Teil eines geschickten ökonomischen Kalküls, das sich in Zeiten des kommerziellen Theaters bezahlt machen konnte. Wer des Lateinischen mächtig war, hatte sicherlich seinen Spaß an Tims stümperhafter Konversation; alle anderen mochten die obszönen klanglichen Assoziationen belustigen. Wer sich selbst für einen geschickten Rhetoriker hielt, konnte über den Dummkopf Tim lachen; wer solche Bildung nicht genossen hatte oder den Drill mechanischen Einübens erleiden musste, konnte sich immer noch über den Unsinn solch gelehrter Studien amüsieren. Middletons Komödie sprach auf diese Weise Zuschauer unterschiedlicher Bildungsniveaus an und stellte sicher, dass zumindest potentiell alle etwas zu lachen hatten.

Judith Frömmer

Die Bildung des Subjekts

Wert und Disposition humanistischen Wissens in Montaignes *Essais*

Ökonomien des Bildungsbegriffs

Wenn das Denken, wie Nietzsche in der *Genealogie der Moral* schreibt, sich über ökonomische Strukturen herausbildet[1], so gilt das nahezu zwangsläufig auch für das Lernen und dessen institutionalisierte Form: die Bildung. Bildung erfolgt über die Aneignung von Kenntnissen und Fertigkeiten, über den Austausch von Wissen und Meinungen und die Investition von Zeit, Mühe und Geld. Dabei handelt es sich nicht allein um metaphorische Analogiebildungen, sondern um die Strukturbedingungen von Bildung. Diese vollzieht sich stets über Additionen, Subtraktionen und Tauschverhältnisse von Eigenem und Fremdem. Im Idealfall wird dadurch ein Mehrwert an Wissen, Gewissheit und Legitimation produziert. Bildung kann aber auch mit erheblichen Verlusten an Sicherheit und Autorität verbunden sein und sogar die Möglichkeit des Selbstverlustes (durch *Ver*bildung) einschließen.

Diese prekären ökonomischen Implikationen werden in der französischen Geistes- und Ideengeschichte vielleicht noch offensichtlicher als in der deutschen und englischen Tradition. Während in Frankreich Bildung eigentlich immer schon eine Bilanzierung von Gewinnen und Verlusten beinhaltet, wird sie in Deutschland und England vorwiegend als Bereicherung gedacht.[2] Sowohl in der deutschen als auch in der englischen Tradition wird Bildung im Sinne einer Selbstvervollkommnung als eine Formung und Vollendung der natürlichen An-

---

1 Dort entwickelt Nietzsche im achten Stück der zweiten Abhandlung eine Art ökonomische Anthropologie des Menschen als »das ›abschätzende Tier an sich«: »Preise machen, Werte abmessen, Äquivalente ausdenken, tauschen – das hat in einem solchen Maße das allererste Denken des Menschen präokkupiert, daß es in einem gewissen Sinne *das* Denken ist: hier ist die älteste Art Scharfsinn herangezüchtet worden, hier möchte ebenfalls der erste Ansatz des menschlichen Stolzes, seines Vorrangs-Gefühls in Hinsicht auf anderes Getier zu vermuten sein«. Vgl. Friedrich Nietzsche, *Werke*, 5 Bde., hrsg. v. Karl Schlechta, München 1972 (Nachdruck der 6., durchgesehenen Auflage 1969), hier: Bd. III, S. 257.
2 Dass es sich dabei durchaus um materielle Formen der Bereicherung handeln kann, dokumentieren u. a. die Beiträge von Christoph Oliver Mayer, Andreas Mahler und Lars Schneider in dieser Ausgabe.

lagen betrachtet, die indes entsprechend ›zur Geltung‹ gebracht werden müssen.[3] Ihre literarischen Formen und Formungen hat diese Vorstellung in der Gattung des Bildungsromans gefunden.[4] Dahingegen fehlt in der französischen Tradition bereits der entsprechende Begriff. Der mit dem deutschen ›Bildung‹ am ehesten korrespondierende Begriff der ›formation‹ bezeichnet im Französischen erst ab dem 20. Jahrhundert die »[é]ducation intellectuelle et morale d'un être humain«.[5] Als ›institution‹ und später ›éducation‹ wird Bildung in Frankreich eher als Vorgang begriffen, der von außen auf den zu Bildenden einwirkt. Die lateinischen Etyma dieser Begriffe (›instituere‹ bzw. ›educere‹) verweisen auf räumliche und dynamische Prozesse, durch die der Mensch von einer potenziell verhängnisvollen Selbstbezüglichkeit in die Gesellschaft geführt wird. Als Verfahren der Entfernung der menschlichen Natur von ihren egoistischen Veranlagungen tauscht Bildung in der französischen Tradition den Verlust an Eigenheiten gegen die Fähigkeit aus, sich auf den anderen zu öffnen und am gesellschaftlichen Leben teilzuhaben. Bildung und Erziehung erscheinen damit eher als Formen der Enteignung durch die Aneignung von Wissen und von kulturellen Praktiken, die den Menschen ›instituieren‹ und damit zu einem sozialen Wesen machen sollen.[6]

In der französischen Tradition kann Erziehung daher, wie es Rainer Warning in seinem Aufsatz über den »Ausfall des Bildungsromans in Frankreich« auf den Punkt gebracht hat, bestenfalls in »der Disziplinierung des *amour-propre*, in der Einübung in die Spielregeln der Anerkennungsdialektik« bestehen.[7] Im Kontext der klassischen Moralistik[8], die den Ausgangspunkt von Warnings Überlegungen bildet, besteht diese Anerkennungsdialektik in einer Ästhetisierung des sozialen

---

3 Zur Geschichte und Philosophie des Bildungsbegriffs, der sich nicht zuletzt durch die Rezeption der *moral sense*-Philosophie Shaftesburys entwickelt hat vgl. E. Lichtenstein, »Bildung«, in: *Historisches Wörterbuch der Philosophie*, hrsg. v. Joachim Ritter, 13 Bde., Darmstadt 1971-2007, hier: Bd. 1, Sp. 921-937. Diese mitunter idealisierenden Konzeptionen von Bildung entsprechen freilich nicht immer der Entwicklung der Ausbildungspraxis. Vgl. hierzu Jürgen Harding, »Schule, Bildung«, in: *Fischer Lexikon Geschichte*, hrsg. v. Richard von Dülmen, aktualisierte, vollständig überarbeitete und ergänzte Auflage, Frankfurt a. M. 2003 (1. Auflage 1990), S. 338-359.

4 Vgl. hierzu für den deutschen Raum: Wilhelm Voßkamp: *»Ein anderes Selbst«. Bild und Bildung im deutschen Roman des 18. und 19. Jahrhunderts*, Göttingen 2004.

5 Vgl. den dritten Abschnitt des Lemmas ›formation‹ in: *Le nouveau Petit Robert*, hrsg. v. Josette Rey-Debovre u. Alain Rey, Paris 1995, S. 950-951.

6 Vgl. hierzu auch in anderem Kontext Verf., »Versuchsanordnungen einer ›petite Société‹. Zur Institution der Ehe bei Rousseau«, in: Konstanze Baron u. Harald Bluhm (Hgg.), *Jean-Jacques Rousseau: Im Bann der Institutionen*, Berlin u. a. 2016, S. 203-223.

7 Rainer Warning, »›Éducation‹ und ›Bildung‹. Zum Ausfall des Bildungsromans in Frankreich«, in: Jürgen Fohrmann (Hg.), *Lebensläufe um 1800*, Tübingen 1998, S. 121-140, hier: S. 122.

8 Vgl. in diesem Zusammenhang auch: Karlheinz Stierle, »Die Modernität der französischen Klassik: Negative Anthropologie und funktionaler Stil«, in: Fritz Nies u. Karlheinz Stierle (Hgg.), *Französische Klassik: Theorie – Literatur – Malerei*, München 1985, S. 81-128.

Umgangs durch Manieren, die der Eigenliebe des anderen schmeicheln, in der Erwartung, dass dieser es einem gleichtun werde.[9] Dabei handelt es sich um einen Austausch von Höflichkeiten, eine Ökonomie des Gefallens, die jedoch zum Verlustgeschäft auf einem Markt von Eitelkeiten zu werden droht, dem man sich, wie beispielsweise die Titelheldin der *Princesse de Clèves*, besser entzieht, wenn man sich nicht in den Abgründen der Selbstentfremdung verlieren will. Das Ich wird also in der Bildung als Voraussetzung einer Begegnung mit dem oder den anderen nicht nur vervollkommnet, sondern auch zunehmend heteronom.

Humanistische Ökonomien von Eigenem und Fremdem

Wie aber verhält sich diese pessimistische Anthropologie der Moralistik zur humanistischen Konzeption von Bildung in der Frühen Neuzeit? Den italienischen Vorbildern folgend verficht die humanistische Bewegung auch in Frankreich eine sehr emphatische Vorstellung von Bildung als Inbegriff der *humanitas*, die später in der klassischen Moralistik des 17. Jahrhunderts vollkommen getilgt zu sein scheint. Im Folgenden werde ich nicht historisch im Sinne einer Entwicklung oder Genealogie argumentieren. Vielmehr möchte ich mit der Untersuchung humanistischer Bildungsökonomien den nationalen ideengeschichtlichen Traditionen ein alternatives, weniger substanzialistisches Paradigma gegenüberstellen, das über die Logik von Bildung als Bereicherung ebenso wie über Konzeptionen von Bildung als Überformung hinausweist und gleichzeitig den Wert einer komparatistischen Perspektive unterstreichen könnte. Von ihren historischen Ursprüngen an wird humanistische Bildung als Prozess profiliert, in dem über die Auseinandersetzung mit den Texten der Antike und, später, mit denen der Renaissancehumanisten in Europa zeitliche, regionale, kulturelle und disziplinäre Grenzen überwunden oder gar zur Disposition gestellt werden. Eine solche literarische Bildung des Subjekts ist in meinen Augen gegenläufig zu essenzialistischen Formen einer Anthropologie, der zufolge Bildung die Natur des Menschen entweder verändert oder konterkariert.

Im Frankreich der Renaissance ist humanistische Bildung in mehrfacher Hinsicht Importware. In der Hinwendung zur klassischen und insbesondere zur römischen Antike, die auf dem Umweg über Italien auch die französische Gelehrtenkultur dominiert, kämpfen französische Humanisten jedoch gerade in der Begegnung mit fremden Kulturen um und für das Eigene: für die Festigung

---

9 Vgl. hierzu beispielsweise La Rochefoucaulds Betrachtungen »De la société«, »De la conversation« oder »De la différence des esprits« (La Rochefoucauld, *Maximes et Réflexions diverses*, hrsg. v. Jean Lafond, Paris 1976, S. 163-166, S. 169-171 und S. 192-196).

des französischen Nationalstaats[10], der nicht zuletzt von einem humanistisch
ausgebildeten Beamtenapparat und seiner rinascimentalen Selbstdarstellung
als neues Rom getragen wird; für die Verbreitung und Anreicherung der französischen Sprache in der Konfrontation mit den lateinischen und griechischen
Vorbildern, zum Teil auch mit der volkssprachlichen Literatur Italiens[11]; und
schließlich – und das führt mich zu Montaigne – für die literarische Konstruktion
von Subjektivität, die sich in der Auseinandersetzung mit dem Anderen bildet:
seien es die Autoritäten der klassischen Antike[12], seien es die der zeitgenössischen
Wirklichkeit.

Bildung als ›institution‹: Die humanistische Pädagogik der *Essais*

Wenn Burckhardt die Renaissance im Anschluss an Michelet über die »Entdeckung der Welt und des Menschen« charakterisiert hat[13], dann scheint es hingegen im Falle Montaignes gerade die Abwendung von der Welt zu sein, in der
das Individuum in den Fokus gerät. Das Sprecher-Ich der *Essais* formiert sich
im Rückzug des *robin* in den Bücherturm, wo Montaigne sich – buchstäblich
umgeben von griechischen und lateinischen Texten, deren Zitate sogar in die
Dachbalken eingeritzt waren – in einer völlig neuen volkssprachlichen Form versuchsweise entäußert. Es ist nicht zuletzt seine gesellschaftliche Position (im engen
und im weiteren Sinne), die Montaigne zu einer radikalen Be- und Hinterfragung
von Bildung veranlasst. Sein Sprecher-Ich ersteht als Kunst-Figur, die zwischen
öffentlichem und privatem Raum[14], aber auch zwischen verschiedenen sozialen

10 Beispielhaft ist hier die Kulturpolitik des François Ier, vgl. hierzu u. a. Timothy Hampton, *Li-
    terature and Nation in the Sixteenth Century: Inventing Renaissance France*, Ithaca (NY) 2000.
11 Einschlägig ist in diesem Zusammenhang Joachim Du Bellays *Défense et Illustration de la
    Langue française*, die u. a. dafür plädiert, den Wert und Reichtum der französischen Sprache
    nicht zuletzt durch den »parangon des autres plus fameuses langues«, also in der Konfronta-
    tion mit dem Fremden zu steigern. Vgl. Joachim Du Bellay, *Les Regrets – Les Antiquités de
    Rome – Défense et Illustration de la Langue française*, hrsg. v. S. de Sacy, Paris 1967, S. 217-295,
    hier: S. 231. Zur materiellen und sozialen Dimension von Du Bellays Textökonomien vgl.
    auch den Beitrag von Christoph Oliver Mayer in dieser Ausgabe.
12 Vgl. hierzu u. a. Christian Moser, *Buchgestützte Subjektivität. Literarische Formen der Selbstsor-
    ge und der Selbsthermeneutik von Platon bis Montaigne*, Tübingen 2006, S. 734-742.
13 Ich beziehe mich hier auf den Titel des vierten Abschnitts von Burckhardts *Die Kultur der
    Renaissance in Italien*, der die Epoche der Renaissance über ein neuartiges (Selbst-)Verständnis
    des Individuums beschreibt. Vgl. Jacob Burckhardt, *Die Kultur der Renaissance in Italien. Ein
    Versuch*, 12. Auflage, Stuttgart 2009.
14 In mehreren Arbeiten wurde in unterschiedlicher Perspektive darauf hingewiesen, dass Mon-
    taignes Rückzug in den Bücherturm keineswegs mit einem Rückzug aus dem öffentlichen
    Leben gleichzusetzen ist. Vgl. u. a. Géralde Nakam, *Montaigne et son temps. Les évènements et
    les Essais*, Paris 1982; ders., *Les Essais de Montaigne, miroir et procès de leur temps*, Paris 1984;

Gruppen angesiedelt ist.[15] Das literarische Ich bildet sich hier, wie eine Lektüre ausgewählter Kapitel der *Essais* zu pädagogischen und bildungspolitischen Fragen erweisen wird, gerade im Dazwischen der etablierten Ordnungen und Werte.

Montaignes kontinuierliche Anreicherung seines Textes – sei es durch eigene Überlegungen, sei es durch Zitate anderer, vornehmlich antiker Autoren – legt es nahe, diesen über spezifische Ökonomien zu beschreiben, aus der auch das Sprecher-Ich hervorgeht.[16] Allerdings lässt sich diese Textökonomie weder auf eine Logik der Bereicherung oder gar die eines »capitalisme intérieur«[17] noch auf einfache Austauschverhältnisse zwischen Eigenem und Fremdem reduzieren. Vielmehr vollzieht sich Bildung in den *Essais* innerhalb einer Ästhetik der Werte, in der das Subjekt über Formen der (Dis-)Positionierung gebildet wird. Im Mittelpunkt der *Essais* stehen nicht so sehr die Werte selbst, sondern vielmehr die Stellungen, die das Ich zu Werten einnehmen kann oder könnte. Die Referenz dieser Werte ist dabei nicht immer eindeutig festlegbar, da diese in ihrer Mehrdeutigkeit und Polyvalenz inszeniert werden.

Bezeichnenderweise wird für die Bereiche Bildung und Erziehung im berühmten 26. Essay des Ersten Buchs, »De l'institution des enfans«, der für die Diskussion um Montaignes Humanismus einschlägig ist, noch der Begriff der ›institution‹ verwendet.[18] Der Begriff sollte wenig später aus dem Gebrauch

---

Jack I. Abecassis, »»Le Maire et Montaigne ont tousjours ésté deux, d'une separation bien claire‹: Public Necessity and Private Freedom in Montaigne«, in: *Modern Language Notes* 110:5 (1995), S. 1067-1089; George Hoffmann, *Montaigne's Career*, Oxford 1998.

15 Vgl. hierzu u. a. Hugo Friedrich, *Montaigne*, Bern 1949, S. 19 ff. et passim; Donald M. Frame, *Montaigne: A Biography*, London 1965, S. 8-62 et passim; Roger Trinquet, *La jeunesse de Montaigne: ses origines familiales, son enfance et ses études*, Paris 1972; George Huppert, *Les Bourgeois Gentilshommes: An Essay on the Definition of the Elites in Renaissance France*, Chicago 1977, S. 90-93 et passim; Philippe Desan, *Les Commerces de Montaigne: le discours économique des Essais*, Paris 1992, S. 47-81 sowie die dort angeführte Forschungsliteratur.

16 Zu diesen sprachlichen und metaphorischen Ökonomien des Selbst vgl. auch Louis Van Delft, »Montaigne et l'économie du ›moi‹«, in: Wilfried Floeck et al. (Hgg.), *Formen innerliterarischer Rezeption*, Wiesbaden 1987 (= Wolffenbütteler Forschungen 34), S. 399-412. Zu den politischen Implikationen dieser Ökonomie des Ichs zwischen Rückzug und Öffentlichkeit vgl. Helmut Pfeiffer, »Das Ich als Haushalt. Montaignes ökonomische Politik«, in: Rudolf Behrens u. Roland Galle (Hgg.), *Historische Anthropologie und Literatur. Romanistische Beiträge zu einem neuen Paradigma der Literaturwissenschaft*, Würzburg 1995, S. 69-90.

17 Van Delft (Anm. 16), S. 411.

18 Montaigne wird im Folgenden mit Seitenangaben im laufenden Text zitiert nach: *Œuvres complètes*, hrsg. v. Albert Thibaudet u. Maurice Rat, Paris 1962 (Bibliothèque de la Pléiade), hier: S. 144-177. Die unterschiedlichen Stadien der Textgenese sind, der Pléiade-Ausgabe folgend, mit [a], [b] und [c] gekennzeichnet. Die Übersetzungen von Hans Stilett wurden, soweit nicht anders angegeben, aus der folgenden Ausgabe übernommen: Michel de Montaigne, *Essais. Erste moderne Gesamtübersetzung von Hans Stilett*, Darmstadt 2004. Abweichungen von dieser Übersetzung werden durch Asteriske (*) gekennzeichnet.

kommen und wirkte vielleicht sogar schon auf die ersten Leser der *Essais* etwas antiquiert. Bereits in der Ausgabe von 1718 gibt das *Dictionnaire de l'Académie françoise* den Gebrauch von ›institution‹ im Sinne von ›éducation‹ am Ende des entsprechenden Lemmas als veraltet an.[19] Mit diesem Titel schreibt sich Montaigne in die humanistische Tradition ein. Die prominentesten Vorbilder dürften Erasmus' *Institutio Principis Christiani* und Budés *Institution d'un Prince* sein. Mit dem Adressatenbezug seines Kapitels durchbricht Montaigne jedoch gleichzeitig wieder die Tradition des Fürstenspiegels: »De l'institution des enfans« richtet sich nicht an einen männlichen Herrscher, sondern ist Madame Diane de Foix, Contesse de Gurson, gewidmet, die wenig später ihr erstes Kind gebären sollte und diesen Essay vermutlich – in Erwartung eines zu erziehenden männlichen Nachkommens – in Auftrag gegeben hatte. Im Vergleich mit anderen Erziehungsratgebern zeichnet sich das Kapitel durch eine eigentümliche Pragmatik aus. Sein tatsächlicher Adressatenbezug ist letztlich ebenso unspezifisch wie der Kontext und vor allem das Ziel des essayistischen Sprechens. Zumindest dem heutigen Leser bleibt bis zum Schluss unklar, für wen und zu welchem Zweck Montaigne diesen Essay eigentlich schreibt. Es handelt sich hier weder um einen Fürstenspiegel noch um einen typischen humanistischen Erziehungsratgeber, auch wenn man den Text häufig als solchen lesen wollte.[20] Mit den Fragen, auf welche Aufgaben seine ›institution‹ überhaupt vorbereiten und wer oder was hier wo ›instituiert‹ werden soll, bleibt neben der ständischen Zielsetzung vor allem auch der öffentliche oder private Charakter dieser Unterweisung ambivalent.

Damit setzt dieses Kapitel wesentliche Charakteristika der *Essais*-Sammlung *en abyme*. Deren Sprechsituation ist ebenfalls durch eine eigentümliche Wechselbeziehung zwischen dem Rückzug des historischen Montaigne und einer essayistischen Selbstinszenierung gekennzeichnet, die sich mit der Konstruktion alternativer Formen von Öffentlichkeit verbindet. Programmatisch wird diese ambivalente Pragmatik der *Essais*, die Subjekt, Adressaten und Verortung des Schreibens der »branloire perenne« (S. 782) überlässt, bereits in der viel zitierten Vorrede »Au lecteur«. Seine Leser erwarte, so der dieses Vorwort unterzeichnende Montaigne, ein »livre de bonne foy«, mit dem er »aucun fin, que domestique et privée« verfolge und das daher weder dem Leser Nutzen noch seinem Autor Ruhm einbringen solle (S. 9). Doch zeugt die Tatsache, dass dieser seinen Text unermüdlich für die verschiedenen, sorgfältig vorbereiteten Drucklegungen[21] überarbeitete,

---

19 *Nouveau Dictionnaire De L'Academie Françoise : Dedié Au Roy*, 2 Bde., Paris 1718, hier: Bd. I, S. 839. Der Begriff des ›instituteur‹ im Sinne eines Lehrenden kommt hingegen laut Auskunft des *Petit Robert* erst im ersten Drittel des 18. Jahrhunderts auf (vgl. ebd. S. 1187).

20 Vgl. hierzu ebenso wie zur Problematik dieser Interpretation: Friedrich (wie Anm. 15), S. 114; Timothy Hampton, *Writing from History. The Rhetoric of Exemplarity in Renaissance Literature*, Ithaca 1999, S. 141-155.

21 Vgl. hierzu Hoffmann (wie Anm. 14) , S. 63 ff.

ebenso wie die permanenten Apologien seiner selbst[22] von den performativen
Widersprüchen des essayistischen Schreibens, das seine Öffentlichkeit(en) gerade
in der programmatischen Abwendung aus dem öffentlichen Leben konstruiert.

Nicht zufällig vergleicht Montaigne in diesem Vorwort sein essayistisches
Projekt mit der Malerei: »Si c'eust esté pour rechercher la faveur du monde, je
me fusse mieux paré et me presenterois en une marche estudiée. Je veus qu'on
m'y voie en ma façon simple, naturelle et ordinaire, sans contantion et artifice:
car c'est moy que je peins.« (S. 9) Paradoxerweise setzt gerade der Anspruch auf
eine möglichst ungekünstelte und unangestrengte Zeichnung des Ich den Blick
des anderen voraus, der (nicht zuletzt durch die »faveur du monde«) vorgibt, was
man von sich zeigt und was besser nicht. Im Anschluss an Harry Bergers Studien
zur frühneuzeitlichen Porträtmalerei auf der einen und zu den Höflingstraktaten
von Baldassare Castiglione und Giovanni Della Casa auf der anderen Seite hat
Timothy Hampton Montaignes essayistisches Projekt über den Begriff der Pose
charakterisiert. In dieser Perspektive einer unausweichlich sozialen Determination
der Selbstdarstellung müsse auch der humanistische Rückzug in den Bücherturm
letztlich als »mere pastoral fiction« erscheinen.[23] Dieser posenhafte Charakter
prägt, wie im Folgenden zu zeigen sein wird, insbesondere die Bildung von
Montaignes Sprecher-Ich zwischen öffentlichem und privatem Raum, zwischen
Eigenem und Fremdem, zwischen Einst und Jetzt.

Wie Montaignes *Essais* verstehen sich »De l'institution des enfans« und andere
dem Thema der Bildung gewidmete Kapitel nicht in erster Linie als ›institution‹
im Sinne einer Vorbereitung auf öffentliche Aufgaben oder auf Ämter zwecks
Broterwerb, also auch nicht als ›institution‹ im Sinne eines ›Wegs durch die
Institutionen‹, wie ihn der historische Montaigne bis zu seinem Rückzug in den
Bücherturm durchlaufen hatte. Bildung wird aber offensichtlich auch nicht als
Divertissement eines Adeligen oder als reines Privatgelehrtentum begriffen, wie
zu Beginn von »Du pédantisme«, dem »De l'institution des enfans« vorangehenden, 25. Kapitel des Ersten Buchs deutlich wird (vgl. S. 133-135). Die *Essais*
und insbesondere diese beiden Kapitel entwerfen viel eher neuartige Ökonomien
von Bildung, die nicht in Logiken der Aneignung, des Austauschs, der Quali-
fizierung und der Wertsteigerung aufgehen, sich aber auch nicht auf eine reine
Verweigerungshaltung zurückführen lassen.

22 Zur Thematik und Struktur dieser skeptischen Selbstapologie Montaignes vgl. auch Verena
Olejniczak Lobsiens Lektüre der »Apologie de Raimond Sebond« im zwölften Kapitel des
Zweiten Buches der *Essais* in: dies., *Skeptische Phantasie. Eine andere Geschichte der frühneu-
zeitlichen Literatur*, München 1999, S. 87-102.

23 Vgl. hierzu Hamptons Besprechung von Harry Berger Jr., *Fictions of the Pose: Rembrandt
against the Italian Renaissance* und *The Absence of Grace: Sprezzatura and Suspicion in Two
Renaissance Courtesy Books* (jeweils: Stanford 2000) in: *Shakespeare Studies Annual* 31 (2003),
S. 217-228, hier: S. 227.

Der Wert humanistischen Wissens wird bei Montaigne aus ästhetischen Formen der (Dis-)Positionierung entwickelt, die in den einschlägigen Kapiteln Montaignes mit literarischen Verfahren wie Zitat, Ironie oder Pastiche nahezu buchstäblich nachvollzogen werden. Es geht dabei gerade nicht um eine (Über-)Formung des Ichs, sondern um dessen Fähigkeit, verschiedene Stellungen und Standpunkte einzunehmen: sei es im Hinblick auf das öffentliche Leben und mögliche Ämter und Aufgaben[24]; sei es *in der* und *zur* literarischen Tradition; sei es im Umgang mit anderen oder innerhalb sozialer Ordnungen. Der Wert der Bildung erwächst damit nicht aus der Akkumulation von Wissen oder einer Steigerung des eigenen Marktwerts, sprich in einer Funktionalisierung von Bildung, die man im Frankreich der Frühen Neuzeit häufig der *noblesse de robe* zuschrieb. Der Wert von Bildung begründet sich vielmehr in der Fähigkeit des Subjekts, einen Platz in einem komplexen, variablen Beziehungsgeflecht einzunehmen, dabei aber auch potenzielle Schwankungen und Verluste in Kauf zu nehmen oder diese womöglich sogar als Gewinn zu verbuchen. Die rhetorische Kategorie der ›dispositio‹, die wirksame Anordnung des Stoffes der Rede, wird bei Montaigne damit zur subjektiven Disposition, worunter ich in dem hier relevanten Zusammenhang die menschliche und rhetorische und in diesem Sinne ›humanistische‹ Fähigkeit verstehe, intellektuelle Positionen einzunehmen, anzuordnen, zueinander ins Verhältnis zu setzen und gegebenenfalls auch zu wechseln.[25]

Mit dieser Montaigne-Lektüre, die ich im Folgenden durch ausgewählte Textbeispiele vertiefen werde, verfolge ich ein mehrfaches Anliegen: Zum einen möchte ich ein neues Licht auf das werfen, was man vielleicht als Montaignes ›humanistische Moralistik‹ bezeichnen könnte, die in meinen Augen produktivere Ökonomien der Entfremdung entwirft, als das später in der moralistischen Anthropologie der französischen Klassik der Fall sein wird.[26] Zum anderen aber

---

24 Zu den damit verbundenen Ökonomien des Eigentums im Hinblick auf die Übernahme von Aufgaben und Ämtern vgl. auch Constance Jordan, »Montaigne on Property, Public Service, and Political Servitude«, in: *Renaissance Quarterly* 56:2 (2003), S. 408-435.

25 Montaigne selbst verwendet den Begriff der ›disposition‹ zumeist in einem medizinisch-physiologischen, aber auch in einem rhetorischen Sinne. Bezeichnenderweise fällt der Begriff erstmals in dem Kapitel »Du parler prompt et tardif« (I,10), wenn es um die rhetorische Wirksamkeit bestimmter persönlicher Veranlagungen geht. Weitere Belegstellen für eine rhetorische Dimension des Begriffs bei Montaigne finden sich z. B. in »De la vanité des paroles« (I,51) und »De l'art de conférer« (III,8).

26 Ansätze zu einer solch humanistischen Konzeption von Montaignes Moralistik finden sich bereits in Friedrichs Montaigne-Monographie (wie Anm. 15), in der »die *Essais* als ein Hauptstück der neuzeitlichen Moralistik« bezeichnet werden (S. 12). In seiner Konzeption von Moralistik als »etwas, was sehr wenig mit Moral, dagegen sehr viel mit den *mores* zu tun hat, das heißt mit den Lebens- und Seinsweisen des Menschen in ihrer reinen, auch ›unmoralischen‹ Tatsächlichkeit« (ebd.), scheint er indes von der negativen Anthropologie der französischen Moralistik und der Grundannahme einer unüberwindbaren Heteronomie des Menschen ab-

möchte ich hier, wenn auch indirekt, für eine Konzeption von Humanismus plädieren – Humanismus nicht nur im historischen, sondern durchaus auch in einem weiteren, bildungspolitischen Sinne –, den ich nicht substanzialistisch als Bildung, Wissenserwerb und Qualifizierungsmaßnahme fassen, sondern als ästhetische Kompetenz der Positionierung und als eine besondere Form der *subjektiven Disposition* profilieren möchte. Innerhalb einer solchen Vorstellung von Bildung entsteht *humanitas* als menschliche Subjektivität gerade aus dem Vermögen, verschiedene fremde Positionen einzunehmen[27], sich diese anzueignen oder sich diesen gegebenenfalls sogar (im Sinne des Etymons ›subiectum‹ bzw. ›subicere‹) zu unterwerfen – idealerweise aber ohne sich dabei selbst zu verlieren. Das Subjekt dieser Bildung ersteht gerade aus der Unterwerfung unter das Fremde, aber auch aus der Möglichkeit der Ver- und Unterwerfung fremder und eigener Positionen. Mit Nietzsche formuliert impliziert die Bildung des Subjekts eine beständige Umwertung aller Werte. Diese wird indes bei Montaigne nicht von einem »Willen zur Macht« getragen, der bestehende Werte zerstört, um sich selbst zum obersten Wert zu erheben. Vielmehr bildet sich das Subjekt über eine Ästhetik der (Dis-)Positionierung, die ihre Macht über Posen der Ohnmacht und der Unterwerfung entfaltet.[28] In den nachfolgenden Textanalysen soll es vor allem um die (Selbst-)Positionierungen gehen, aus welcher der Wert einer Bildung erwächst, die sich bei Montaigne meines Erachtens eher aus Prozessen der Enthierarchisierung und der Deformation von Machtgefügen vollzieht. Dies geht zwar mit Gesten der Er- und Entmächtigung einher, die indes keine stabilen Autoritäten oder Machtrelationen zeitigen, sondern ihre Potenzen aus der Relationierung selbst entfalten.

zusehen. Indem Friedrich dem Subjekt Montaignes gerade im Hinblick auf das Bildungswissen eine relativ autonome Position zuweist, stellt er dessen Humanismus eher in die Tradition des deutschen und englischen Bildungsromans, zumal die Grenze zwischen eigenem und fremdem Wissen nicht problematisiert wird: »Der Weg soll nicht vom Buch zum Ich gehen, sondern umgekehrt. Der Späthumanist Montaigne will kein Nachahmer sein, sondern eine Individualität, deren geistiges Leben in der Entfaltung des eigenen Wesens besteht. Die antiken Zitate und Exempla und Denkmodelle will er als Zutaten verstanden wissen, als glückliche, jedoch nicht unentbehrliche Übereinstimmung, die zwischen ihm und einigen Autoritäten vorliegt.« (S. 52)

27 Hierin äußert sich vermutlich auch eine Vermischung von rhetorischen und scholastischen Verfahren, wie sie Antia Traninger in den Wissenskulturen der Frühen Neuzeit verfolgt hat (vgl. dies., *Disputation, Deklamation, Dialog. Medien und Gattungen europäischer Wissensverhandlungen zwischen Scholastik und Humanismus*, Stuttgart 2012).

28 Vgl. hierzu in jeweils unterschiedlicher Perspektive: Bernhard Teuber, »Figuratio impotentiae. Drei Apologien der Entmächtigung bei Montaigne«, in: Roland Galle u. Rudolf Behrens (Hgg.), *Konfigurationen der Macht in der Frühen Neuzeit*, Heidelberg 1995, S. 105-126; David Quint, *Montaigne and the Quality of Mercy: Ethical and Political Themes in the Essais*, Princeton 1998.

Montaignes Bildungsökonomien (»Du pédantisme«)

In den *Essais* experimentiert Montaigne mit verschiedenen Ökonomien des Wissens. In dem bereits erwähnten Kapitel »Du pédantisme« reflektiert Montaignes Sprecher-Ich darüber, dass Bildung nicht ausschließlich nach den ökonomischen Gesetzen der Aneignung und des Austauschs von Inhalten funktionieren kann:

> (a) Depuis, avec l'aage, j'ay trouvé qu'on avoit une grandissime raison, et que *«magis magnos clericos non sunt magis magnos sapientes»*. Mais d'où il puisse advenir qu'une ame riche de la connoissance de tant de choses n'en devienne pas plus vive et plus esveillée, et qu'un esprit grossier et vulgaire puisse loger en soy, sans s'amender, les discours et les jugemens des plus excellens esprits que le monde ait porté, j'en suis encore en doute.
>
> (b) A recevoir tant de cervelles estrangeres, et si fortes, et si grandes, il est necessaire (me disoit une fille, la premiere de nos Princesses, parlant de quelqu'un), que la sienne se foule, se contraingne et rapetisse, pour faire place aux autres.
>
> (a) Je dirois volontiers que, comme les plantes s'estouffent de trop d'humeur, et les lampes de trop d'huile; aussi l'action de l'esprit par trop d'estude et de matiere, lequel, saisi et embarrassé d'une grande diversité de choses, perde le moyen de se desmesler; et que cette charge le tienne courbe et croupi. Mais il en va autrement; car nostre ame s'eslargit d'autant plus qu'elle se remplit; et aux exemples des vieux temps il se voit, tout au rebours, des suffisans hommes aux maniemens des choses publiques, des grands capitaines et grands conseillers aux affaires d'estat avoir esté ensemble très-sçavans (S. 132-133).

Mit zunehmendem Alter habe ich dann gefunden, daß dies völlig ins Schwarze traf und tatsächlich *die Gelehrtesten nicht die Gescheitesten sind.* Wie es aber dazu kommen kann, daß eine an Kenntnis so vieler Dinge reiche Seele hiervon nicht aufgeweckter und lebendiger wird und ein gemeiner und dumpfer Geist die Gedanken und Urteile der hellsten Köpfe, die es auf der Welt je gegeben hat, in sich zu beherbergen vermag, ohne etwas daraus zu lernen und sich zu läutern, ist mir nach wie vor ein Rätsel.

Eine junge Dame, die erste unserer Prinzessinnen, sagte mir, als sie auf eine bestimmte Person zu sprechen kam, wer so viele große und denkstarke fremde Gehirne in sich aufnehmen wolle, müsse zwangsläufig das eigene verengen, zusammenziehn und verkleinern, um den anderen Platz zu machen.

Ich wäre fast geneigt, [...] zu sagen: Wie die Pflanzen an zuviel Nässe eingehn und die Lampen an zuviel Öl ersticken, kommt auch die Tätigkeit des Geistes durch zuviel Studium und Stoffhuberei zum Erliegen, weil er, von der ungeheuren Vielfalt der Dinge bis zur Verwirrung in Anspruch genommen, die Fähigkeit verliert, sich hiervon wieder freizumachen, so daß er unter der Last schließlich krumm und schief wird. In Wirklichkeit jedoch verhält es sich anders, denn unsere Seele weitet sich um so mehr, je mehr sie in sich aufnimmt, und aus den Beispielen des Altertums kann man ersehen, daß gerade umgekehrt die zur Führung der öffentlichen Angelegenheiten fähigen Männer, die großen Feldherrn und die großen Berater der Staatsmänner zugleich bedeutende Gelehrte waren (S. 73).

Weder führt eine große Menge an Kenntnissen zwangsläufig dazu, dass der solchermaßen Gelehrte dadurch aufgeweckter würde, noch reicht das Vorhandensein der Denkweisen und Urteile von anerkannten Geistesgrößen im Verstand des gemeinen Menschen aus, um diesen wirklich zu bilden. Diese Unproduktivität eines Wissens, das keinen Mehrwert generiert, könne, wie Montaigne im zweiten Absatz der zitierten Textpassage spekuliert, damit zu tun haben, dass die Aneignung fremden Wissens bzw. »fremder Gehirne« mit einem Verlust der eigenen geistigen Kapazitäten einhergehe. Diese in der zweiten Fassung der *Essais* aus dem Jahr 1588 hinzugefügte Überlegung, die noch dazu einer Prinzessin und damit keiner klassischen Autorität zugeordnet wird, lässt Montaigne aber so stehen, um sie im dritten Absatz des Zitats der Kommentierung durch seinen eigenen Gedankengang der früheren Fassung aus dem Jahr 1580 zu überlassen. Dort unterscheidet Montaigne das Wachstum des menschlichen Geistes von den Austauschprozessen der Materie. Der menschliche Geist operiert Montaigne zufolge gerade nicht über eine materialistische Ökonomie der Aufnahme und des Austauschs von konkreten (Wissens-)Einheiten. Er verhalte sich anders als eine Pflanze oder eine Öllampe, die nicht mehr funktionieren, wenn man ihnen zu viel Flüssigkeit gibt.

An die Stelle der Vorstellung einer derartigen Überflutung des Geistes setzt Montaigne eine intellektuelle Logik, die auf räumliche Expansion angelegt ist. Montaigne übernimmt diesen Gedanken (»nostre ame s'eslargit d'autant plus qu'elle se remplit«) vermutlich von Seneca, der zu Beginn des 108. Briefes an Lucilius schreibt: »Quo plus recipit animus, hoc se magis laxat« (Sen.epist. CVIII) – »Je mehr der Geist aufgenommen hat, desto weiter wird seine Aufnahmefähigkeit«.[29] Montaigne bezieht sich in »Du pédantisme« mehrfach auf diesen Brief Senecas über Fragen der Ausbildung und zitiert ihn an anderer Stelle sogar wörtlich. Im Hinblick auf das hier erwähnte indirekte Zitat verschiebt Montaigne indes gegenüber Seneca den Fokus der Argumentation. Im Idealfall, so suggeriert

29 Zitat und Übersetzung nach: L. Annaeus Seneca, *Philosophische Schriften*, Lateinisch und Deutsch, 5 Bde., hrsg. v. Manfred Rosenbach, 2. Aufl. dieser Ausgabe (unveränderter Nachdruck der Sonderausgabe von 1999), Darmstadt 2011, Bd. IV, S. 634 f.

es dieser Passus bei Montaigne, erweitert der Gebildete seine Fähigkeiten mit seinem Aktionsradius, d. h. indem er, wie die Feldherren und politischen Ratgeber der Antike, ein öffentliches Amt ausübt. Hatte Seneca in seinem Brief letztlich dafür plädiert, philosophische Bildung nicht in leere Rhetorik, sondern in eine konkrete Form der persönlichen Lebensführung zu übersetzen, so verbindet sich humanistische Bildung als Ausbildung in Montaignes »Du pédantisme« unweigerlich mit der Frage, ob und wie der humanistische Intellektuelle sein Wissen in der Übernahme öffentlicher Aufgaben und Ämter fruchtbar machen kann. Montaigne erhöht damit gewissermaßen die Reichweite von Senecas Reflexionen, deren Aneignung gleichzeitig einen Prozess der Enteignung in neuen Kontexten zeitigt. Zu einem Zeitpunkt, da er selbst keinerlei öffentliche Ämter ausübt – Montaigne wird erst zum Bürgermeister von Bordeaux gewählt, nachdem die erste Fassung der *Essais* erschienen ist, der auch der hier relevante Passus entstammt –, erweitert hier Montaigne den Aktionsradius humanistischer Topoi, ja literarischer Äußerungen schlechthin. Dies geschieht nicht zuletzt durch die beständige Anreicherung der ›eigenen‹ durch ›fremde‹ Rede, die ihr Bedeutungsspektrum ebenfalls durch eine räumliche Logik, d. h. durch neuartige Positionierungen, Verschiebungen und Engführungen entfaltet. Durch die Konfrontation der verschiedenen Textstadien der *Essais* sowie durch Montaignes virtuose Zitierpraxis ist die Differenz von eigener und fremder Rede dabei einer beständigen Dekonstruktion unterworfen.

Die im obigen Zitat aufgeworfene Frage nach dem sozialen Ort des Intellektuellen und Literaten ist ein zentrales, wenn nicht *das* Thema der *Essais*. Es handelt sich hierbei um eine ebenso heikle wie ungelöste Problematik, der das essayistische Sprecher-Ich nicht nur in diesem Kapitel über mehrere Seiten hinweg nachgeht, und die nahezu zwangsläufig an den historischen Montaigne und die literarische Selbstinszenierung des gleichnamigen Autors denken lässt. Hatte dieser doch im Alter von 38 Jahren sein Amt im Parlament von Bordeaux aufgegeben, um sich von da an dem Studium der Bücher zu widmen und schließlich die *Essais* zu schreiben. Wenige Monate nach dem Erscheinen der ersten Fassung im Jahr 1580 erhielt Montaigne während eines Kuraufenthalts die Nachricht, dass er für zwei Jahre zum Bürgermeister von Bordeaux gewählt worden war. Er wird dieses (Ehren-)Amt für zwei Amtsperioden, d. h. teilweise auch während der Überarbeitung der *Essais*, ausüben. Die Sprechsituationen der *Essais* sind also ebenso ambivalent wie die Posen, die Montaignes literarisches Alter Ego zwischen öffentlichen und privaten Räumen einnimmt.[30]

---

30 Einschlägig in diesem Zusammenhang der Ausspruch »Le Maire et Montaigne ont tousjours esté deux, d'une separation bien claire« im zehnten Kapitel des Dritten Buches (S. 989), wobei der Eigenname ›Montaigne‹ als Autorenname ebenfalls in hohem Maße polyvalent und sicherlich nicht mit der gleichnamigen ›Privatperson‹ identisch ist.

Das essayistische Ich, das Montaigne in den verschiedenen Fassungen seiner *Essais* entwirft, ist nicht zwangsläufig mit dem historischen Montaigne identisch, aber sicherlich auch keine rein fiktionale Größe.[31] In ihm verschmelzen vielmehr Subjekt und Objekt des Schreibens in der Formlosigkeit literarischer Versuche, in denen das Subjekt verschiedene Positionen erprobt. Der programmatische Satz »je suis moy-mesmes la matiere de mon livre« im Vorwort »Au lecteur« verzichtet auf den komplementären philosophischen Begriff der ›forma‹, nicht zuletzt, um das formgebende Subjekt der *Essais* zu ihrem Gegenstand, ihrer ›matière‹ und damit gleichzeitig zu ihrem ›sujet‹ zu machen (vgl. S. 9). Montaigne ist in einem mehrfachen Sinne Subjekt der (formenden) Bildung, aber auch ein Subjekt in Bildung. Sich zu bilden heißt, *ge*bildet und unter Umständen auch *ver*bildet zu werden.

Auch in »Du pédantisme« schlägt die Kritik an einer weltfremden Gelehrsamkeit, die sich nur aus fremdem Wissen speist und dabei das eigene Urteilsvermögen und Gewissen einbüßt, in eine Selbstreflexion des essayistischen Ichs um, bei dem es sich indes um das Sprecher-Ich des 1595 posthum veröffentlichten Manuskripts von Bordeaux handelt. Dieses reflektiert aber gerade nicht die Biographie des historischen Montaigne, sondern räsoniert über die literarischen Verfahren der *Essais* und näherhin über den Umgang mit fremdem Wissen und Autoritäten. Ähnlich wie sein Lieblingsautor Plutarch vergleicht Montaigne in der ersten Version dieses Kapitels Lehrer mit Vögeln:

(a) [...] Nous ne travaillons qu'à remplir la memoire, et laissons l'entendement (c) et la conscience (a) vuide. Tout ainsi que les oyseaux vont quelquefois à la queste du grein et le portent au bec sans le taster, pour en faire bechée à

---

31 Insofern ist es in meinen Augen zwar richtig, Montaignes Ich, wie Peter Burke es in seiner Montaigne-Studie tut, als »literarische Kunstfigur« zu bezeichnen. Ob man so weit gehen kann, diese als »Michel« mit Prousts »Marcel« gleichzusetzen, ist aber fraglich (vgl. Peter Burke, *Montaigne zur Einführung*, 3., überarbeitete Auflage, Hamburg 2004 [Originalausgabe Oxford 1981], hier: S. 94). Gerade über die verschiedenen Fassungen der *Essais* hinweg wird der ›Sitz im Leben‹ von Montaignes Ich immer wieder auf explizitere Art und Weise thematisiert, als das in einem Roman der Fall sein kann. Die Akte des Fingierens des essayistischen Sprechens unterscheiden sich in meinen Augen wesentlich von denen eines Romans, dessen Gattungstradition, anders als die des Essays, in der Romania aus dem mittelalterlichen Ritterroman entsteht und daher – selbst in seinen ›realistischen‹ Ausprägungen – mit dem Wunderbaren bzw. Imaginären interagiert (vgl. Rainer Warning, *Die Phantasie der Realisten*, München 1999, hier v. a. S. 8 f.). Zwar kommt es bei Montaigne, wie Karin Westerwelle gezeigt hat, zu einer signifikanten Aufwertung der Phantasie und der Imagination als Mittel der Erkenntnis (vgl. dies., *Montaigne, die Imagination und die Kunst des Essays*, München 2002), dabei handelt es sich aber, nicht zuletzt aufgrund des anthropologischen Erbes der französischen Moralistik, um einen ebenso problematischen wie diskontinuierlichen Emanzipationsprozess des Imaginären (vgl. hierzu Martina Maierhofer, *Zur Genealogie des Imaginären: Montaigne, Pascal, Rousseau*, Tübingen 2003).

leurs petits, ainsi nos pedantes vont pillotant la science dans les livres, et ne la logent qu'au bout de leurs lévres, pour la dégorger seulement et mettre au vent.

(c) C'est merveille combien proprement la sottise se loge sur mon exemple. Est-ce pas faire de mesme, ce que je fay en la plupart de cette composition? Je m'en vay escorniflant par cy par là des livres les sentences qui me plaisent, non pour les garder, car je n'ay point de gardoires, mais pour les transporter en cettuy-cy, où, à vray dire, elles ne sont plus miennes qu'en leur premiere place. Nous ne sommes, ce croy-je, sçavans que de la science presente, non de la passée, aussi peu que de la future.

(a) Mais, qui pis est, leurs escholiers et leurs petits ne s'en nourrissent et alimentent non plus; ains elle passe de main en main, pour cette seule fin d'en faire parade, d'en entretenir autruy, et d'en faire des contes, comme une vaine monnoye inutile à tout autre usage et emploite qu'à compter et jetter. (c) «*Apud alios loqui didicerunt, non ipsi secum.*» — «*Non est loquendum, sed gubernandum*». (S. 135-136)

Wir arbeiten ausschließlich daran, unser Gedächtnis vollzustopfen, Verstand und Gewissen jedoch lassen wir leer. Wie die Vögel zur Brutzeit auf der Suche nach Körnern ausfliegen, die sie dann, ohne sie zu kosten, im Schnabel herbeitragen, um ihre Jungen damit zu füttern, klauben und klauen auch unsere *Pedanten* unaufhörlich ihr Wissen aus Büchern zusammen, nehmen es aber nur mit gespitzten Lippen auf und spucken es zudem gleich wieder in den Wind.

(Überrascht muß ich plötzlich feststellen, wie sehr ich für solche Torheit selber ein Beispiel bin. Tue ich denn im größten Teil dieser Arbeit nicht genau das gleiche? Ich stibitze mir hier und da aus anderen Büchern die mir gefallenden Sentenzen, nicht um sie im Gedächtnis zu speichern, denn ich habe keinen Gedächtnisspeicher, sondern um sie in mein Werk einzubringen, wo sie mir wahrhaftig kein bißchen mehr gehören als an ihrem ersten Platz. Wir sind, davon bin ich überzeugt, Wissende nur des heutigen Wissens, des vergangenen jedoch ebensowenig wie des künftigen.)

Das Schlimmste ist, daß auf diese Weise das Wissen unsrer Schulmeister auch ihren Nestlingen und Schülern nicht zum inneren Wachstum und Gedeihen dienen kann, da sie ihrerseits das Erlernte lediglich von Hand zu Hand weiterreichen – zu dem einzigen Zweck, damit zu prahlen und anderen zur Unterhaltung etwas vorzuschwätzen: Wertloses Klimpergeld, zu nichts zu gebrauchen denn zum Zählen und als Spielmarken.

Mit anderen zu reden, haben sie gelernt, mit sich selber nicht.
Doch nicht zu reden gilt es, sondern das Steuer zu führen (S. 74).

Wie die Vögel ihre Jungen, so fütterten Lehrer ihre Schüler mit fremdem Wissen, das sie vorher nicht einmal gekostet hätten. In der dritten Fassung der *Essais* wird diese Einverleibung von fremdem Wissen und Autoritäten auf die *Essais* selbst zurückgewendet. Schon die implizite intertextuelle Referenz auf die Kritik an den Sophisten bei Plutarch[32], der den Vergleich mit der Fütterung der Vögel einem völlig anderen, nämlich militärischen Kontext in Homers *Ilias* entnommen hatte[33], hatte dieses kritisierte Verfahren *en abyme* gesetzt. Das Sprecher-Ich der ›verdauteren‹ dritten Fassung reflektiert dieses performative Verfahren der *Essais*, die Montaigne mit der willkürlich zusammengesuchten Nahrung anderer Autoren ›füttert‹: »C'est merveille combien proprement la sottise se loge sur mon exemple [...]«. Dabei handle es sich aber gerade nicht um einen Prozess der Aneignung, da die Anreicherung der *Essais* durch Zitate antiker Autoren selbst wieder Prozessen der Enteignung ausgesetzt sei: »mais pour les transporter en cettuy-cy, où, à vray dire, elles ne sont plus miennes qu'en leur premiere place«. Auch hier dominiert eine intellektuelle Logik der Verräumlichung. Im ›Transport‹ antiker Zitate werden die *Essais* zum Paradigma einer Literatur, die der Autorität von Exempeln im ständigen Ortswechsel der Topoi den Boden entzieht. Gerade in der vordergründigen Materialität der Metaphorik der geistigen Speisung vollzieht diese Textpassage eine radikale Dynamisierung und Entsubstanzialisierung von Bildung. Dadurch wird letztlich die Möglichkeit eines essenziellen Austauschs und der Aneignung von faktischem Wissen in der Auseinandersetzung mit fremden Literaturen und Autoren negiert. Das *verbum translatum* der fütternden Vögel wird von seinem ursprünglichen *verbum proprium* ablösbar und entfaltet

32 Im Hinblick auf die Theorie und Praxis im Lehrbetrieb schreibt dieser in den *Moralia*: »Ein solcher Sophist unterscheidet sich überhaupt nicht von jenem Vogel bei Homer: Was immer er aufschnappt, trägt er ›wie zu ungefiederten Jungvögeln‹ mit dem Schnabel zu seinen Anhängern; dabei ›ergeht es ihm selbst sehr übel‹, denn nichts von dem, was er zusammenrafft, kann er zu eigenem Gewinn aufnehmen und verdauen« (Plutarch, »Über den Fortschritt in der Tugend«, in: ders., *Moralphilosophische Schriften*, ausgew., übers. u. hrsg. v. Hans-Josef Klauck, Stuttgart 1997, S. 22).

33 Der Bezugspunkt von Plutarchs Verweis ist die Klage Achills im neunten Gesang der Ilias:
   Gleich ist des Bleibenden Los und sein, der mit Eifer gestritten;
   Gleicher Ehre genießt der feig und der tapfere Krieger;
   Gleich auch stirbt der Träge dahin und wer vieles getan hat.
   Nichts ja frommt es mir selbst [= Achill], da ich Sorg und Kummer erduldet,
   Stets die Seele dem Tod entgegentragend im Streite.
   So wie den nackenden Vöglein im Nest herbringet die Mutter
   Einen gefundenen Bissen, wenn ihr auch selber nicht wohl ist,
   Also hab ich genug unruhiger Nächte durchwachet,
   Auch der blutigen Tage genug durchstrebt in der Feldschlacht,
   Tapfere Männer bestreitend, um jenen ein Weib zu erobern! (Il. 9,318-327)
   (Zitat nach: Homer, *Ilias/Odyssee*, in der Übertragung von Johann Heinrich Voß, 5. Aufl. der vollständigen Ausgabe von 2002, München 2010; Hervorh. durch Verf.)

seine Bedeutung gerade in seiner von den ›gefütterten‹ Inhalten nahezu unabhängigen Übertragbarkeit.

Was der Sprecher der ersten Fassung hier noch kritisiert, wird also im Lichte der letzten Fassung als konstitutives Verfahren der *Essais* lesbar: An die Stelle einer Ökonomie des Tausches tritt die Zirkulation von Spielgeld, einer »vaine monnoye inutile à tout autre usage et emploite qu'à compter et jetter«; einer Währung der Zeichen also, deren Wert aus der Zirkulation erwächst. Es liegt nahe, hier an Derridas Analyse der komplexen Logik des Falschgelds im Rahmen seiner Lektüre von Baudelaires *La fausse monnaie* zu denken.[34] Allerdings scheinen mir Montaignes Blüten nicht nur im Hinblick auf eine Kritik der Gabe innerhalb der Unentrinnbarkeit ökonomischer Tauschstrukturen, sondern auch angesichts der Währungsschwankungen im frühneuzeitlichen Frankreich interessant zu sein, über die sich gewissermaßen Kursgewinne für die Literatur verbuchen lassen.

In der historischen Sprechsituation der Essais evoziert die Metaphorik des Falschgeldes zweifelsohne die ökonomische Wirklichkeit des frühneuzeitlichen Frankreich. Dort kommt es in der zweiten Hälfte des 16. Jahrhunderts zu einer Finanzkrise. Im Zuge der zunehmenden Zahlungsunfähigkeit des Königs, der die französische Krone durch die erhöhte Produktion von Geldmünzen Herr zu werden versucht, verliert sie zunehmend die Kontrolle über den Wert des Geldes.[35] Dessen Nominalwert droht dabei durch den von Händlern festgelegten Tauschwert ersetzt zu werden, so dass die Unterscheidung zwischen realen und fiktiven Werten zunehmend problematisch wird. Philippe Desan hat diese ökonomische Dimension der Literatur der Renaissance im Allgemeinen und der *Essais* im Besonderen mehrfach untersucht.[36] Dabei hat er vor allem die Ökonomisierung der Sprache in den *Essais* analysiert, die er als Symptom eines Wertekonflikts zwischen den Vertretern des traditionellen französischen Adels und dem handeltreibenden Bürgertum interpretiert, das durch die Möglichkeit des Ämterkaufs und den Erwerb von adeligen Territorien und Titeln neue Aufstiegsmöglichkeiten bekommen hatte. Gerade in der Dekonstruktion traditioneller Autorität entstehe im Medium der Sprache in der Frühen Neuzeit ein neuer ökonomischer Diskurs, der die Kontrolle über die Gesellschaft übernehme, noch bevor es in den nachfolgenden Jahrhunderten die Institutionen und Märkte getan hätten. In den Lektüren Desans dokumentieren die *Essais* den Prozess einer ökonomischen Umwertung gesellschaftlicher Werte.[37] Während Montaigne sich

---

34 Vgl. Jacques Derrida, *Donner le temps I: La fausse monnaie*, Paris 1991.

35 Vgl. hierzu Frédéric Mauro, *Le XVI siècle Européen: aspects économiques*, Paris 1966, S. 196-200.

36 Neben der bereits zitierten Studie *Les commerces de Montaigne* (wie Anm. 15) vgl. v. a. Philippe Desan, *L'imaginaire économique de la Renaissance*, Mont-de-Marsan 1993 und ders., »Montaigne et l'éthique marchande«, in: *L'Ésprit Créateur* 46:1 (2006), S. 13-22.

37 Desan (wie Anm. 15), S. 18 et passim.

als Literat zum Sprachrohr klassischer Adelswerte mache, schreibe er gleichzeitig gegen seinen eigenen bürgerlichen Ursprung einer Kaufmannsfamilie an.[38] Daher sei das Ökonomische, das auf der Ebene des *énoncé* verleugnet werde, auf derjenigen der *énonciation* umso präsenter.[39]

Anders als Desan interessiere ich mich jedoch weniger für die *Essais* als Ort einer impliziten oder expliziten Ideologiekritik oder gar einer sprachlich-symptomatischen Wiederkehr eines verdrängten sozialen Ursprungs, zumal ich nicht von einer klar definierbaren Wechselbeziehung zwischen dem Imaginären und den sozialen Kontexten literarischen Sprechens ausgehe. In meinen Augen lassen sich die ambivalenten, ja polyvalenten Orte des essayistischen Sprechens, wie es Montaigne praktiziert, gerade nicht auf ihre sozialen, historischen oder gar biographischen Ursprünge reduzieren. Vielmehr inszeniert er das Ich seines Sprechens als schwankenden Ort von Wertungen und Positionierungen, die nicht auf einen oder mehrere substanzielle Ursprünge zurückgeführt werden können. Um zu unserem Zitat aus »Du pédantisme« zurückzukehren: Montaigne spielt mit dem Falschgeld, das er in seinen Texten zirkulieren lässt, ohne sich auf eine bestimmbare Macht der Prägung zu beziehen. Die Währung seines humanistischen Wissens entbehrt einer Autorität, die eine gewisse Beständigkeit der Werte garantieren könnte. Sie verweigert sich aber auch einem Prinzip des Tausches, über das Wissen in soziales Prestige umgemünzt werden könnte.

Die ökonomische Metaphorik verweist in der zitierten Textpassage nicht zuletzt auf die Vermittlungsfunktion humanistischen Wissens, das hier als soziales Medium eingesetzt wird und gerade dadurch von entscheidender Bedeutung für die Mediationen des Selbst ist. Im Rahmen ihres Botenmodells der Medialität hat Sibylle Krämer Geld als Medium analysiert und es dabei über »die Übertragung von Eigentum durch Entsubstanzialisierung« charakterisiert.[40] Diese sozial gedachte Medialität des Geldes, das Krämer zufolge nicht nur dem Austausch von Gütern dient, sondern vor allem »rationalisierbare Verhältnisse zwischen Personen« stiftet[41], bildet in meinen Augen das *tertium comparationis* zu Montaignes humanistischen Ökonomien des Wissens. Dieses entwickelt seinen Wert aus einer literarischen Topologie[42]: aus der Räumlichkeit von Übertragungs- bzw. Mediationsprozessen, die den Wert humanistischer Bildung aus ihrem sozialhistorischen Kontext herauslösbar machen. Innerhalb einer solchen räumlich gedachten Ökonomie der Übertragung besteht Montaignes Schreiben in »Versuchen«, mögliche Orte und Verortungen des Ich innerhalb

38 Vgl. ebd., S. 80 f., S. 87 et passim.
39 Vgl. ebd., S. 83.
40 Vgl. Sibylle Krämer, *Medium, Bote, Übertragung. Kleine Metaphysik der Medialität*, Frankfurt a. M. 2008, S. 159-175, hier: S. 159.
41 Vgl. ebd. S. 162 f., hier S. 174.
42 Vgl. hierzu auch den Beitrag von André Otto »Der Wert der Verknappung« in dieser Ausgabe.

und außerhalb fluktuierender Ordnungen und Hierarchien von einst und jetzt
auszuloten. Modern formuliert wird auf diese Weise eine Form der Subjektivität
entwickelt, deren Wert unabhängig von den (historischen) Schwankungen des
Marktes bestehen kann, gerade weil sie sich – wie Montaignes metaphorisches
Falschgeld – den normativen Festsetzungen einer einzigen autorisierten Institution der Geldschöpfung widersetzt und das Schwanken als *conditio humana*
akzeptiert hat. Montaignes subjektive Wertschöpfung aus humanistischen Wis-
sensressourcen ist ein performativer Prozess, der allenfalls durch ihn selbst (in
den verschiedenen Fassungen der *Essais*), aber auch durch seine jeweiligen Leser
(und damit über räumliche und zeitliche Grenzen hinweg) beglaubigt werden
kann. In seiner Ablösung von einem inhaltlichen Gegenwert kann humanistisches
Wissen als Form der Vermittlung und im Verzicht auf Referenzierbarkeit seinen
Wert bewahren, wenn nicht gar steigern.

Am Ende des zitierten Passus inszeniert Montaignes Sprecher-Ich die Zei-
chenökonomie scheinhafter Werte mithilfe zweier lateinischer Zitate. Das erste
davon ist dem Fünften Buch von Ciceros *Tusculanae* (V,103) entnommen. Ähnlich wie Plutarch es mit dem Homer-Zitat getan hatte, wird es von Montaigne
modifiziert und in einen neuen Kontext gestellt. Cicero hatte das Selbstgespräch
des Philosophen der öffentlichen Rede desjenigen gegenübergestellt, dem zu viel
am Beifall des Volkes gelegen ist:

> Num igitur ignobilitas aut humilitas aut etiam popularis offensio sapientem
> beatum esse prohibebit? vide ne plus commendatio in vulgus et haec quae
> expetitur gloria molestiae habeat quam voluptatis. leviculus sane noster De-
> mosthenes, qui illo susurro delectari se dicebat aquam ferentis mulierculae,
> ut mos in Graecia est, insusurrantisque alteri: »hic est ille Demosthenes.«
> quid hoc levius? at quantus orator! sed apud alios loqui videlicet didicerat,
> non multum ipse secum.

> Oder wird der Mangel an Ansehen oder Demütigung oder gar das Mißfallen
> des Volkes den Weisen daran hindern, glückselig zu sein? Paß auf, ob nicht
> die Beliebtheit beim Volk und der vielerstrebte Ruhm mehr Schwierigkei-
> ten mit sich bringen als Lust! Ein wenig leichtfertig sagte mein Freund De-
> mosthenes, er freue sich, wenn von den wasserholenden Frauen (wie das in
> Griechenland Sitte ist) die eine der anderen zuflüstere: »Das ist der berühmte
> Demosthenes.« Gibt es leichtsinnigeres als das? Aber welch ein Redner war
> er! Doch offenbar hatte er gelernt, zu Anderen zu reden, aber kaum, mit sich
> selbst.[43]

43 Zitat und Übersetzung aus: Marcus Tullius Cicero, *Gespräche in Tusculum – Tusculanae Dispu-*
   tationes, Lateinisch und Deutsch, mit ausführlichen Anmerkungen neu hrsg. v. Olof Gigon,
   7. Auflage, München 1998, S. 392 f.

Während das Originalzitat bei Cicero Demosthenes charakterisiert, der zwar gelernt habe, in brillanter Weise vor anderen, sprich öffentlich, zu reden, im Privaten aber nicht in der Lage sei, seine Eitelkeiten besser für sich zu behalten – in diesem Sinne verwendet Cicero die Formel »loqui [...] ipsi secum« –, geht es bei Montaigne in erster Linie um eine Subjektivierung von humanistischer Bildung als einer neuen Form des Selbstgesprächs im Dialog mit humanistischen Autoritäten, aber letztlich auch mit den Lesern der *Essais*. Dieses Gespräch mit anderen, das gleichzeitig ein Selbstgespräch ist (und umgekehrt)[44], spiegelt sich auch hier in einer An- bzw. Enteignung des Cicero-Zitats. Montaigne entwendet dieses den *Tusculanae*, um sein Selbst in der Verschiebung antiker Topoi zu bilden. Das Subjekt einer solchen Bildung erwächst gerade aus der Konfrontation von eigener und fremder Rede, die letztlich auch Montaignes Leser vornehmen müssen. Die Bildung des Selbst bleibt daher auf den bzw. die anderen angewiesen. Ihr Medium ist das humanistische Wissen, das Werte vermittelt, ohne sie festzulegen.

Durch die Konfrontation des Cicero-Zitats mit einer weiteren Passage aus dem bereits erwähnten Brief Senecas (»Non est loquendum, sed gubernandum«) scheint das Sprecher-Ich im steuernden Umgang mit der fremden Rede zwar von einer Autonomie des Subjekts auszugehen, das gewissermaßen am Steuer der Rede sitzt. Wie auch Krämer hervorhebt, kann der Mensch – und das macht ihn in humanistischer Perspektive allererst zum Menschen – sprachliche Äußerungen in beliebiger Menge selbst herstellen, während es sich bei Geld um ein Medium handelt, das in seiner Produktion und seinem Gebrauch fremdbestimmt ist. In Montaignes *Essais* ist diese Position literarischer Autonomie aber nur in der Um-wertung der allegorischen Rede Senecas zu haben. Hatte Seneca den klassischen Topos vom Leben als stürmischer Seefahrt[45] auf den Stoiker übertragen, der den metaphorischen Winden und Fluten nicht durch das sophistische Nachplap-pern von Philosophen, sondern durch eine kontrollierte Lebenspraxis trotze, so wendet Montaigne diese Metaphorik in eine spezifische Praxis der literarischen *imitatio*. Diese entwickelt Selbstkontrolle gerade aus variierenden Formen der Nachahmung. Die eigene Rede wird in dieser Textpassage nicht nur immer wieder als fremde, sondern sogar als fremdsprachliche Rede inszeniert. Im Wechsel der Zeiten, Kulturen und Idiome wird der verschiebende Prozess der Übertragung noch zusätzlich unterstrichen.

---

44 Vgl. hierzu auch die Formel in Kapitel III,1, »De l'utile et de l'honneste«: »Je parle au papier comme je parle au premier que je rencontre« (S. 767).

45 Zur Tradition dieses Topos vgl. Ernst Robert Curtius, *Europäische Literatur und lateinisches Mittelalter* (1948), 8. Auflage, Bern u. München 1973, S. 138-141.

Stand und Standpunkte der Bildung

Das an »Du pédantisme« anschließende Kapitel im Ersten Buch, »De l'institution des enfans«, zu dem ich abschließend noch einmal zurückkehren möchte, ist daher auch nicht nur der Frage von Bildung als Ausbildung, sondern insbesondere auch dem Problem der literarischen Identitätsstiftung über die humanistische Erfahrung von Alterität gewidmet. Diese wird als Prozess der Differenzierung auf mehreren Ebenen durchgespielt: auf der Ebene des Verhältnisses zwischen literarischem Text und dem Selbst des Verfassers; zwischen eigenem und fremdem Wissen; zwischen Gegenwart und Antike; und nicht zuletzt zwischen dem Autor der *Essais* und anderen zeitgenössischen humanistischen Autoren. Von diesen differenziert sich Montaigne insbesondere im Umgang mit antiken Autoren. In der dritten Fassung dieses Kapitels beschreibt er diesen als raffinierten Ringkampf mit den alten Meistern, von dem nicht zuletzt sein eigener Stand als *honnête homme* abhinge. In der Auseinandersetzung mit den »vieux champions« der antiken Literatur wird der Standesadel zum humanistischen Adel des Geistes:

> (c) [...] Et puis, je ne luitte point en gros ces vieux champions là, et corps à corps: c'est par reprinses, menues et legieres attaintes. Je ne m'y aheurte pas; je ne fay que les taster; et ne vais point tant comme je marchande d'aller.
>
> Si je leur pouvoy tenir palot, je serois *honneste homme*, car je ne les entreprens que par où ils sont les plus roides.
>
> De faire ce que j'ay descouvert d'aucuns, se *couvrir des armes d'autruy*, jusques à ne montrer pas seulement le bout de ses doigts, conduire son dessein, comme il est aysé aux sçavans en une matiere commune, sous les inventions anciennes rappiecées par cy par là; à ceux qui les veulent cacher et faire propres, c'est premierement injustice et lascheté, que, *n'ayant rien en leur vaillant par où se produire, ils cherchent à se presenter par une valeur estrangere*, et puis, grande sottise, se contentant par piperie de s'acquerir l'ignorante approbation du vulgaire, se descrier envers les gens d'entendement qui hochent du nez nostre incrustation empruntée, desquels seuls la louange a du poids. De ma part, il n'est rien que je veuille moins faire. *Je ne dis les autres, sinon pour d'autant plus me dire* (S. 146; Hervorh. durch Verf.)

Zudem lasse ich mich nicht auf einen regelrechten Ringkampf mit diesen alten Meistern ein, Körper gegen Körper, sondern begnüge mich mit wiederholten leichten und lockeren Vorstößen. Ich verbeiße mich nicht in sie, sondern taste sie nur ab, und ich wage mich keineswegs so weit vor, wie ich es eventuell gern täte. *Wenn ich in der Lage wäre, Ihnen im Gefecht standzuhalten, wäre ich ein Edelmann [»honnête homme«], denn ich versuche, sie gleichwohl an ihren stärksten Stellen zu fassen.*

Manche wiederum kriechen, wie ich entdeckt habe, so tief in die Rüstung andrer, bis nicht einmal die Fingerspitzen mehr herausschaun, und betreiben so ihr Vorhaben unter der Deckung des alten, aus allen Ecken und Enden zusammenge*stückelten* Gedankenguts (wie es jene leicht tun können, die über ein allgemeines Thema gut Bescheid wissen). Indem sie ihre Anleihen aber unkenntlich machen und als ihre Schöpfungen ausgeben, erweisen sie sich erstens als ungerecht und feige, da sie mangels eigener *Tapferkeit und Werte* sich mit fremden aufwerten wollen; und zweitens begehn sie so auch eine große Dummheit, weil sie sich darauf beschränken, durch ihre Täuschung den Beifall der ahnungslosen Menge zu gewinnen, auf diese Weise jedoch zugleich bei den verständigen Leuten in Verruf kommen, die über solche Leihkostüme nur die Nase rümpfen – wo doch deren Lob allein von Gewicht ist! Meinerseits gibt es nichts, das ich widerwilliger täte. Was die anderen sagen, führe ich nur an, um desto mehr über mich zu sagen (S. 81).

In der literarischen Kritik an manchen Zeitgenossen im zweiten Absatz des Zitats verbirgt sich wiederum eine soziale Polemik gegen eine Konzeption von Bildung als zweckrationaler, um nicht zu sagen opportunistischer Ausbildung des Amtsadels. Diese Rivalität zwischen der *noblesse de robe* und der *noblesse d'épée* artikuliert sich unter anderem in einer militärischen Metaphorik. Implizit weist das Bild der »armes d'autruy« humanistisches Wissen als Rüstzeug dessen aus, der sich nicht mehr durch militärische Tapferkeit, sondern durch die Investition in Bildung bewährt. Während einige – bezeichnenderweise bleiben die konkreten Zielscheiben der Kritik ungenannt – ganz und gar unter einer Rüstung antiker Texttraditionen verschwänden, geht es Montaigne, auch wenn er andere Autoren zitiert, vor allem um Selbstdarstellung: »je ne dis les autres, sinon pour d'autant plus me dire«. Dabei handelt es sich, wie das Bild des Ringkampfes verdeutlicht, um eine kämpferische Form der Selbstdarstellung, in der humanistische Tugenden und militärische Werte gewissermaßen zu einer Währung, einer »valeur«, zusammengeführt werden.

Diese Fusion von Bildung und Ökonomie, die sich in dieser Textpassage über den Kampf mit den literarischen Vorläufern vor allem in der lustvollen Ausbeutung der Polysemie von ›vaillant‹ und ›valeur‹ ausdrückt, spielt auf die prekäre Situation des traditionellen Adels in der Frühen Neuzeit an: näherhin auf die Bedrängnis einer *noblesse d'épée*, die ihre Privilegien durch den Aufstieg der ökonomisch potenten *noblesse de robe* gefährdet sieht. Dieser Wandel in der französischen Gesellschaft ist nicht zuletzt der Aneignung humanistischer Bildung durch soziale Aufsteiger geschuldet. Mit dem abfälligen »n'ayant rien en leur vaillant par où se produire, ils cherchent à se presenter par une valeur estrangere« scheint Montaigne sich hier im Namen der traditionellen militärischen Werte mit der *noblesse d'épée* zu verbünden, um gegen den Amtsadel zu polemisieren, der sich durch ökonomische Potenz und nicht durch Tapferkeit im Krieg bewährte.[46] Dies ist indes nur die Kehrseite eines Konfliktes adeliger Werte, die auf dem Markt von Ämtern und Privilegien zu beliebig variablen Tauschwerten und in den Augen der Zeitgenossen sogar zu Falschgeld mutieren.[47] In der literarischen Hybridisierung von Werten, deren Vielstimmigkeit die *Essais* in all ihrer Agonalität inszenieren[48], erweist sich die Krise adeliger Normen und Ideale nicht allein als Folge, sondern gleichzeitig als Ursache der Finanzkrise im frühneuzeitlichen Frankreich. Montaignes Spiel mit der Polysemie von ›valeur‹ performiert, wie adelige Titel und Privilegien ihren intrinsischen Wert verlieren. Sie werden damit ebenso zu einer Währung, deren Nominal- durch einen Tauschwert ersetzt zu werden droht. Bei Montaignes Plädoyer für eine nicht ökonomisch gedachte ›valeur‹ handelt es sich daher aller Wahrscheinlichkeit nach nur um eine scheinbare Solidarisierung mit der *noblesse d'épée*, die es im Lichte des ironischen Scheins zu lesen gilt.[49]

Bei Montaignes überaus zweischneidiger Parteinahme für den traditionellen Schwertadel, der zu seiner Zeit mit erheblichen Kursverlusten zu kämpfen hat, handelt es sich weniger um eine soziale Positionierung, denn vielmehr um eine Pose, die Montaigne hier und in anderen Kapiteln versuchsweise einnimmt, nicht zuletzt um signifikante Umwertungen adeliger Werte vorzunehmen oder vorzuschlagen.[50] Ähnlich hatte bereits David Quint in einem anderen Kontext argumentiert, wenn er Montaignes Posen der Nobilität in den *Essais* vor dem Hintergrund der französischen Religionskriege als ethische Stellungnahme interpretiert: »The relative parvenu and robin Montaigne adapts the pose of a traditional noble of the sword not merely out of snobbery but in order to provide a new ethical basis for the political conduct of the nobleman, a morality that teaches him the honor and nobility of yielding«.[51]

---

46 Vgl. in diesem Zusammenhang auch das Kapitel II,7, »Des recompenses d'honneur«, in dem es ebenfalls um unterschiedliche soziale, militärische und ökonomische Funktionalisierungen von Werten geht und dessen Gedankengang ebenfalls über Polysemien von ›valeur‹ entwickelt wird (vgl. S. 361).

47 Zu diesem Vergleich ›falscher Adelstitel‹ mit Falschgeld vgl. die Polemik bei Pierre d'Origny, *Le Hérault de la noblesse de France*, Paris 1875 (Originalausgabe Reims 1578), hier zitiert nach: Desan (wie Anm. 15), S. 26 f. Zu den Ambiguitäten und Ambivalenzen von ›valeur‹ bei Montaigne vgl. Desan (wie Anm. 15), S. 199 ff.

48 Theoretischer Referenzpunkt ist hier Bachtins Dialogizitätskonzept. Vgl. Michail M. Bachtin, »Das Wort im Roman«, in ders., *Die Ästhetik des Wortes*, hrsg. v. Rainer Grübel, Frankfurt a. M. 1979, S. 154-301.

49 Zum zugrunde liegenden Ironiemodell vgl. Rainer Warning, »Der ironische Schein: Flaubert und die ›Ordnung der Diskurse‹«, in: ders. (wie Anm. 31), S. 150-184.

50 Vgl. hierzu auch Elliot Schalk, *From Valor to Pedigree: Ideas of Nobility in France in the Sixteenth and Seventeenth Centuries*, Princeton 1986, S. 89 und S. 97-99.

51 Quint (wie Anm. 28), S. ix-x.

In der Tat befand sich der historische Montaigne zwischen allen Stühlen der ihn umgebenden sozialen und kulturellen Ordnung, die sein essayistisches Sprecher-Ich evoziert: Seit dem Erwerb des Adelssitzes von Montaigne im Jahr 1477 hatte seine Familie weder der klassischen *noblesse d'épée* angehört noch der aufstrebenden *noblesse de robe*. Der Adelstitel war Montaigne zugefallen, nachdem seine Familie über drei Generationen keiner Arbeit außerhalb des Familienlandsitzes nachgegangen war und daher keine Steuern bezahlt hatte. Er selbst hatte aber bis zu seinem 38. Lebensjahr durchaus Ämter in der Verwaltung von Bordeaux ausgeübt und dort später wieder als Bürgermeister fungiert.[52] Anders als bei seinem Vater, der in den Italienischen Kriegen als Soldat gekämpft hatte, ist es ungewiss, ob Michel de Montaigne jemals Waffen getragen hat.[53] Entsprechend definiert das Sprecher-Ich der *Essais* seine Position in der sozialen und ökonomischen Hierarchie hier ausschließlich über literarische Werte[54]: über ein »me dire«, das sich sowohl aus der literarischen *aemulatio* mit anderen Autoren, als auch aus der Entäußerung des Selbst an eine neue Form der literarischen Öffentlichkeit entwickelt. Das Ich, das sich über den Autorennamen Montaigne exponiert, bildet sich: in immer wieder neuen Versuchen zu schreiben, aber auch zu lesen; in *Essais*, die den Wert der Bildung aus der Fähigkeit einer kontinuierlichen Umwertung aller Werte, vor allem aber aus einer fortwährenden Disposition des eigenen Stellenwerts entwickeln. Auf diese Weise kann sich der Humanismus der *Essais* den Kursschwankungen, denen ihre Lektüren unterliegen, gleichzeitig stellen und entziehen.

---

52 Vgl. hierzu nochmals die Literaturangaben in Anm. 16 sowie Sarah Bakewell, *How to Live: A Life of Montaigne in one question and twenty attempts at an answer*, London 2011, S. 39 ff. und S. 245 ff.

53 Vgl. hierzu auch James J. Supple, *Arms Versus Letters: the Military and Literary Ideals in the »Essais« of Montaigne*, Oxford 1984, S. 52 ff.

54 Zu einer solchen »standesunabhängig gesehenen ›Realisierung‹ einer bildungsadeligen Vormacht« vgl. auch den Artikel von Andreas Mahler in dieser Ausgabe.

Pragmatiken und Ökonomien des Wissens

Christina Schaefer

Vom ›anderen‹ Wert ökonomischen Wissens in der italienischen Renaissance

Leon Battista Alberti und die *Libri della famiglia*

In der rinascimentalen Lehre von der Haushalts- und Familienführung wird der Wert des von ihr tradierten ökonomischen Wissens primär über dessen Nutzen (*utilitas*) für die Familie bestimmt. Entsprechend gehört es zu den rekurrenten Figuren des damaligen ökonomischen Schrifttums, dass das Wissen von der Haus- und Familienführung von Generation zu Generation innerhalb des Hauses selbst, d. h. vom Vater an den Sohn, weitergegeben wird. Es soll den künftigen *pater familias* instruieren, wie er – unter Anleitung und Supervision von Ehefrau, Kindern und Dienerschaft – Fortbestand und Wohlergehen der Familie sichern und mehren kann.

Diesem übergeordneten Ziel, dem künftigen Glück der Casa, ist auch Leon Battista Albertis Dialog *I libri della famiglia* (1433/34 – 1441) gewidmet, der nicht nur eine der bedeutendsten Ökonomiken der italienischen Renaissance darstellt, sondern zugleich den Anfang jenes Aufschwungs markiert, den die Schriften zum *governo della casa* bzw. zur *cura famigliare* im Italien des 15. und 16. Jahrhunderts allgemein erleben.[1] Zugleich jedoch lässt sich an Albertis Beispiel illustrieren, dass das Verfassen einer Ökonomik in Humanismus und Renaissance neben der genannten, sozusagen in der *doctrina* selbst vor- und festgeschriebenen innerfamiliären Belehrung durchaus noch einen anderen Wert entfalten bzw. vom Verfasser strategisch zu anderen (sozialen, ideellen oder wirtschaftlich-finanziellen) Zwecken eingesetzt werden konnte, beispielsweise vor dem Hintergrund humanistischer Bildungsideale und -kontexte, um das Ansehen oder die gesellschaftliche Position des Autors zu verbessern. Wie ich zu zeigen versuche, wird das Verfassen einer Ökonomik bei Alberti zu einem vielfältigen

---

1 Die bekannteste italienische Schrift zur Haushaltsführung vor Alberti ist die *Regola del governo di cura familiare* des Geistlichen Giovanni Dominici, die ca. 1400 – 1405 entstand und im 16. Jahrhundert viel rezipiert wurde (vgl. Giovanni Dominici, *Regola del governo di cura familiare*, hrsg. v. Donato Salvi, Florenz 1860). Den besten Überblick über die italienischen Ökonomiken nach Alberti gibt nach wie vor Daniela Frigo, *Il padre di famiglia. Governo della casa e governo civile nella tradizione dell'»economica« tra Cinque e Seicento*, Rom 1985.

strategischen Unterfangen. Mag damit der Fokus der Untersuchung auch auf der Ebene des äußeren Kommunikationssystems (d. h. auf der Relation von Autor, Text und Leserschaft) liegen, so wird es mir gleichwohl ganz wesentlich darum gehen, gerade jene Strategien auktorialer Selbstinszenierung und -positionierung aufzuspüren, die man am Text des Dialogs selbst feststellen kann.

1. Leon Battista Alberti, *I libri della famiglia* – Synopse

Der seit Jakob Burckhardt als Inbegriff des *uomo universale* der Renaissance geltende Humanist, Schriftsteller und Architekt Leon Battista Alberti wurde 1404 in Genua unter dem Taufnamen Battista in das große, damals im Exil befindliche Florentiner Kaufmannsgeschlecht der Alberti geboren. Er starb 1472 in Rom. Neben einem vielfältigen, sowohl auf Latein als auch in der Volkssprache verfassten Werk hinterlässt Alberti mit den *Libri della famiglia* einen der wichtigsten volkssprachlichen Dialoge des Quattrocento. Der Text besteht aus insgesamt vier Büchern, von denen die ersten drei um 1433/34 entstanden sind, das vierte einige Jahre später.[2] Das Buch IV, *De amicitia*, veröffentlichte Alberti 1441 anlässlich des von ihm selbst initiierten volkssprachlichen Dichterwettstreits in Florenz, dem *Certame coronario*, der gleichfalls dem Thema Freundschaft gewidmet war.[3] Adressiert war dieses Buch »al Senato e al popolo fierentino [sic]«, an den Senat und das Volk von Florenz.[4]

Eine Besonderheit des Dialogs ist, dass Alberti in ihm ausschließlich Mitglieder seiner eigenen Familie, inklusive seiner selbst, als Sprecher auftreten lässt. Die Rahmenerzählung präsentiert diverse (männliche) Mitglieder der Familie Alberti, die im Jahr 1421 in Padua im Haus des todkranken Lorenzo, dem Vater des Autors, zusammenkommen und über ökonomische Fragen diskutieren: *Von den wechselseitigen Pflichten der Älteren und Jüngeren sowie von der Kindererziehung* (Buch I), *Von der Ehe* (Buch II), *Von der Haushaltsführung* (Buch III) und *Von der Freundschaft* (Buch IV). Die Hauptsprecher, darunter der 17-jährige Battista als das jugendliche Alter Ego des Autors, gehören drei verschiedenen Generationen an: Battista vertritt zusammen mit seinem Bruder Carlo die Ju-

---

2 Die Manuskripttradition deutet allerdings darauf hin, dass Buch III zunächst unabhängig von Buch I und II entstanden und zirkuliert ist. Vgl. Francesco Furlan, »Nota al testo«, in: Leon Battista Alberti, *I libri della famiglia*, hrsg. v. Ruggiero Romano und Alberto Tenenti, neu hrsg. von Francesco Furlan, Turin 1999, S. 429-478, hier S. 438-446, insb. S. 441.

3 Zum *Certame coronario*, den Teilnehmern sowie präsentierten Werken vgl. die Dokumentation in: Leon Battista Alberti, *Opere volgari*, Bd. 1, hrsg. von Anicio Bonuccio, Florenz 1843, S. CLXVII-CCXXXIV.

4 Diese Widmung ist im Kodex O (Codice Ottoboniano lat. 1481) der Biblioteca Vaticana enthalten. Vgl. Furlan (wie Anm. 2), S. 434.

gend; der 30-jährige Lionardo und der ›etwas ältere‹ Adovardo repräsentieren die mittlere, Vater Lorenzo sowie Giannozzo und Piero die ältere Generation. Die Rahmenhandlung verlegt die Szene in die seinerzeit jüngere Vergangenheit, kurz vor den Tod Lorenzos (gestorben 1421 in Padua), und damit in jene Zeit, als die Alberti sich aufgrund ihrer Verbannung aus Florenz (1401 – 1428) noch im Exil befanden. Diese Zeit des Exils, eigentlich eine Zeit der Krise, erscheint im Text jedoch bezeichnenderweise als eine glückliche Zeit, nämlich eine der familiären Eintracht (darauf ist zurückzukommen).

Albertis Vorwort zufolge dient der Dialog zunächst einmal (gewissermaßen ›typisch ökonomisch‹) dazu, die jüngeren Familienmitglieder (»giovani Alberti«) über die Familienführung zu belehren. Sie sollen lernen, Glanz und Ehre der Casa zu erhalten und Schicksalsschläge zu meistern; dazu sollen sie den Ratschlägen ihrer exzellenten Vorfahren aufmerksam zuhören:

> E così prego anche voi giovani Alberti meco, come fate, facciate; proccurate el bene, accrescete lo onore, amplificate la fama di casa nostra, e ascoltate a quello e' passati nostri Alberti, uomini studiosissimi, litteratissimi, civilissimi, giudicavano verso la famiglia doversi, e ramentavano si facesse.[5]

Einiges deutet nun aber darauf hin, dass Alberti mit den *Libri della famiglia* noch weitere Ziele verfolgt. Wie ich im Folgenden zeigen will, versucht er, mit dem Text sein Ansehen in Humanistenkreisen zu erhöhen, die Volkssprache zu nobilitieren, die gesellschaftliche Reputation seiner ehemals verbannten Familie in Florenz wiederherzustellen, seine in sich zerstrittene Familie zu versöhnen sowie seinen eigenen Status als illegitimer Sohn innerhalb der Familie zu verbessern.

2. Humanistisches *self-fashioning* und Nobilitierung der Volkssprache

Dass Alberti mit den *Libri della famiglia* sein Ansehen in Humanistenkreisen erhöhen wollte, zeigt schon die Publikation von Buch IV im Kontext des *Certame coronario*. Der Wunsch nach Partizipation an humanistischen Diskursen und den typischen *imitatio*- und *aemulatio*-Strategien in Bezug auf die antiken Modellautoren ist aber auch dem Text des Dialogs selbst eingeschrieben. Buch III beispielsweise wird von Alberti im Widmungsschreiben explizit als eine *imitatio* von Xenophons *Oikonomikos* ausgewiesen.[6]

---

5 Leon Battista Alberti, *I libri della famiglia*, hrsg. v. Ruggiero Romano und Alberto Tenenti, neu hrsg. v. Francesco Furlan, Turin 1999, S. 14, Z. 326-331. Im Folgenden wird aus dieser Ausgabe unter Angabe der Sigle A, des Buchs, der Seiten- sowie Zeilenzahl zitiert.

6 Er wolle, schreibt Alberti dort, »imitare quel greco dolcissimo e suavissimo scrittore Senofonte« (A III, Proemio, S. 191, Z. 122 f).

Zudem treten in Buch I zwei Familienmitglieder, Lionardo und Adovardo, in eine in den häuslichen Rahmen verlegte *disputatio* ein. Beide Sprecher demonstrieren damit ihre humanistische Bildung, geben sie doch explizit an, keine echte, d. h. scholastisch-universitäre, sondern nur eine ›häusliche‹ Disputation zu pflegen – und diese ist deutlich an dem von Leonardo Bruni geprägten humanistischen Modell des Disputierens orientiert. Sie wollen, heißt es einerseits, zwar so tun, als ob sie in einer öffentlichen Schule disputierten, wo man sich bemühe, ebenso subtil und geistreich wie reich an Bildung (*lettere*) und Wissen (*dottrina*) zu erscheinen.[7] Andererseits jedoch, und dies ist entscheidend, lockern sie die üblicherweise strengen Disputationsregeln mit der Begründung, dass es sich um ein häuslich-privates Gespräch (»ragionare domestico e familiare«) handele: »Qui tra noi sia licito questo parlare più libero, non tanto pesato, non ridutto a sì ultima lima quanto forse altri desidererebbe.«[8] Zur Autorisierung dieser gelockerten Diskursregeln berufen sie sich explizit auf die Flexibilität (»flessibil[ità]«) der Rede, wie sie Cicero formuliert habe.[9] Dieser Rekurs auf Cicero zeigt deutlich, dass Alberti hier an das lateinhumanistische Modell Leonardo Brunis anknüpft, der den *disputatio*-Begriff unter Verweis auf Ciceros weites Verständnis von *disputare* schon zu Beginn des Quattrocento mit einer vergleichsweise regellosen Form humanistischen Debattierens assoziiert hatte.[10]

Dass bei diesem häuslichen Streitgespräch keineswegs nur ein genuin ökonomisches, sondern zugleich ein durch und durch humanistisches Bildungsideal auf dem Spiel steht, zeigen Lionardo und Adovardo zudem durch den explizit formulierten Anspruch, den anwesenden Nachwuchs der Familie, die *giovani* Battista und Carlo Alberti, in den *lettere* unterrichten zu wollen – also dem humanistischen Bildungsideal schlechthin: »E' mi giova lodare qui a questi giovani, Adovardo in tua presenza, le lettere, a cui quelle sommamente piacciono«.[11]

Hinzu kommt, dass nicht nur den bei dieser Disputation Anwesenden die *lettere* ›aufs Höchste gefallen‹, wie es hier heißt; Alberti stellt seine Familie generell als hochgebildet dar. Schon im Prolog vermerkt er, praktisch alle Alberti seien

---

7 Vgl. »come se noi in presenza di molti nelle pubbliche e famose scuole disputassimo ove sogliono non meno curare di parere sottili e acuti d'ingegno, che copiosi di lettere e di dottrina« (A I, S. 75, Z. 1759-1762).

8 Ebd., Z. 1762-1765.

9 Vgl. A II, S. 102, Z. 29.

10 Zu Brunis Usurpation des *disputatio*-Begriffs vgl. Anita Traninger, *Disputation, Deklamation, Dialog. Medien und Gattungen europäischer Wissensverhandlungen zwischen Scholastik und Humanismus*, Stuttgart 2012, S. 256-263, insb. S. 261 f. Zu einer detaillierten Analyse der ›häuslichen Disputation‹ bei Alberti vgl. Christina Schaefer, »*Ragionare domestico e familiare*. Formen gelehrter häuslicher Konversation in Leon Battista Albertis *Libri della famiglia*«, in: Marc Föcking u. Michael Schwarze (Hgg.), *Relazioni e relativi – Genealogie, famiglie, parentele. Akten des Deutschen Italianistentags Erlangen 2014*, Heidelberg (ersch. vorauss. 2017).

11 A I, S. 87, Z. 2065-2067.

»uomini studiosissimi, litteratissimi, civilissimi« gewesen.[12] Und auch im Verlauf der Gespräche selbst wird regelmäßig und ohne Einschränkungen die Exzellenz der Alberti gelobt. Exemplarisch ist hierfür das folgende Enkomion Lionardos, das, beginnend mit derjenigen der Großväter, alle nachfolgenden Generationen umfasst und, wie der letzte Satz belegt, auch mit Eigenlob nicht spart:

> Tutti e' nostri Alberti quasi sono stati molto litterati. Messer Benedetto fu in filosofia naturale e matematice riputato, quanto era, eruditissimo; messer Niccolaio diede grandissima opera alle sacre lettere, e tutti e' figliuoli suoi non furono dissimili al padre: come in costumi civilissimi e umanissimi così in lettere e dottrina ebbono grandissimo studio in varie scienze. Messer Antonio ha voluto gustare l'ingegno e arte di qualunque ottimo scrittore, e ne' suoi onestissimi ozii sempre fu in magnifico essercizio, e già ha scritto l'*Istoria illustrium virorum*, insieme e quelle contenzioni amatorie, ed è, come vedete, in astrologia famosissimo. Ricciardo sempre si dilettò in studii d'umanità e ne' poeti. Lorenzo a tutti è stato in matematici e musica superiore. Tu, Adovardo, seguisti buon pezzo gli studii civili in conoscere quanto in tutte le cose vogliano le leggi e la ragione. Non ramento gli altri antichi litteratissimi, onde la nostra famiglia già prese il nome. Non mi stendo a lodare messer Alberto, questo nostro lume di scienza e splendore della nostra famiglia Alberta, del quale mi pare meglio tacere poiché io non potrei quanto e' qui merita magnificarlo. E né dico degli altri giovinetti, de' quali io spero alla famiglia nostra qualche utile memoria. E sonci io ancora il quale mi sono sforzato essere non ignorante.[13]

Dass der hohe Bildungsgrad hier von Alberti als symbolisches Kapital genutzt und zur sozialen Distinktion eingesetzt wird, ist offensichtlich. Die Alberti, so das Signal, gehören zu jenen Kaufmannsgeschlechtern von allerhöchstem Rang und Einfluss, die sich eine derartige Bildung überhaupt leisten können, da sie über die zum Studium der *lettere* notwendige Muße verfügen. Zugleich soll von diesem Glanz der Casa freilich auch etwas auf den Verfasser der *Libri della famiglia* abfallen: Anschaulich führt der Dialog vor, wie der junge Battista bereits von Haus aus ›literarisiert‹ wird und schon in jungen Jahren sein Talent als künftiger großer Gelehrter erweist.

Nun nimmt freilich Alberti innerhalb des humanistischen Diskurses insofern eine Sonderstellung ein, als er sich im Unterschied zur Mehrzahl seiner Kollegen entschieden für eine Aufwertung der Volkssprache als literarischer Sprache einsetzte. Auch die *Libri della famiglia* verbinden sich mit diesem Projekt der Nobilitierung des *volgare*. Textextern zeigt sich dies an der Publikation von

---

12 A Prologo, S. 14, Z. 330.
13 A I, S. 84 f, Z. 1996-2018.

Buch IV anlässlich des *Certame coronario*, der ausdrücklich der Aufwertung der Volkssprache dienen sollte. Textintern wird es zum Beispiel deutlich, wenn Alberti gelehrte Diskurse wie die Disputation, die üblicherweise auf Latein gepflegt wurden, ins *volgare* transponiert. Zudem enthält das Proöm zu Buch III eine lange Rechtfertigung der Volkssprache, mit dem Argument, dass auch die Römer nicht in einer fremden Sprache, sondern ihrer Muttersprache Latein geschrieben hätten, und zwar um eine möglichst breite Leserschaft zu erreichen.[14] Die Erreichbarkeit der (primären) Adressaten ist auch das Argument, das in der anonymen, gemeinhin aber Alberti selbst zugeschriebenen *Vita* (ca. 1438) vorgebracht wird: Alberti habe die *Libri della famiglia* in der Volkssprache geschrieben, weil seine Verwandten, d. h. die im Prolog ausgewiesenen Adressaten, kein Latein beherrschten.[15]

Im Rückblick scheinen beide Unterfangen, Albertis *self-fashioning* als Humanist und die Nobilitierung des *volgare*, gelungen. Aus heutiger Sicht gelten die *Libri della famiglia* als wegweisend für den Aufschwung des *volgare* sowie für den Vulgärhumanismus des Quattrocento, und ihr Verfasser zählt zu den bedeutendsten Humanisten seiner Zeit.[16] Zeitgenössisch hingegen hat sich Alberti offenbar nur wenig Freunde mit seinem Dialog und dem damit verbundenen Versuch der Nobilitierung der Volkssprache gemacht. Die Publikation von Buch IV im Oktober 1441 wurde, so Francesco Furlan, von der humanistischen Elite und insbesondere Leonardo Bruni als Attacke auf die zeitgenössische humanistische Kultur empfunden: Albertis Schriften seien daraufhin zensiert und einer wei-

---

14 Vgl. A III, Proemio, S. 189 f, Z. 64-71.

15 Vgl. Leon Battista Alberti, *Vita*, lat.-dt., hrsg. u. eingeleitet von Christine Tauber, übers. und kommentiert v. dies. u. Robert Cramer, Frankfurt a. M. u. Basel 2004, S. 40-42. Die Forschung schreibt die Autorschaft der *Vita* heute, in Nachfolge der Studien von Watkins und Fubini u. Menci Gallorini, überwiegend Alberti selbst zu. Vgl. Renée Watkins, »The Autorship of the *Vita Anonyma* of Leon Battista Alberti«, in: *Studies in the Renaissance* 4 (1957), S. 101-112; Riccardo Fubini u. Anna Menci Gallorini, »L'autobiografia di Leon Battista Alberti. Studio e edizione«, in: *Rinascimento* 12 (1972), S. 21-78. Eine hiervon abweichende Auffassung vertritt Karl A. E. Enenkel, »Der Ursprung des Renaissance-Übermenschen (*uomo universale*): die ›Autobiographie‹ des Leon Battista Alberti (1438)«, in: ders. (Hg.), *Die Erfindung des Menschen. Die Autobiographik des frühneuzeitlichen Humanismus von Petrarca bis Lipsius*, Berlin u. New York 2008, S. 189-228. Auch ungeachtet der Autorschaftsfrage sind die in der *Vita* erwähnten, vermeintlichen ›Fakten‹ freilich mit Vorsicht zu genießen, da sie in jedem Fall eine spezifische Formung, wenn nicht Deformierung der zeitgenössischen Realität darstellen.

16 Vgl. etwa Frank-Rutger Hausmann u. Volker Kapp, »Quattrocento«, in: Volker Kapp (Hg.), *Italienische Literaturgeschichte*, 3., erweiterte Aufl., Stuttgart u. Weimar 2007, S. 87-113, hier S. 98. Dass das von Jakob Burckhardt verbreitete Bild von Alberti als *uomo universale* der Renaissance im Wesentlichen auf einer einzigen Quelle, nämlich Albertis *Vita* selbst, basiert, hat unlängst Karl Enenkel herausgestellt. Vgl. Enenkel (wie Anm. 15), S. 190.

teren Verbreitung entzogen worden.[17] Dies erkläre, so Furlan, weswegen viele von Albertis Schriften, darunter die *volgare*-Dialoge, erst im 19. Jahrhundert erstmals gedruckt worden seien. Dass das Bemühen um die Volkssprache keine ausreichende Unterstützung in den entscheidenden Kreisen der Gelehrten fand, zeigt außerdem die Tatsache, dass die Jury des *Certame coronario* den Preis gar nicht erst vergeben hat, weil sie keines der Werke für preiswürdig befand.[18] Damit war zumindest vorerst die Idee gescheitert, volkssprachliche Texte könnten in den Rang der lateinischen aufsteigen.

3. Wiederherstellung des Ansehens der Casa Alberti in Florenz

Neben den Humanistenkollegen zielt Alberti aber mit den *Libri della famiglia* noch auf ein weiteres Publikum: die Stadt Florenz und alle jene, die in ihr Macht und Einfluss besitzen. Dies zeigt schon die Widmung von Buch IV ›an den Senat und das Volk von Florenz‹.[19] Aber auch die anderen Bücher scheinen implizit an diese Florentiner Öffentlichkeit gerichtet, wenn man bedenkt, welch überaus idealisierendes, ja glorifizierendes Bild der Casa Alberti der Dialog zeichnet und dabei immer wieder betont, dass den Alberti durch die Verbannung aus Florenz Unrecht geschah. Dieses Bild steht nun in gewissem Kontrast zur historischen Wirklichkeit: Zumindest in Florenz genossen die Alberti keineswegs mehr die unbestrittene Reputation und herausgehobene Stellung, die ihnen im Dialog zugeschrieben werden. Die politische Verbannung aus der Heimatstadt war erst 1428 und damit nur wenige Jahre vor Abfassung der *Libri della famiglia* aufgehoben worden, und Alberti selbst befand sich zu Beginn der 1430er Jahre noch am Beginn seiner Karriere und konnte zu diesem Zeitpunkt keineswegs auf eine unumstrittene gesellschaftliche Stellung zurückblicken.[20] Erst 1432 hatte er, nach diversen Jahren als armer Student, ein Kirchenamt als apostolischer Abbreviator erhalten, das ihm zumindest ein regelmäßiges Einkommen sicherte.[21]

---

17 Francesco Furlan, »»Io uomo ingegnosissimo trovai nuove e non prima scritte amicizie‹. (*De familia*, IV 1369 – 1370): Ritorno sul libro *de Amicitia*«, in: Alberto Beniscelli u. Francesco Furlan (Hgg.), *Leon Battista Alberti (1404 – 1472) tra scienze e lettere: Atti del Convegno organizzato in collaborazione con la Société Internationale Leon Battista Alberti (Parigi) e l'Istituto Italiano per gli Studi Filosofici (Napoli), Genova, 19-20 novembre 2004*, Genua 2005, S. 327-340, hier S. 340.

18 Vgl. Alberti (wie Anm. 3), S. CLXVIII.

19 Vgl. oben Anm. 4.

20 Zum Exil der Alberti vgl. Susannah Foster Baxendale, »Exile in practice: the Alberti family in and out of Florence 1401 – 1428«, in: *Renaissance Quarterly* 44 (1991), S. 720-756.

21 Zu Albertis Lebenslauf vgl. Cecil Grayson, »Alberti, Leon Battista«, in: *Dizionario Biografico degli Italiani* 1 (1960), http://www.treccani.it/enciclopedia/leon-battista-alberti_(Dizionario-Biografico)/, zuletzt aufgerufen am 21.11.2016.

Es scheint also, als ginge es Alberti mit den *Libri della famiglia* auch darum, den beschädigten Ruf der Familie wiederherzustellen, denn ihre Mitglieder werden bei jeder sich bietenden Gelegenheit für ihre Exzellenz und Tugendhaftigkeit (*virtù*) gelobt und sämtlich als von jedermann höchst geschätzte und geachtete Mitbürger dargestellt. Zu diesem Ansinnen, das familiäre (und zugleich eigene) Ansehen in der alten Heimat wiederherzustellen, passt auch, dass Alberti in den 1430er Jahren wiederholt versucht haben soll, sich in Florenz zu etablieren.[22]

In den *Libri della famiglia* lassen sich entsprechend eine Reihe von Textstrategien ausmachen, die offensichtlich dazu gedacht sind, die Reputation der Casa zu erhöhen. Dazu gehört die Glorifizierung einzelner Familienmitglieder genauso wie die scheinbar beiläufig erwähnte Genealogie, die all jene Alberti nennt, die sich im 14. Jahrhundert als »cavalieri« im zivilen Dienst um die Stadt Florenz, d. h. insbesondere im Magistrat, verdient gemacht haben.[23] Neben diesem politischen Bereich markiert Alberti weitere sozio-ökonomische Felder als Einflussbereich der Casa: den Bereich humanistischer Bildung und Gelehrsamkeit haben wir bereits erwähnt. Bemerkenswert ist darüber hinaus der höfische Kontext: Um zu demonstrieren, dass seine Familie auch bei Hofe ›mitmischt‹ und über Kontakte bis in die mächtigsten Fürstenhäuser verfügt, lässt Alberti Piero, den *cortigiano* der Familie, im Modus geselliger höfischer Konversation Anekdoten aus seinem Hofmannslebens, genauer: von seiner Freundschaft mit drei großen Herrschern (Herzog Gian Galeazzo Visconti von Mailand, König Ladislaus von Neapel und Papst Johannes XXIII.) erzählen.[24]

Alberti vernachlässigt aber auch die ureigenen Betätigungsfelder der Casa nicht: Handel und Geldgeschäfte, die er als moralisch unzweifelhafte Erwerbsquellen rechtfertigen lässt. Diese Rechtfertigung ist bemerkenswert, denn sie richtet sich gegen die zeitgenössisch noch virulente Kritik mittelalterlicher Theologen, die die Kaufleute grundsätzlich der Todsünde des Wuchers (*usura*) verdächtigten. Die Kaufleute, so der theologische Vorwurf, verdienten Geld mit etwas, das ihnen nicht gehöre: der Zeit, die alleiniges Eigentum Gottes sei.[25] Dem hält nun Lionardo entgegen, es sei ein Irrtum zu glauben, dass Handel

---

22 Bekannt sind Aufenthalte von Juni 1434 bis April 1436 sowie von 1439 bis 1443. Vgl. ebd.

23 Zu der Genealogie vgl. A III, S. 210-212, Z. 540-578, hier zitiert S. 211, Z. 559. Zur Interpretation dieser Passage vgl. bereits Christiane Klapisch-Zuber, »Une généalogie et ses choix: réflexions autour d'un passage des livres de la famille«, in: Francesco Furlan, Pierre Laurens u. Sylvain Matton (Hgg.), *Leon Battista Alberti. Actes du congrès international de Paris (Sorbonne, Institut de France, Institut culturel italien, Collège de France), 10-15 avril 1995*, 2 Bde., Turin 2000, Bd. 1, S. 143-149.

24 Vgl. A IV, S. 331-347, Z. 262-681.

25 Vgl. Jacques Le Goff, »Au Moyen Âge: temps de l'Église et temps du marchand«, in: *Annales. Économies, Sociétés, Civilisations* 15:3 (1960), S. 417-433.

und Geldgeschäften etwas Unehrenhaftes anhafte. Zwar gebe es ›höhere‹ Tätigkeiten, doch sei der Erwerb von Reichtum keineswegs zu verachten. Nicht nur für das Wohl der Familien, sondern auch für das des Staates sei er überaus nützlich (»utilissimo«):

> Ma costoro, quali così giudicano di tutti gli essercizii pecuniarii, a mio parere errano. Se l'acquistare ricchezza non è glorioso come gli altri essercizii maggiori, non però sarà da spregiar colui el quale non sia di natura atto a ben travagliarsi in quelle molto magnifiche essercitazioni, se si trametterà in questo al quale essercizio conosce sé essere non inetto, e quale per tutti si confessa alle republice essere molto e alle famiglie utilissimo.[26]

Lionardo argumentiert hier also mit dem auf das Gemeinwohl gewendeten ökonomischen Ideal der *utilità* und damit letztlich mit einem politischen Argument: der Staatsräson. Er führt dies in der Folge weiter aus: Ohne die Reichtümer der Privatleute vermöge heutzutage kein Staat mehr seine Söldner zu bezahlen oder seine Herrschaft zu vergrößern.[27] Und gerade in diesem Sinne seien die Alberti der Heimatstadt Florenz in der Vergangenheit höchst nützlich gewesen, hätten sie doch vor der Verbannung einen beträchtlichen Teil (genauer: ein Zweiunddreißigstel) des florentinischen Staatsetats gestellt.[28] Um sie vom *usura*-Verdacht freizusprechen, stellt Lionardo sie zudem als absolut ehrliche, rechtschaffene Kaufleute dar, die ihr Vermögen von jeher nur auf tugendhafte Weise verdient hätten.[29]

Albertis moralische Rechtfertigungsstrategie gipfelt schließlich in Buch III in Giannozzos Redefinition des Eigentumsbegriffs, in deren Zuge er den Zeitbegriff säkularisiert und damit dem auf einem theologischen Zeitkonzept beruhenden *usura*-Vorwurf den Boden entzieht. Drei Dinge, argumentiert Giannozzo, könne der Mensch sein Eigen nennen: den Geist (*l'animo*), den Körper (*il corpo*) und die Zeit (*il tempo*). Letztere sei ein sehr wertvolles Gut (»[c]osa preziosissima«), das in jedem Fall dem Menschen gehöre, vorausgesetzt, er wolle über sie verfügen (»non in modo alcuno può quella essere non tua, pure che tu la voglia

---

26 A II, S. 173 f, Z. 2104-2111.

27 »E sono negli ultimi casi e bisogni alla patria le ricchezze de' privati cittadini, come tutto el dì si truova, molto utilissime. Non si può sempre nutrire chi coll'arme e sangue difenda la libertà e dignità della patria solo con stipendii del publico erario; né possono le republice ampliarsi con autorità e imperio sanza grandissima spesa.« (Ebd., S. 174, Z. 2115-2120).

28 Vgl. ebd., S. 175, Z. 2144-2149.

29 Zur Rechtschaffenheit der Alberti vgl.: »Imperoché mai ne' traffichi nostri di noi si trovò chi ammettesse bruttezza alcuna« (ebd., S. 175, Z. 2139 f); »Mai fu nella famiglia nostra Alberta chi ne' traffichi rompesse la fede e onestà debita, el quale onestissimo costume, quanto veggo, in la famiglia nostra Alberta sempre s'osserverà, tanto veggo e' nostri uomini non avari al guadagno, non ingiusti alle persone, non pigri alle faccende« (ebd., S. 176 f., Z. 2188-2193).

essere tua«).[30] Nur, wenn er sie nutzlos verstreichen lasse, gehe sie verloren (»chi lascia transcorrere l'una ora doppo l'altra oziosa sanza alcuno onesto essercizio, costui certo le perde«).[31] Diese aus theologischer Sicht prekäre Vorstellung sichert Giannozzo bezeichnenderweise durch Berufung auf eine *theologische* Autorität ab: Er habe diese Ideen von einem Priester, der einmal im Hause Alberti zu Gast gewesen sei.[32] Weil er, der ungebildete Giannozzo, den komplizierten theologischen Ausführungen des Priesters in der Sache nicht recht habe folgen können, habe er sich – mit Blick auf die Praxis – aus dem Gehörten selbst eine Doktrin zurechtgelegt: Sie lehre, wie der Mensch mit seinen drei Besitztümern, Körper, Geist und Zeit, haushalten solle.[33] Für seine ›von Philosophen nie gehörten, in keinem Buch nachlesbaren‹ Weisheiten erntet Giannozzo den Beifall seiner Zuhörer.[34] Völlig ungeniert wird hier also eine ursprünglich theologische Argumentation kaufmännisch überformt und damit säkularisiert.

Damit nicht genug, werden die Alberti an anderer Stelle des Textes als den Klerikern moralisch überlegen ausgewiesen. Während die Alberti ausnahmslos als tugendhafte Staatsbürger erscheinen, die ihren redlich erworbenen Reichtum im Sinne des Gemeinwohls investieren, werden die Kleriker als habgierig, ausschweifend und korrupt dargestellt. Mit scharfen Worten kritisiert Giannozzo in Buch IV die Gier und Prunksucht der Priester: »e' preti ancora sono cupidissimi, […] vogliono tutti soprastare agli altri di pompa e ostentazione; […] sono incontinentissimi, e, senza risparmio o masserizia, solo curano satisfare a' suoi incitati apetiti«.[35] Und Piero berichtet seinerseits, wie Papst Johannes XXIII. einst den Alberti aus reiner Habgier die legendäre Summe von 80.000 Goldstücken abpresste.[36] Die Inversion der Rollen ist offensichtlich: Nicht die Kaufleute sind

---

30 A III, S. 207, Z. 429-434.

31 Ebd., S. 208, Z. 456-458.

32 Den Namen des Priesters nennt Giannozzo nicht. Möglicherweise spielt Alberti an dieser Stelle auf Giovanni Dominici und die ersten drei Teile von dessen *Regola del governo di cura famigliare* (wie Anm. 1) an: *anima, corpo, beni temporali.* Dominicis Traktat ist Bartolomea Alberti, der Tante Albertis und Ehefrau Antonio Albertis, gewidmet.

33 Zu Albertis origineller Behandlung von Konzepten wie Zeit, Geld etc. vgl. Ruggiero Romano u. Alberto Tenenti, »Introduzione«, in: Alberti (wie Anm. 5), S. IX-XL, hier S. XI-XXII; Massimo Danzi, »›In bene e utile della famiglia‹: appunti sulla precettistica albertiana del governo domestico e la sua tradizione«, in: Luca Chiavoni (Hg.), *Leon Battista Alberti e il Quattrocento: studi in onore di Cecil Grayson e Ernst Gombrich. Atti del convegno internazionale, Mantova, 29-31 ottobre 1998,* Florenz 2001, S. 107-140, hier S. 117-129.

34 Vgl. A III, S. 208, Z. 470-473. Äußerst säkular erscheinen auch Giannozzos Fürbitten. Dass er Gott um ausschließlich weltliche Güter bittet (»sanità, vita, e buona fortuna, bella famiglia, oneste ricchezze, buona grazia e onore tra gli uomini«), provoziert selbst Adovardo zu einer kritischen Nachfrage: »Sono queste le preghiere quali porgete a Dio?« (Ebd., S. 298, Z. 3126-3130).

35 A IV, S. 347 f, Z. 693-703.

36 Vgl. ebd., S. 344, Z. 603-612.

hier die habgierigen Wucherer, sondern die Kleriker selbst. Auch dadurch soll der *usura*-Vorwurf gegen die Händler entkräftet werden. Schließlich wird sogar Gott selbst als Garant für die moralische Integrität der Alberti ins Feld geführt, wenn Lionardo ihren wirtschaftlichen Erfolg und ihre Tugendhaftigkeit nicht allein als Ergebnis menschlicher Klugheit, sondern als ›Auszeichnung Gottes‹ (»premio d'Iddio«) preist.[37]

Es sollte deutlich geworden sein, wie Alberti mit verschiedenen Textstrategien versucht, das Ansehen seiner Familie als humanistisch gebildete, politisch wie wirtschaftlich einflussreiche und zugleich höchst tugendhafte Kaufleute in Florenz (und darüber hinaus) zu stärken bzw. wiederherzustellen.

Tatsächlich sind die Alberti jedoch nie wieder zu ihrer einstigen Macht und Größe aufgestiegen. Auf wirtschaftlicher Ebene war daran nicht zuletzt der Bankrott einiger Filialen des Alberti'schen Familienunternehmens gegen Ende der 1430er Jahre schuld. Und auch auf der Ebene politischer Aktivitäten blieb der Einfluss der Alberti beschränkt. So war es ihnen in den ersten Jahren nach Aufhebung der Verbannung noch verboten, öffentliche Ämter in Florenz zu bekleiden. Dies änderte sich erst mit dem Sturz Rinaldo Albizzis und der Rückkehr des von diesem verbannten Cosimo de' Medici im Jahr 1434. Cosimo fand in den Alberti offenbar Verbündete gegen die Albizzi[38], denn unmittelbar nach Cosimos Rückkehr wurden einige Alberti in nicht ganz unbedeutende Ämter erhoben.[39] Jedoch konnten sich langfristig nur sehr kleine Teile der Familie in der Gunst der Medici und damit in politischen Ämtern halten, sodass sie insgesamt nicht mehr an die Macht und den Einfluss anknüpfen konnten, die sie in der Zeit vor dem Exil, in der zweiten Hälfte des Trecento, besessen hatten.[40]

Es bleibt die Frage, welchen Beitrag die *Libri della famiglia* für die Wiederherstellung des politisch-ökonomischen Einflusses der Alberti in Florenz gespielt haben könnten. Angesichts des strikten Machtkalküls der damals in Florenz um die Herrschaft ringenden Geschlechter steht zu vermuten, dass ›harte‹ wirtschaftliche, finanzielle und politische Interessen im Zweifelsfall mehr ins Gewicht fielen als literarische Interventionen. Darauf deutet zumindest der Umstand hin, dass es den Medici offenbar gleichgültig war, dass sich der von ihnen zum Beigeordneten

---

37 A II, S. 177, Z. 2193-2195.

38 Ein Grund hierfür könnten die bis ins Trecento zurückreichenden Feindseligkeiten zwischen den Alberti und den Albizzi gewesen sein. Vgl. hierzu Foster Baxendale (wie Anm. 20), S. 722 ff.

39 Vgl. Luca Boschetto, »I libri della *Famiglia* e la crisi delle compagnie degli Alberti negli anni Trenta del Quattrocento«, in: Francesco Furlan, Pierre Laurens u. Sylvain Matton (Hgg.), *Leon Battista Alberti: actes du congrès international de Paris (Sorbonne, Institut de France, Institut culturel italien, Collège de France), 10-15 avril 1995*, 2 Bde., Turin 2000, Bd. 1, S. 87-131, hier S. 92.

40 Vgl. ebd., S. 93.

des Magistrats (*arroto della balìa*) ernannte Francesco d'Altobianco Alberti in seinen Dichtungen gegen sie positioniert hatte: Aus seinem Amt musste er erst weichen, als er insolvent war.[41]

4. Versöhnung der zerstrittenen Familie und Verbesserung von Albertis eigener familiärer Position

Abschließend gilt es, die *Libri della famiglia* noch einmal hinsichtlich ihrer Ausrichtung auf ihre primäre Adressatengruppe zu betrachten: die Familie Alberti selbst. Diese war nämlich zum Zeitpunkt der Abfassung des Dialogs in einem deutlich weniger harmonischen Zustand, als man aufgrund der textuellen Darstellung (die sich freilich auf das Jahr 1421 bezieht) vermuten könnte. Ich komme damit auf die eingangs erwähnte familiäre Eintracht zurück, die dem Dialog zufolge die Casa Alberti selbst in einer so schweren Krise wie der des Exils auszeichnet, und greife zu ihrer Interpretation die in der Alberti-Forschung weithin akzeptierte These auf, dass Alberti mit dem präsentierten Ideal einer solidarischen Casa nicht zuletzt darauf abzielte, die seinerzeit zerstrittene Familie zu versöhnen sowie seine eigene, prekäre Position in ihr zu verbessern.[42]

Worin die familiären Streitigkeiten bestanden, kann ich hier nur andeuten. Zum einen wurde die Eintracht der Casa Alberti in den 1430er Jahren durch eine schwere finanzielle Krise diverser Filialen des Familienunternehmens, die sogenannte »crisi delle compagnie«, tief erschüttert.[43] Die Protagonisten dieser Krise, die sich zwischen 1436 und 1439 ereignet hat, waren Albertis Cousins Antonio di Ricciardo und Benedetto di Bernardo Alberti, die die Londoner und Brügger Filialen sowie die von diesen abhängigen Dependancen in Köln und Basel leiteten. Zwischen diesen beiden und einem weiteren als Sozius fungierenden Cousin, Francesco d'Altobianco Alberti (dem Alberti sein Buch III *Della famiglia* widmet), kam es schließlich zum Zerwürfnis. Zu der ernüchternden Bilanz dieser schweren Krise gehörten die Flucht und der Tod Benedettos sowie der wirtschaftliche Ruin Antonios und Francescos.

Zum Verständnis der *Libri della famiglia* mögen allerdings, schon aufgrund der zeitlichen Abfolge, jene Streitigkeiten noch zentraler gewesen sein, die den jungen Alberti selbst von seinen Verwandten entzweiten, und zwar von jenen Verwandten, die ihm und seinem Bruder Carlo nach dem Tod ihres Vaters im

---

41 Vgl. ebd.
42 Vgl. zu dieser These bereits Romano u. Tenenti (wie Anm. 33), S. XXIX; sowie grundlegend Thomas Kuehn, »Reading between the Patrilines: Leon Battista Alberti's *Della famiglia* in Light of His Illegitimacy«, in: *I Tatti Studies: Essays in the Renaissance* 1 (1985), S. 161-187.
43 Vgl. hierzu und zum Folgenden die historische Rekonstruktion in Boschetto (wie Anm. 39).

Jahr 1421 ihr Erbe vorenthielten. Nachteilig hatte sich dabei für die Brüder ihr Status als illegitime Söhne ausgewirkt: Beide entstammten der unehelichen Verbindung Lorenzos mit Bianca di Carlo Fieschi, einer Patrizierin aus Genua, die 1406 starb, woraufhin Lorenzo 1408 die Florentinerin Margherita di Piero Benini heiratete.[44] In der Folge versäumte Lorenzo es, seine Söhne zu legitimieren, sodass sie recht- und mittellos zurückblieben und auf den guten Willen der als Nachlassverwalter eingesetzten Verwandten angewiesen waren.[45] Die Cousins, die dem 1422 verstorbenen Ricciardo in dieser Funktion nachfolgten, waren die schon erwähnten Antonio di Ricciardo und Benedetto di Bernardo: Sie zahlten Alberti sein Erbe erst verspätet und auch nur teilweise aus.[46] Nach jahrelangen Auseinandersetzungen um die Auszahlung soll dieser sich dann um 1435 endgültig mit den Cousins überworfen haben.[47]

Wenn diese zeitlichen Eckdaten stimmen, so sind die ersten Bücher *Della famiglia* in den Jahren 1433-34 zu einem Zeitpunkt entstanden, als eine Einigung noch im Bereich des Denkbaren lag. Vor diesem Hintergrund lassen sich diverse Elemente des Textes als Strategien Albertis in Betracht ziehen, die, wenn nicht auf Versöhnung, so doch zumindest darauf abzielen, die Gegenseite zur vollständigen Auszahlung des Erbes zu bewegen. Diese Strategien operieren auf verschiedenen Ebenen. Sie betonen die Notwendigkeit von Solidarität und Zusammenhalt innerhalb der Familie im Allgemeinen, die wechselseitige finanzielle Absicherung im Besonderen sowie schließlich die spezifische Würdigkeit der Person (Leon) Battistas, familiäre Anerkennung und Unterstützung – und damit das Erbe – zu erhalten. Dies sei an einigen ausgewählten Beispielen erläutert.

Bei jeder sich bietenden Gelegenheit heben die Dialogsprecher die Solidarität der Alberti hervor: sei es angesichts der durch das Exil ausgelösten Krise, sei es angesichts des bevorstehenden Tods von Lorenzo. Diese Solidarität ist zweifellos Teil der Antwort auf die im Prolog formulierte Leitfrage, was eine Familie tun müsse, um Schicksalsschläge zu überstehen und Ehre und Ansehen zu mehren.[48] Zugleich geht es Alberti jedoch offensichtlich darum, dass die Dialogfiktion dieses Ideal familiären Zusammenhalts den Lesern anschaulich vor Augen führt. Die Verwandten sollen, so Alberti im Prolog explizit, ›indem sie ihn lesen‹, die

---

44 Vgl. Christine Tauber, »»Leggetemi e amatemi‹ – Autobiographische Selbstanpreisung. Zu Leon Battista Albertis ›Vita‹‹, in: Alberti (wie Anm. 15), S. 7-25, hier S. 7 f.

45 Vgl. Kuehn (wie Anm. 42), S. 165 f.

46 Vgl. ebd., S. 166.

47 Vgl. Tauber (wie Anm. 44), S. 8.

48 Vgl. »Voi vederete da loro in che modo si multiplichi la famiglia, con che arti diventi fortunata e beata, con che ragioni s'acquisti grazia, benivolenza e amistà, con che discipline alla famiglia s'accresca e diffunda onore, fama e gloria, e in che modi si commendi el nome delle famiglie a sempiterna laude e immortalità« (A Prologo, S. 12, Z. 282-287).

Sitten der Casa Alberti vor sich ›sehen‹ (»leggendomi vedere«) und sich dieses als
historisch – und mithin realisierbar – ausgewiesene Ideal zum Vorbild nehmen:

> Né manco vi piacerà leggendomi vedere l'antiche maniere buone del vivere
> e costumi di casa nostra Alberta, che riconoscendo consigli e ricordi degli
> avoli nostri Alberti tutti essere necessarii e perfettissimi, crederli e satisfarli.[49]

Um die Überzeugungskraft des Szenarios zu steigern, wird von den Sprechern
im Text kein Zweifel daran gelassen, dass das Exil, in sowohl wirtschaftlich-
finanzieller Hinsicht als auch was Ansehen, Macht und Einfluss angeht, eine
schwere Krise bedeutete. So klagt beispielsweise Adovardo über die exilbeding-
ten Verluste an Immobilien[50] und Piero über den allgemeinen Hass und die
Feindseligkeiten, die die Alberti aus öffentlichen Ämtern trieben und überallhin
verfolgten (»[g]li odii e nimicizia quali noi spogliorono de' publici ornamenti e
troppo ci persequitavano«).[51]
    Auch dass die Verbannung eine Zerreißprobe innerhalb der Familie darstellt,
wird betont, wenn Lionardo die Zerstreuung der Familie über halb Europa,
von Italien über Frankreich, London, Brügge, Genf, Köln bis Spanien und
Griechenland, thematisiert und in diesem Kontext vor der Gefahr warnt, dass
räumliche Entfernung allzu leicht mit emotionaler Distanz einhergeht: »ben
può avenirci quello suol dire el vulgo: ›Lungi da occhi, lungi da cuore‹, e, ›Chi
raro ti mira a bene amare non dura‹.«[52] Doch die Alberti wären nicht die Alberti,
wenn sie nicht genau diese Klippe umschifft hätten – so zumindest die Darstellung im Text: Durch die Distanz verloren gegangen sind allein die ›wahren
Freundschaften‹ (»le vere amicizie«) und das einstige Ansehen (»gli antichi nostri
meriti«).[53] Nicht die Rede ist hingegen davon, dass die familiären Bande gelitten
hätten. Wer von den Verwandten nicht allzu weit entfernt ist, eilt herbei, um
den kranken Lorenzo zu besuchen. Und es vergeht kein Tag, an dem Adovardo
nicht mit den Alberti-Filialen jenseits von Italien korrespondierte oder dorthin
entsandte.[54] Ohne dass dies dann noch explizit gesagt werden müsste, ist klar:
Was angesichts des Exils bleibt, ist allein die Familie selbst – und entsprechend
notwendig erscheint ihr Zusammenhalt.

---

49 Ebd., Z. 278-282.
50 Vgl. A III, S. 302, Z. 3252-3254.
51 A IV, S. 323 f, Z. 73 f.
52 A II, S. 103, Z. 79 f.
53 »E così le nostre vere amicizie né hanno seguito il nostro essilio, né quegli animi già a noi
   benivoli ora sofferano essere compagni alla nostra calamità e miseria. Rimasono nella patria
   nostra gli antichi nostri meriti insieme colle vere amicizie perduti« (ebd., S. 103 f., Z. 81-85).
54 »Ma tu, Adovardo, […] tutto il dì ti veggo scrivere, mandare fanti a Bruggia, a Barzalona, a
   Londra, a Vignone, a Rodi, a Ginevra« (A I, S. 92, Z. 2209-2214).

Besonders bemerkenswert ist die Stelle, wo Lionardo speziell auf der finanziellen Solidarität von Verwandten insistiert. Die ganze Familie, so Lionardo, sei in der Pflicht mit Blick auf die Nachkommen der Casa und müsse im Zweifelsfall gemeinsam die Summe aufbringen, die zu ihrer Unterstützung nötig sei:

> Contribuischi *tutta la casa* come a comperare l'accrescimento della famiglia, e ragunisi *fra tutti* una competente somma della quale si consegni qualche stabile per sostentare quegli che nasceranno, e così quella spesa la quale a un solo era gravissima, a molti insieme non sarà se non facile e devutissima.[55]

Dahinter steht die Idee, dass die wechselseitige finanzielle Absicherung dem Fortbestand des gesamten Geschlechts dient und deswegen im Interesse aller liegt. Angesichts der Summen, die man regelmäßig in Fremde wie Bedienstete und Arbeiter investiere, so Lionardo weiter, möge man sich klarmachen, um wie viel besser im Vergleich dazu eine Gabe (»dono«) bei der eigenen Verwandtschaft angelegt sei:

> Tu dai più e più anni salari a gente strane, a diverse persone; tu vesti, tu pasci barbari e servi non tanto per solo fruttare l'opere loro, quanto per essere in casa più accompagnato. Molto manco ti costerà contribuire a quello uno dono quale sarà da' tuoi medesimi.[56]

Dies klingt nach einem wenig kaschierten Plädoyer Albertis in eigener Sache, ja fast nach einer Aufforderung, ihm sein Erbe auszuzahlen. Hinzu kommt, dass im Dialog beschrieben wird, wie Ricciardo von seinem Bruder Lorenzo persönlich mit den Erbangelegenheiten betraut wird und dabei kein Zweifel daran gelassen wird, dass der überaus ehrenwerte, für Treue und Integrität (»fede e integrità«) bekannte Ricciardo den Söhnen des Verstorbenen ihr Erbe zu gegebener Zeit zukommen lassen wird.[57] Implizit liest sich dies als Appell an Ehre und Gewissen der Cousins, die Ricciardo in der Nachlassverwaltung folgten.

Was dann noch bleibt, ist der Nachweis, dass der illegitime Sohn (Leon) Battista des Erbes überhaupt würdig ist. Bezeichnenderweise findet der Status der Illegitimität im Dialog keinerlei Erwähnung. Alberti stellt sich in der Figur des Battista als perfekter Sohn dar, der sich insbesondere von jenen schlechten Söhnen unterscheidet, die, wie Lionardo ausführt, ihren familiären Pflichten nicht

---

55 A II, S. 132, Z. 924-929; meine Hervorh.
56 Ebd., S. 133, Z. 935-939.
57 A I, S. 16, Z. 33. Dass Ricciardo und Lorenzo Erbangelegenheiten regeln, legen u. a. diese Stellen nahe: »Ricciardo era tutta questa mattina stato a rinvenire scritture e commentarii secreti« (A III, S. 297, Z. 3111-3113); »Piacqueli rimanere fra più scritture ivi solo in camera con Lorenzo, credo a determinare e constituire fra loro qualche utile cosa alla nostra famiglia Alberta« (A IV, S. 349, Z. 732-735).

nachkommen und daher zu enterben sind:[58] Er ist klug, gelehrsam und fleißig, stets besorgt um das Wohl seines kranken Vaters und voller Respekt gegenüber allen älteren Verwandten, von denen er wissbegierig jede Lektion empfängt.[59] Auffällig ist die Brillanz Battistas vor allem im Vergleich mit seinem Bruder Carlo, der zwar ebenfalls ausschließlich lobend erwähnt wird, aber in seiner ›Performance‹ weit hinter Battista zurückbleibt. Während Battista regelmäßig mit Repliken vertreten ist und in Buch II, in seiner Disputation mit Lionardo, sogar über weite Strecken als Hauptredner fungiert, leistet Carlo nicht einen einzigen Redebeitrag, steht immer nur stumm daneben.[60] Zweifellos versucht sich Alberti also mit der Figur des Battista ins rechte Licht zu rücken. Während er offenbar kein Problem damit hat, sich gegenüber seinem Bruder als der Klügere und Eloquentere darzustellen, zeigt er sich gegenüber der restlichen und insbesondere auch der im Prolog adressierten Verwandtschaft deutlich bescheidener. Keineswegs, heißt es dort, wolle er arrogant erscheinen und sich anmaßen, ihnen mit seiner Schrift Dinge zu sagen, die sie selbst nicht schon wüssten, seien sie alle ihm doch an Intellekt, Gelehrsamkeit sowie Kenntnis ehrenwerter Dinge weit überlegen:

> Né però sia chi reputi me sì arrogante ch'io vi proferisca tante singularissime cose, come se voi per vostro intelletto e prudenza da voi nolle ben conoscessi; ché a me sempre fu chiaro e notissimo, e per ingegno e per erudizione e per molto conoscimento d'infinite e lodatissime cose, di voi ciascuno m'è molto superiore.[61]

Diese Bescheidenheit scheint nun vor allem aber eine rhetorische Strategie zu sein, um die Gunst des Publikums zu gewinnen, denn nur wenige Zeilen später fordert Alberti dieselben Adressaten auf, die von ihm niedergeschriebenen Ratschläge der Vorfahren zum Wohl der Casa ›wertzuschätzen‹ (»pregiate [...] gli amonimenti de' nostri passati Alberti«).[62] Diese Aufforderung impliziert freilich, dass die vermeintlich so viel klügere Verwandtschaft durchaus noch etwas zu lernen hat. Zu den *captatio benevolentiae*-Strategien des Autors gehört es auch,

---

58 Vgl. A II, S. 133, Z. 946-949.
59 Zu Klugheit und Fleiß vgl. das Memorieren der zuvor von Lionardo und Adovardo gehörten Lehren (ebd., S. 101, Z. 3-8), zur Sorge um den Vater vgl. »Vidi a nostro padre bisognava nulla« (ebd., S. 156, Z. 1619), zum Respekt gegenüber den älteren Verwandten vgl. beispielsweise das Einlenken in der Disputation mit Lionardo (»Io e per età e per ogni reverenza, Lionardo, non ardirei oppormi all'autorità e ragioni tue«, ebd., S. 118, Z. 513 f.). Die Selbstinszenierung als kluger, gelehrsamer Schüler ist freilich zugleich eine Form des humanistischen *self-fashioning*, weil sie das entsprechende Bildungsideal realisiert.
60 Vgl. ebd., S. 105-119.
61 A Prologo, S. 12 f., Z. 288-293.
62 Ebd., S. 13, Z. 314-316.

den Verwandten zu bekunden, wie viel es ihm bedeute, wenn sie seine Schriften läsen (»a me fia gran premio una e un'altra volta essere da voi letto«).[63] Dass hinter diesem Buhlen um die Gunst des familiären Publikums nicht zuletzt das Verlangen des Bastards nach Achtung und Anerkennung durch die Verwandten steht, wird sehr deutlich, wenn Alberti dann hinzufügt, seine Hoffnung gelte nichts anderem, als sich ihnen, wo immer er könne, noch dankbarer und gefälliger zu erweisen (»rendermivi oveunque io possa, più grato molto più e accetto«).[64] Die Schlussformel des Prologs bringt dieses doppelte Begehren dann nochmals auf den Punkt: »Leggetemi e amatemi« – ›Lest mich und liebt mich‹![65]

Genau damit scheint Alberti allerdings gescheitert zu sein. So berichtet jedenfalls die *Vita*, dass die Familienmitglieder, denen Alberti die ersten drei Bücher *Della famiglia* übersandt habe, nicht einmal einen Blick auf die Schrift geworfen und stattdessen Autor und Werk mit Hohn und Spott überzogen hätten:

> Cum libros de familia primum secundum atque tertium suis legendos tradidisset egre tulit eos inter omnes albertos alioquin ociosissimos vix unum repertum fore, qui titulos librorum perlegere dignatus sit, cum libri ipsi ab exteris etiam nationibus peterentur. Neque potuit non stomacari cum ex suis aliquos intueretur qui totum illud opus palam & una auctoris ineptissimum institutum irriderent.

> Als er seinen Verwandten das erste, zweite und dritte Buch seiner Bücher *Vom Hauswesen* zu lesen gab, war er sehr verstimmt darüber, daß unter all diesen Albertis, die sonst so viel Zeit hatten, kaum einer zu finden war, der auch nur die Titel der Bücher zu lesen geruht hatte, obwohl sich ebendiese Bücher selbst bei auswärtigen Nationen großer Nachfrage erfreuten. Und er konnte seinen Ärger nicht unterdrücken, als er sah, daß einige seiner Verwandten öffentlich das Werk in Gänze und zugleich die Absichten seines Autors als höchst töricht verspotteten.[66]

---

63 Ebd., Z. 301 f.
64 Ebd., Z. 305 f.
65 Ebd., S. 14, Z. 331 f.
66 Alberti (wie Anm. 15), S. 48 f. Die *Vita* berichtet darüber hinaus sogar von einem durch Verwandte angezettelten Mordanschlag auf Alberti, schweigt sich über die Hintergründe bzw. Motive allerdings aus: »Quin et fuere ex necessariis ut cetera omittam qui illius humanitatem beneficentiam liberalitemque experti intestinum & nefarium in scelus ingratissimi & crudelissimi coniurarint, servorum audacia in eum excitata, ut vim ferro barbari immeritissimo inferrent.« / Ja, er hatte sogar einige Verwandte (das weitere möchte ich übergehen), die sich auf höchst undankbare und grausame Weise zu einem frevelhaften Verbrechen gegen ihn, ihren Angehörigen, verschworen, obwohl sie seine Mitmenschlichkeit, seine Wohltätigkeit und Großzügigkeit an eigenem Leibe erfahren hatten: Sie stachelten die Verwegenheit seiner Diener an, damit diese rohen Gesellen ihn ganz unverdientermaßen mit dem Dolch angriffen« (ebd., S. 44-47).

Albertis Enttäuschung über diese feindselige Haltung der Verwandten findet ihr Echo auch in einer wohl kurz nach 1434 entstandenen autobiographischen Passage seines Kommentars zu seinem Jugendwerk, der *Philodoxeos fabula*.[67] Darin berichtet er nicht nur von der ungerechten Behandlung durch einige Verwandte, der er nach dem Tod seines Vaters schutzlos ausgeliefert war und die er zunächst geduldig ertrug, sondern auch von seiner finalen Einsicht, dass all seine Bemühungen, die Gunst und das Wohlwollen dieser Verwandten zu gewinnen, letztlich vergeblich waren (»quoad ipse plane cepi intelligere omnes meos ad eorum gratiam et benivolentiam mihi conciliandam esse conatus irritos atque inutiles« / ›bis ich selbst erkannte, dass all meine Versuche, ihre Gunst und ihr Wohlwollen für mich zu gewinnen, fehlgeschlagen und nutzlos waren‹).[68] Die Kluft noch weiter vertieft haben dürfte dann schließlich die im Jahr 1436 beginnende *crisi delle compagnie*. Nach Luca Boschettos Einschätzung trug der wirtschaftliche Zusammenbruch zweifellos dazu bei, Albertis Hoffnungen, die er mit den ersten Büchern *Della famiglia* verbunden hatte, zu zerschlagen.[69]

5. Schluss

Wie zu sehen war, bedient Alberti mit seinem ersten großen *volgare*-Dialog eine ganze Reihe von (Selbst-)Vermarktungsstrategien. Angesichts der Tatsache, dass sie aber zeitgenössisch durchgängig gescheitert sind, stellt sich die Frage, inwiefern dieses Scheitern Autor und Text geschadet hat. Albertis Karriere scheint es zunächst nicht behindert zu haben: Er hat in den Jahren bis zu seinem Tod stetig an Ansehen als Gelehrter, Architekt, Künstler und Baumeister gewonnen. Das Scheitern betrifft offenbar vor allem die *Libri della famiglia* selbst. Dass der Dialog (wie andere von Albertis *volgare*-Dialogen) eine vergleichsweise geringe Verbreitung fand[70] und erst im 19. Jahrhundert erstmals gedruckt wurde, führt Francesco Furlan nicht nur auf die Zensur der Humanisten, sondern auch auf die familiären Zerwürfnisse zurück. Teile der Familie, vermutet er, könnten die Zirkulation der Schrift schlicht verhindert haben.[71] Wenngleich offen bleibt, inwiefern dies tatsächlich der Fall war, so erinnert diese These doch zumindest

---

67 Zur Datierung vgl. Leon Battista Alberti, *Philodoxeos Fabula*, edizione critica, hrsg. v. Lucia Cesarini Martinelli, in: *Rinascimento* 17 (1977), S. 111-234, hier S. 113.

68 Ebd., S. 146.

69 Vgl. Boschetto (wie Anm. 39), S. 107.

70 Furlan nennt 16 Kodizes, die zur Erstellung der kritischen Ausgabe herangezogen wurden. Vgl. Furlan (wie Anm. 2), S. 435.

71 Vgl. Francesco Furlan, *Studia albertiana: lectures et lecteur de L. B. Alberti*, Turin 2003, S. 162. Furlan führt keine Belege für seine These an.

daran, dass eben nicht nur das Schicksal eines Menschen von einem Text (und seiner Darstellung darin), sondern umgekehrt auch das Schicksal eines Textes vom Wohlwollen der mit ihm befassten Menschen abhängen kann.

Christoph Oliver Mayer

Die Pléiade zwischen Poesie, Macht und Ökonomie

Man mag den armen Poeten als romantisches Topos der dichterischen Selbstbeschreibung bezeichnen oder diese Stilisierung für ein raffiniertes überzeitliches *fishing for compliments* halten. Schon seit der Antike, verstärkt aber in der Renaissance, gehört die Selbstdarstellung des Dichters als ungeeignet zum Brotberuf, als ökonomisch prekär und von der Gesellschaft kritisch beäugt oder sogar verachtet jedoch zur Bandbreite der Lyrik dazu, die vermehrt auf das eigene Ich und dessen Erfahrungswelt zurückgreift, mit der Rolle des Autors spielt und diese thematisiert.[1] Ohne dabei streng ökonomisch oder im aristotelischen Sinne der Chrematistik zu argumentieren, überraschen manchen Ortes die französischen Renaissancelyriker mit präzisen Einsichten in das Funktionieren der Gesellschaft, einem Bewusstsein von der eigenen monetären Situation und dem gleichzeitigen Ausschöpfen aller poetischen und gesellschaftspolitischen Möglichkeiten. Hatte schon Clément Marot in seiner »Eglogue au Roy soubs les noms de Pan et de Robin« (vermutlich 1539)[2] die Klage über die eigene Misere umfunktioniert zur Auseinandersetzung mit väterlichen und gesellschaftlichen Vorbehalten und durch die direkte Hinwendung zum König zugleich eine veritable Gesellschaftskritik wie eine indirekte Einforderung von monarchischer Protektion realisiert, geht Pierre de Ronsard in seinem »Procès«[3] (1561) noch weiter. Er klagt von seinem Gönner aus der Familie der Guise geradezu juristisch die finanzielle Unterstützung ein und argumentiert, dass herausragende *poésie de circonstance* auch konkret bezahlt werden müsse.

---

1 Vgl. Michel Simonin, *Vivre de sa plume au XVIe siècle ou La carrière de François de Belleforest*, Genf 1992.

2 Clément Marot, »Eglogue au Roy soubs les noms de Pan et Robin«, in: *Œuvres complètes*, hrsg. v. Gérard Defaux, 2 Bde., Paris 1990, Bd. 1: S. 34-41. Vgl. hierzu Christoph Oliver Mayer, »Zur Aktualität von Clément Marot oder der Dichter als Feldforscher«, in: Lidia Becker (Hg.), *Die Aktualität des Mittelalters und der Renaissance in der Romanistik*, München 2009, S. 263-284, bzw. Christoph Oliver Mayer, »Clément Marot – poète de Dieu et Dieu des poètes«, in: *Literaturwissenschaftliches Jahrbuch* 58 (2017).

3 Siehe hierzu Hermann Lindner, »Rhétorique, Poésie, Mécénat: Le Procès de Ronsard contre le Cardinal de Lorraine«, in: Yvonne Bellenger (Hg.), *Le Mécénat et l'Influence des Guises. Actes du Colloque organisé par le centre de Recherche sur la littérature de la Renaissance de l'Université de Reims et tenu à Joinville du 31 mai au 4 juin 1994 (et à Reims pour la journée du 2 juin)*, Paris 1997, S. 405-423.

Um etwas genauer verfolgen zu können, wie sich gerade die Pléiade-Dichter in diesem Konglomerat aus Poesie, Macht und Ökonomie Mitte des 16. Jahrhunderts positioniert haben, werden zwei Gedichte untersucht. Die dieser Analyse zugrunde liegende These lautet, dass zumindest die exemplarisch ausgewählten Dichter Joachim Du Bellay und Pierre de Ronsard unter maximalem Erfolg ihrer Dichtung Kanonisierung inklusive Kommerzialisierung anstatt Kunst ohne Kommerz bzw. Kommerz ohne Kunst verstanden haben, gerade auch weil in der Mitte des 16. Jahrhunderts finanzielle Förderung zu einem Ausweis von Wertschätzung geworden war.[4] Dass sich beide, insbesondere aber Du Bellay, aufgrund der Herkunft bzw. aufgrund der eigentlichen Beschäftigungen im Kirchendienst, sicherlich das Dichten ›leisten‹ konnten, ist vielerorts gerade in biographischen und soziologischen Studien betont worden.[5] Dabei ist aber zu oft übersehen worden, wie die Finanzen, im Sinne von Michael Baxandall[6], eben auch das dichterische Prestige der Zeit bestimmt haben und dass es die später mit Pierre Bourdieu[7] zu konstatierende Scheidung zwischen einem auf Kommerz ausgerichteten *champ de grande production* und einem die reine Kunst praktizierenden *champ de production restreinte* im französischen 16. Jahrhundert (noch) nicht gegeben hat. Letzteres demonstrieren einige Texte der Pléiade-Dichter, die geradezu feinfühlig die Strukturen der vormodernen Ökonomie begriffen haben. Ihre Einsicht in das Funktionieren der Gesellschaft inklusive des zeitgenössischen ökonomischen Feldes, so könnte man es in Anlehnung an Bourdieu dennoch beschreiben, ist sogar ein ganz entscheidendes Erfolgskriterium für die Pléiade. Diese Einsicht, so zeigt schon der Vergleichsfall Clément Marot, kann somit sogar die vermeintlich allentscheidenden Kriterien der Herkunft und der Kapitalgrundausstattung wenn nicht ersetzen, so doch lindern. Vielleicht erstmals in Frankreich überhaupt fällt bei den Pléiade-Dichtern auf, wie sie ihren ökonomischen Erfolg stolz kundtun, dafür Mechanismen finden, um dies ohne banale Prahlerei zu realisieren, und zugleich für sich eine adäquate

---

4 Hierzu Christoph Oliver Mayer, *Pierre de Ronsard und die Herausbildung des »premier champ littéraire«*, Herne 2001.

5 Die biographischen Studien erleben ihre Konjunktur um die Jahrhundertwende bei Henri Chamard, *Joachim Du Bellay 1522 – 1560*, Lille 1900, die soziologischen nach 1968 bei Michel Dassonville, *Ronsard. Étude historique et littéraire I. Les enfances Ronsard (1536 – 1545)*, Genf 1968.

6 Michael Baxandall, *L'œil du quattrocento. L'usage de la peinture dans l'Italie de la Renaissance*, übersetzt v. Yvette Delsaut, Paris 1985.

7 Vgl. u. a. Pierre Bourdieu, *Les règles de l'art. Genèse et structure du champ littéraire*, Paris 1992.

Position in der Gesellschaft und der Literatur einfordern, die einhergeht mit diesem materiellen Gewinn.[8]

I. Nicht anders zu erwarten: »Plus d'honneur que de chevance«

Du Bellays *Hymne de la Surdité* stammt vermutlich aus dem Jahr 1556 und wurde von Chamard 1923 den *Divers Jeux rustiques* zugeschlagen.[9] Die dort zu findende Argumentation basiert auf einer die Titelerwartung der Hymne erfüllenden Apologetik der Andersartigkeit aufgrund einer körperlichen Behinderung, die wiederum zugleich absolute Unfähigkeit zum Brotberuf wie Ausweis von höchster literarischer Qualität ist. Denn die Taubheit knüpft an kanonische antike Vorbilder an, unterstreicht die melancholische Gemütslage und erzeugt Gemeinsamkeiten innerhalb der Pléiade, da auch Ronsard, wie wir aus diesem Gedicht erfahren, taub gewesen sein soll.[10] Damit wird insofern ein gemeinsames Distinktionsmerkmal oder – modern und ökonomisch ausgedrückt – ein Label generiert, das sich aber eindeutig metapoetisch verortet und nur für Eingeweihte dechiffrierbar ist. Zugleich wird ökonomischer Erfolg realisiert, da das Gedicht auch den Dichterruhm mehrt und den Wert als Künstler vergrößert. Damit wird eine Logik der vormodernen Kapitalwirtschaft beschrieben, die gerade durch die fehlende Autonomie des ökonomischen Feldes funktioniert und die von der noch existierenden Vernetzung von Ansehen, Anerkennung bzw. Prestige und Förderung profitiert.

Zu den allesamt um die Dichtung selbst konzentrierten Versatzstücken einer solchen Argumentation gehören:

a) das Schildern des eigenen Werdegangs, der als minderwertig getarnt wird, aber tatsächlich die dichterische Inspiration beweist (*Understatement*),

b) das vermeintliche Eingehen auf gesellschaftliche Wertehierarchien und das Abweichen von eben diesen, die somit als reformbedürftig geschildert werden (*Optimierung*), sowie

---

8 Bis dato waren eher der ökonomische Misserfolg thematisiert worden (Rutebeuf, Villon) bzw. die Relikte einer Ökonomie des Tausches (Deschamps, Marot). Im Umgang allerdings mit Druckern, Herausgebern und Buchhändlern ergibt sich noch einmal ein ganz anderes Bild, das den materiellen Gewinn sogar als selbstverständlich erscheinen lässt. Vgl. hierzu jüngst Denis Bjaï u. François Rouget (Hgg.), *Les poètes français de la Renaissane et leurs »libraires«. Actes du Colloque international de l'Université d'Orléans (5 – 7 juin 2013)*, Genf 2015, bes. die dort zu findenden Aufsätze zur Pléiade von Geneviève Guilleminot-Chrétien, Daniel Ménager u. Emmanuel Buron.

9 Joachim Du Bellay, »Hymne de la Surdité«, in: *Œuvres poétiques. V Recueils lyriques*, hrsg. v. Henri Chamard, Paris 1923 (= Société des textes français modernes 37), S. 185-196.

10 Vgl. D. B. Wilson, *Ronsard. Poet of Nature*, Manchester 1961, S. 121.

c) die Formierung einer Gruppenidentität, die gleichsam zu einer GmbH wird (*Peer-Group*).

Die Taubheit ist also ein Taub-Sein gegenüber gesellschaftlichen und ökonomischen Zwängen, die Melancholie ein Leiden unter der Gesellschaft und ein Ausweis gemeinsamer Anlagen. Zugleich aber wirken diese Argumentationsmuster als künstlerisches Geschäftsmodell und damit als Erfolgsgarant.[11] Sie greifen auf Versatzstücke zurück, die in Form von Understatement, Optimierungsdiskursen und Peergroup-Bildung als Bestandteile moderner Werbestrategien erkannt werden können und hier durch sprachliche Raffinesse und humanistische Gelehrsamkeit künstlerisch ästhetisiert werden.

Du Bellay lässt also zunächst den Leser am eigenen Werdegang teilhaben und nutzt somit das Spiel mit der eigenen Biographie: Er berichtet, dass er wie der Gefährte Ronsard von Jugend an Spuren der »saincte fureur« (V. 9) empfunden habe und sich so vom normalen, einfachen Volk abhebe und sich just dadurch als Dichter ausweise.[12] Die elitäre und arrogant anmutende Abwendung wird aber durch die Untermauerung moralischer und zugleich ökonomischer Qualitäten abgefedert, indem Arbeitseifer und Tugend zur Voraussetzung für die Aufnahme in den Musentempel erklärt werden. Die Apologetik der eigenen Alterität – »Je diray qu'estre sourd (à qui la difference / Sçait du bien & du mal) n'est mal qu'en apparence« (V. 35/6) liefert den Ausgangspunkt der argumentativen Darstellung der Vor- und Nachteile.

Wenn sich Du Bellay an diejenigen wendet, die in der Taubheit nur einen Mangel erkennen können – »Fascheux à l'ignorant, qui ne se fortifie / Des divines raisons de la philosophie« (V. 59/60) –, so tut er dies unter Zuhilfenahme des medizinischen Fachdiskurses und gestützt auf die Autorität von Ambroise Paré (1510 – 1590) und dessen Studien zum Hörapparat und zur Taubheit.[13] Zugleich hebt er aber mit der Zahl fünf[14] als dominantem Organisationsprinzip eben auch den rhetorischen Bau seiner Verse hervor. An die Seite des medizinischen Fortschritts tritt somit die literarische Tradition in ihrer innovativen Ausfertigung im

---

11 Diesbezüglich finden sich hier Strukturanalogien zum schriftstellerischen Selbstverständnis der französischen Klassik, vgl. Alain Viala, »Effets de champ, effets de prisme«, in: *Littérature* 70 (1988), S. 64-71. Zum 16. Jahrhundert siehe Daniel Ménager, *Introduction à la vie littéraire du XVIe siècle*, Paris 1978.

12 Die folgenden Ausführungen wiederholen Mayer 2001 (wie Anm. 4), S. 128 ff.

13 Damit müsste Du Bellay sich auf die 1550 bei Guillaume Cavellat in Paris zum ersten Mal veröffentlichte *Briefve collection de l'administration anatomique* beziehen, die allerdings erst in einer erweiterten Ausgabe des Jahres 1561 als *Anatomie universelle du corps* (Jean Le Royer, Paris) allgemeine Bekanntheit erlangte. Vgl. Paule Dumaître, *Ambroise Paré, chirurgien de quatre rois de France*, Paris 1986.

14 So wird z. B. bei der Darstellung der fünf Sinne fünf Mal ein Vers mit »Qui« begonnen: V. 46/ 48/ 50/ 53/ 56.

Geiste der rinascimentalen *aemulatio*. Du Bellay integriert neue wissenschaftliche Erkenntnisse und zeigt, wie er diese in seine Dichtung und Argumentation aufnehmen kann, womit er gleichsam auch sein Publikum dazu aufruft, sich neuen Gedanken nicht zu verschließen. Diese zukunftsweisende Öffnung seiner Lyrik realisiert er aber, ohne die vorgefertigten Meinungen völlig zu unterminieren. Die diversen, allen bekannten Nachteile der Behinderung werden ebenso nur zum Teil entkräftet bzw. als Ergebnis einer raffinierten Argumentation letztlich dezidiert in ihr Gegenteil verkehrt. Wenn sich der Dichter von den weltlichen Dingen entfernt, so ist er wohl für Frauen im Allgemeinen weniger attraktiv, wird von den Hörenden misstrauisch beäugt und eignet sich zudem nicht als höfischer Rat.[15] Soll heißen: der taube Dichter ist von vornherein außergewöhnlich und überschreitet gleichsam im für Du Bellay spätestens seit seiner Gedichtsammlung *Olive* zu veranschlagenden Neoplatonismus die ersten Stufen der Leiter hin zu höheren Sphären.[16]

Die isotopisch ausgefaltete Stille, die der Lautstärke entgegengestellt wird, wird als Inbegriff der Harmonie mit der *vita contemplativa* in Verbindung gebracht, was sich auch in den allegorischen Personifikationen (»Silence«, »Melancholie«, »L'Estude«, »L'Ame imaginative« [V. 231-235]) der Dichtung zeigt. Die zur Gottheit erhobene personifizierte Taubheit adelt den Dichter gerade dank seiner Exzentrik (V. 243/4). Die Taubheit ist ein exklusives Kriterium; aus dem medizinischen Defizit wird der Ausweis von dichterischer Brillanz, die mit dem Gedicht selbst noch bewiesen wird.[17] Zugleich schließt die Idee der Taubheit an die der Blindheit an, die schon Homer zugeschrieben wurde und als Beweis für eine hohe Intelligenz galt.

In einem zweiten Schritt beschreibt Du Bellays Gedicht, wie das Dichten ihm nicht nur Ruhm eingebracht hat, sondern ihn auch abgehalten hat von weltlichen Verlockungen (»ambition«, »avarice«, »oysiveté«, »vices« [V. 11/2]). Dadurch werden den ökonomischen Kriterien moralische und charakterliche gegenübergestellt, die in dem Halbvers »plus acquis d'honneur que de chevance« (V. 8) gipfeln. Da zugleich der Abstand vom »populaire bas« (V. 10) betont wird, erscheint ökonomischer Profit (»chevance«) als etwas zunächst einmal nicht

---

15 Wiederaufgenommen wird dies in der Gedichtsammlung *Les Regrets*, insbesondere in den Gedichten 139-147, in denen Joachim Du Bellay sich deutlich vom Hof distanziert und das Genre der Hofsatire aufgreift, vgl. Joachim Du Bellay, *Les Regrets. Les Antiquitez de Rome. La Défense et Illustration de la langue française*, hrsg. v. S. de Sacy, Paris 1967.

16 Siehe u. a. Richard A. Katz, *The Ordered Text. The Sonnet Sequences of Du Bellay*, New York 1985.

17 Hinzuzufügen wäre, dass die Taubheit noch bei Augustinus in Anlehnung an Paulus (Röm. 10,14) als ein Ausschlusskriterium vom rechten Glauben angesehen wurde. Erst im 16. Jahrhundert wurde Gehörlosen erlaubt, das Mönchsgelübde abzulegen. Vgl. Aude de Saint-Loup (Hg.), *Gestes de moines, regard des sourds*, Paris 2005.

Dichter-Typisches und die außergewöhnliche eigene Disposition koinzidiert mit der Besonderheit der Lebensplanung des Dichters, der sich im Zeichen der Alterität von der Normalität abhebt. Wenn der Dichter somit den Rückzug aus der Gesellschaft preist (»O bien heureux celuy qui a receu des Dieux / Le don de surdité« [V. 221/2]), dann muss er dies den Lesern erst erklären, indem er ihnen die Vorteile der Taubheit darlegt. Dabei verbindet er die Klage über die defizitäre Situation mit der Hofsatire und der Einforderung nach der Bereinigung der Realität. Du Bellay arbeitet die Bedeutung des Dichters für das Land heraus, wobei er Frankreich in der Apostrophe an den Nationaldichter erinnert: »La surdité, Ronsard, seule t'a faict retraire / Des plaisirs de la court & du bas populaire« (V. 143/4). Die nationale Aufgabe wird dadurch an den Rückzug, an die einsame Schreibstube und das tugendvolle Arbeiten gebunden. Das Renommee seines Mitstreiters Ronsard wird als gewichtiges Argument eingebracht, um den unüblichen, aber mit Ehre (»honneur« [V. 8]) verbundenen Karriereweg, die unorthodoxe Laufbahn (im Sinne des Bourdieu'schen *trajectoire*) zu rechtfertigen.

Das skizzierte Ideal des Dichterlebens – fern vom Hof, bar jeder Alterssorge, in Büchern versunken und glücklich im Einklang mit der Natur lebend – ruft nach Anerkennung und Veränderung der gegebenen Wertehierarchien und distanziert den Dichter vom Alltagsgeschehen, von Politik, Finanzen und Lohnarbeit, konkret aber auch vom gemeinen Volk (»bas populaire«). Die Dichtung möchte sich Freiheit verschaffen, wobei die Taubheit eine literarische Enklave ausbilden kann.[18] Hiermit untermauert der Dichter gleichzeitig den Anspruch, akonfessionell und apolitisch dichten zu wollen: »Pour ne voir & n'ouir en ce siecle ou nous sommes / Ce qui doit offenser & les Dieux & les hommes« (V. 223/4). Die Dichtung will sich nicht vereinnahmen lassen und eigne sich für Gelegenheitsdichtung und Panegyrik nur begrenzt. Die kruden materiellen Sorgen und die ständige Präsenz am Hof halten vom Dichten ab und drohen die Leistung des Dichters zu beeinträchtigen. Der Künstler klagt über die ihm lästigen Werbekampagnen, denn er erwartet, um der Qualität seines Werkes willen geschätzt und unterstützt zu werden.

Schon die Einleitung untermauert allerdings, dass Du Bellay nicht nur für sich spricht. Die im überschwänglichen Lob des Adressaten, des Dichterkollegen Ronsard, im Sinne des Bescheidenheitstopos demonstrierte Selbstverkleinerung ruft zur Solidarität der Dichter auf und kreiert literarische Konsekrationsinstanzen. Über die seine Ansprüche voll erfüllende Peergroup untermauert Du Bellay die eigene Urteilsfähigkeit, denn es geht ihm darum, Qualität zu erkennen, also gemeinsame Wertmaßstäbe zu haben. Wenn Du Bellay dezidiert das Primat

18 Dass sie nahezu nirgends ›wörtlich‹ verstanden wurde bzw. ernst genommen wurde als körperliche Behinderung Du Bellays, zeigt auch, dass die Pléiade-Dichter bisher nicht in die Studien der *Deaf History* Eingang gefunden haben.

des Dichterfürsten Ronsard respektiert, wertet er die eigene Laufbahn über die Parallelität auf: »Bien ay-je, comme toy, suivi des mon enfance« (V. 7). Die direkte Konkurrenz vermeidet er dadurch, dass er ihm und sich unterschiedliche Teilbereiche der Dichtung zuweist, in denen sie jeweils die Spitzenposition einnehmen. Der Hierarchie gehorchend werde er mehr für seine »facilité« (V. 19) geschätzt, während für Ronsard die Attribute »sçavant« (V. 18) und »gravité« (V. 21) sowie die kongeniale Verbindung von »doulceur« und »utilité« (V. 22) konstitutiv seien.[19] Die stilistische Dichotomie *facile* vs. *grave* wird zur Grundlage der Einordnung, die quasi den Markt der Literatur, oder auch nur die eigene ›Firma‹ Pléiade, untereinander aufteilt. Jeder soll seinen eigenen Beitrag liefern, wofür einerseits, gewissermaßen auf der Mikroebene, unterschiedliche Feinheiten im Talent ausschlaggebend sind, andererseits die Gemeinsamkeiten der Makroebene, die Ehrlichkeit (»d'estre [...] sans fraude & sans feintise« [V. 24]), die Kameradschaftlichkeit (»D'estre bon compaignon« [V. 25]), der wahre Glaube (»d'estre à la bonne foy« [V. 25]) und die Taubheit (»et d'estre [...] demy-sourd« [V. 26]) die Pléiade zusammenhalten.

II. Zum Brotberuf Künstler:
»Que te sçauroient donner les Muses qui n'ont rien?«

Auch Du Bellays Kollege Pierre de Ronsard rechtfertig sehr selbstbewusst im *Discours à P. L'Escot, Seigneur de Clany*[20] die eigene Nichteignung für das Militärische und tut seinen ökonomischen Erfolg stolz kund. Dass er das wiederum in eine Parallelisierung mit dem zeitgleich in Frankreich am Hofe von Henri II. tätigen Architekten Lescot einkleidet, der zum Initiator der Renaissance in Frankreich stilisiert wird, soll auch dem Zweitadressaten des Gedichtes, dem eigenen Vater, die ökonomische Absicherung seines Sohnes vor dem Hintergrund einer für Künstler ökonomisch sehr prosperierenden Epoche garantieren.

Die dem Vater zugeschriebenen Einstellungen und Werte der Zeit, denen zufolge der Dienst mit der Waffe höher geschätzt wird als die Tätigkeit des Dichters, sind der Grund, dass auch Ronsard

---

19 Zum Stilverständnis siehe Hermann Lindner, *Der problematische mittlere Stil. Beiträge zur Stiltheorie und Gattungspoetik in Frankreich vom Ausgang des Mittelalters bis zum Beginn der Aufklärung*, Tübingen 1988 (= Romanica Monacensia 28).

20 Pierre de Ronsard, »Discours à P. L'Escot, Seigneur de Clany«, in: *Œuvres Complètes II*, hrsg. v. Jean Céard, Daniel Ménager u. Michel Simonin, Paris 1994, S. 793-797. Pierre Lescot war als Architekt des Louvre ab 1548 tätig und für den Corps de Logis und die Karyatiden im Inneren zuständig. Vgl. Michel Laclotte, »Der Louvre – vom Königspalast zum Nationalmuseum«, in: Lawrence Gowing (Hg.), *Die Gemäldesammlung des Louvre*, Köln 2000, S. 6-11.

a) die gesellschaftliche Wertehierarchie in Abgrenzung zum eigenen Anders-
sein, symbolisiert durch die Taubheit, benennt (*Understatement*),
b) die Hinwendung zur Dichtung als weit mehr als nur ein Surrogat und
zwar als Außergewöhnlichkeit idealisiert (*Optimierung*) und
c) den Rückhalt nicht in der unsicheren Gruppenidentität selbst sieht, sondern in der, wenn man im ökonomischen Denken von heute bleibt, sie
finanzierenden Bank, dem Monarchen, der besser noch als Ratingagentur
fungiert (*Akkreditierung*).

Ronsard beginnt seine selbstbewusste Selbst-Akkreditierung zunächst noch mit
einer beschwichtigenden Rechtfertigung, die aber durch die Referenz auf Gott
selbst nicht unangreifbarer hätte ausfallen können:

> Puis que Dieu ne m'a fait pour supporter les armes
> Et mourir tout sanglant au milieu des alarmes
> En imitant les faits de mes premiers ayeux,
> Si ne veux je pourtant demeurer ocieux:
> Ains comme je pourray, je veux laisser memoire
> Que j'allay sur Parnasse acquerir de la gloire (V. 1-6)

Damit geht der Sprecher *medias in res*, stellt ohne einleitende Schmeicheleien
von Anfang an sich selbst als Dichter in den Mittelpunkt des Gedichtes und
macht persönliche Eigenschaften und Erlebnisse zum (poetologischen) Thema.
Das Dichten wird von vornherein als anstrengende und mühselige Tätigkeit
präsentiert, die den Alterungsprozess beschleunigt. In für sein späteres *Second
Livre des Poèmes* üblicher Topik verweist er auf seine verfrüht ergrauten Haare,
die magere Gestalt oder die melancholische, rheumatische Konstitution.[21] Diese
Komisierung untergräbt damit von Beginn an das nur oberflächlich als solches
noch zu erkennende Understatement. Analog zum Krieger wünscht sich Ronsard
Anerkennung (»Quelque peu de renom« [V. 16]), ohne hiermit die hierarchische
Dominanz der Militärlaufbahn direkt anzugreifen, auch wenn er dennoch die
Dichtung zur alternativen Möglichkeit, sich einen Namen zu machen, erhebt.[22]
Sofort geht Ronsard also über zur Forderung nach gleichberechtigter Aner-
kennung von Dichterruhm und Waffenruhm, indem er nicht nur die Instanz
Gottes als ursächlich für seine Andersartigkeit einführt, sondern *ex negativo* sogar

---

21 Man denke an die *Sonnets pour Hélène* und die diesbezüglichen Paradebeispiele »Puisqu'elle
est tout hiver« (XXII, S. 291) bzw. »Je ne serais marri« (LXV, S. 347) in: Pierre de Ronsard,
*Les Amours. Amours de Cassandre. Amours de Marie. Sonnets pour Astrée. Sonnets pour Hélène.
Amours diverses*, hrsg. v. Françoise Joukovsky, Paris 1964.
22 Hierbei finden sich Analogien zu Du Bellays *Discours au Roy sur la Poésie* (1558). Siehe Joachim
Du Bellay, *Œuvres poétiques, VI Discours et traductions*, hrsg. v. Henri Chamard, Paris 1931
(= Société des textes français modernes 62), S. 161-166.

die Friedfertigkeit seiner Taten unterstreicht, indem er Blut und Schlachten-
lärm assoziiert. Besonders einfallsreich allerdings erscheint der Verweis auf die
eigene Familientradition, die das autobiographische Sprechen legitimiert und
das Gedicht sukzessive in einen Dialog mit dem eigenen Vater verwandelt. Die
Pole Dichter und Vater werden zu These und Antithese ausgestaltet, wobei hier
die Rolle des Sohnes, eines Dreißigjährigen, dessen Defizite in Physiognomie
(»Maigre«, »palle«, »desfait«, »rheumatique« [V. 12/3]) und Psyche (»melanco-
lique«, »mal-courtois«, »sombre«, »pensif«, »rude« [V. 13/4]) offen ausgesprochen
werden, auch in aller Übertreibung des Understatements zur Sympathielenkung
eingesetzt wird. Wer untauglich zum Soldaten ist, der darf doch dafür nicht
getadelt werden!

Die in der Vergangenheit angesiedelten Einwände des Vaters, die im Gedicht
auf die einleitende rechtfertigende Selbstcharakterisierung folgen, repräsentieren die in der Gesellschaft verbreiteten Vorurteile und das hieraus erwachsene
Unverständnis, das dem Dichter zuteilwird. Sie tragen eben dazu bei, dass das
Gedicht den Aufbau einer dialektischen Erörterung bekommt, die nach dem
Muster These-Antithese-Synthese vorgeht und sich strategisch danach ausrich-
tet, die vom Verfasser vertretene Meinung zuletzt darzustellen, um ihr auch
strukturell Vorrang zu verschaffen. Das zunächst geschilderte Unverständnis
wird dabei dem Vater in den Mund gelegt, dessen Sorge die Feindseligkeit ein
wenig mildert und relativiert. Der wiederholte Tadel des besorgten Elternteils
(»retansé de mon pere« [V. 17]), der, von konservativen Wertmaßstäben beseelt,
für seinen Sohn eine herkömmliche Karriere wünscht, gründet auf der Auffassung von Dichtung als brotloser Kunst. Die materielle Absicherung ist für den
›Normalbürger‹[23] das entscheidende Kriterium bei der Berufswahl, während für
den Vater die ideelle Wertschätzung nichts zählt: »Que te sçauroient donner les
Muses qui n'ont rien?« (V. 27)

Schon aber durch die Bildlichkeit unterstreicht Ronsard seine Tauglichkeit
zum Dichter und zeigt, dass er voll und ganz in der Dichterwelt lebt. Er realisiert
ein ganz und gar humanistisches Gedicht, lässt das übliche mythologische (Apoll,
Musen, Parnass) und dichtungsgeschichtliche (Homer) Personal auftreten, während er die väterlichen Einwände in einem direkten Zitat in äußerst schlichter
Stilistik und damit durch einen Stilbruch im Gedicht realisiert: »Pauvre sot, tu
t'amuses / À courtizer en vain Apollon et les Muses«. Dieser zeigt sich besonders
auffällig in dem sehr einfachen Reim »amuses« – »Muses« und dessen banalem
Sprachspiel. Der Vater verfügt durchaus über ein Wissen über Apoll, den er

---

23 Dass Ronsard die Familie benutzt, um damit die Vielfalt der französischen Gesellschaft abzu-
   bilden, zeigt Marcus Keller, *Figurations of France. Literary Nation-Building in Times of Crisis
   (1550 – 1650)*, Newark 2011, Kap. 2.

dementsprechend mit seinen Attributen (»lyre«, »archer«, »corde«, »fredon« [V. 1424]) beschreibt. Dennoch hält er nichts von der Flüchtigkeit des Dichterruhms, da dieser eben keine ökonomische Sicherheit bietet, seinen Sohn nicht ernähren kann. Wer für sein Dichten ausgezeichnet werde (»myrte«, »lierre«, »amorce« [V. 29]), der werde von der Gesellschaft dennoch für verrückt gehalten. Diese Argumentation muss folglich in den Augen der Leser, die sich ja per se schon für Dichtung begeistern können, genauso absurd wirken wie für die Apologeten des gesellschaftlichen Fortschritts, die auch um die Veränderungen im ökonomischen wie literarischen Feld wissen. Hierbei sind es vor allem die durch die Technik des Druckgewerbes neuen finanziellen Grundlagen.[24]

Der Vater wird zum Prototyp des um gesellschaftlichen Aufstieg bemühten niederen Adels, für den Dichtung keine standesgemäße Beschäftigung ist: »Laisse ce froid mestier, qui jamais en avant / N'a poussé l'artizan, tant fust-il bien sçavant« (V. 35/6), und der Angst hat, seinem Sohn drohe das Schicksal Homers und dieser müsse vielleicht Betteln gehen: »Mais avec sa fureur qu'il appelle divine, / Meurt tousjours accueilly d'une palle famine« (V. 37/8). Während aus dieser Position heraus Geld und Auskommen Armut und Hunger verhindern sollen und Dichtung als prekäre Tätigkeit eher abgelehnt wird, ist die Referenz auf Homer (»Homere […] N'eut jamais un liard« [V. 39-41]) für die hochadligen Leserschichten natürlich ein Ausweis für Qualität und zugleich Ausdruck der Inkompetenz der Lohnarbeiter. Dies wird umso deutlicher, als die Nennung des Hellers (»liard«) in Zusammenhang mit dem Hunger (»sa fain«) und dem folgerichtigen Betteln (»D'huis en huis mendiast le miserable pain« [V. 44]) gestellt wird, während die Ängste einer existentiellen väterlichen Sorge diesen irrational erscheinen lassen, wenn er schließlich den Sohn als »pauvre sot« (V. 45) tituliert. Dem steht die Parallelisierung mit Homer entgegen, der als vielleicht größtes Genie aller Zeiten höchstes Ansehen genießt. Ronsard greift somit ein von Bourdieu beschriebenes Muster der Abwehr von Rivalen und eine im Habitus inkorporierte Form der Selbsteinschüchterung auf: Einerseits adelt ihn der Vergleich mit Homer, andererseits wirkt er als Anmaßung.[25]

Konkret wird der Vaterfigur ein traditionelles Verständnis von Sicherheit zugeschrieben, das durchaus kapitalistisch anmutet. Der unorthodoxen, da finanziell wackligen Berufswahl des Sohnes werden konkurrierende, prestigereichere Optionen entgegengesetzt: der Staatsdienst, die Medizin und der Kriegsdienst.

---

24 Hierzu Francis Higman, »Le domaine français 1520 – 1562«, in: Jean-François Gilmont (Hg.), *La Réforme et le livre. L'Europe de l'imprimé (1517 – v. 1570)*, Paris 1990, S. 105-154; bzw. Michèle Clément, »Les poètes et leur libraires au prisme du privilège d'auteur au XVIe siècle: la protopropriété littéraire«, in: Bjaï u. Rouget (wie Anm. 8), S. 15-54.

25 Siehe Beate Krais u. Gunther Gebauer, *Habitus*, Bielefeld 2002; bzw. Catherine Colliot-Thélène (Hg.), *Pierre Bourdieu: Deutsch-französische Perspektiven*, Frankfurt a. M. 2005.

Die wiederum ex negativo herauszulesende Optimierungsstrategie des Autors Ronsard zielt allerdings nicht nur auf eine gleichberechtigte Anerkennung der Literatur, sondern auf Anerkennung der Spezifität des literarischen Feldes. Die Vaterfigur schildert Unterordnung als nicht ehrenrührig, wenn die Anlehnung an die mächtigen Adligen zugleich sozialen Aufstieg garantiert – »Devant un President mets-moy ta langue en vente« (V. 50) – oder die Dienste entsprechend entlohnt werden: »En secourant autruy on gaigne la richesse« (V. 62). Vielmehr solle der Sohn bei den Großen vorstellig werden, solle nach dem Vorbild von Bartolus von Saxoferrato aus dem 14. Jahrhundert den Anwaltsberuf ergreifen[26] (»Aux despens d'un pauvre homme exerce ton caquet«, »d'une bouche tonnante« [V. 48]) und / oder Politiker werden. So werde er vom Volk, also von den Menschen geehrt, geschätzt und mit Geld überschüttet (»aux richesses monter« [V. 51]). Zu Militär und Juristerei gesellt sich noch die Medizin (»argenteuse science«, V. 53) als anerkannte Disziplin, in der der Vater Hippokrates als Gegenmodell zu Homer zitiert. Wenn Ronsard hier den Vater argumentativ auf den Sohn eingehen lässt, indem die Argumentation dem Humanisten angepasst und eine mythologische Referenz veranschlagt wird, nämlich dass das Metier der Medizin ebenso von Apoll komme, dass man die Natur studiere und dass man anderen damit helfe, so unterscheidet gleichsam nur noch der finanzielle Gewinn diese Berufe. »En secourant autruy on gaigne la richesse« (V. 62).

Schließlich wird es sogar herzlos, wenn der Vater vorschlägt, der Sohn solle doch in den Krieg ziehen, andere töten oder im Kampf sterben, denn auch so werde man reich: »Par si noble moyen souvent on devient riche, / Car envers les soldats un bon Prince n'est chiche« (V. 69/70). Da die realen Gegebenheiten vom Vater sowie von der gesellschaftlichen Mehrheit verkörpert werden und sie den diesbezüglich abweichenden Dichter einengen, muss dieser sich im literarischen Feld ein ideelles Refugium suchen, in dem die eigene Alterität zählt. Zwar ist der Vater arbeitsam, betreibt Landwirtschaft und arbeitet Tag und Nacht, doch fruchten seine Predigten beim Sohn nicht, da sie gegen seine natürlichen Bestimmungen argumentieren. Die nun folgende Darlegung der konträren Position eröffnet dem Dichter die Möglichkeit, sein Verständnis für die Sorgen zu demonstrieren, also zu zeigen, wie sehr er die Gegebenheiten zu analysieren vermag und welche Begabung er besitzt. Dadurch verschafft sich Ronsard außerdem zugleich die Ausgangsposition, um als Anwalt in eigener Sache präzise zu antworten und nicht nur als Sohn dem Vater seine Ansichten darzulegen. Die Antithese baut auf der naturgemäßen Alterität auf: »O qu'il est mal aisé de forcer la nature!« (V. 77), woran weder Verbote noch Angebote etwas

---

26 Bartolus gilt mit seinen epochalen Rechtskommentaren als Referenzgelehrter und Autorität bis in das 17. Jahrhundert hinein, wird aber zunehmend auch zum Symbol für Pedanterie, vgl. die Figur des Bartolo in der Commedia dell'arte.

ändern können. Ronsard glaubt stattdessen an die Richtigkeit der Anlage und leitet daraus die Pflicht zur Entfaltung ab. Die eigene Lebensgeschichte beweist durch die frühkindliche Inspiration und den Umgang mit der Musenwelt die Besonderheit und zugleich die Möglichkeit, mit der Dichtkunst Ansehen zu erwerben. Von frühester Jugend an sucht er die Natureinsamkeit, dichtet, lebt in der Welt der Musen und siedelt sich damit selbst in einer Phantasie- und Kunstwelt an.[27]

Ronsard arbeitet sich dann an seinem Dichtungsprogramm ab, erwähnt die Anfänge im Lateinischen, aber auch die Erkenntnis, nicht dafür geboren zu sein, womit er auch eine weitere etablierte Karriereschiene ausschlägt. Weil die Dichtung in französischer Sprache noch arm an Höchstleistungen war, hat er im Französischen seine Bestimmung und Gelegenheit erkannt: »Je me fey tout François, aimant certes mieux estre / En ma langue ou second, ou le tiers, ou premier, / Que d'estre sans honneur à Rome le dernier« (V. 98-100). Aber im literarischen Feld sieht Ronsard die Chance, eine dominante Position einzunehmen; die eigenen Pionierdienste, insbesondere den Dienst am Vaterland, streicht er dementsprechend auch heraus: »J'enrichy nostre France« (V. 103), »En servant mon pays« (V. 104), womit der patriotische Dienst, aber auch der eigene Anspruch untermauert wird. Ronsards Akkreditierung nimmt also Fahrt auf.

Die Selbstdarstellung endet mit der die Synthese des Gedichts und einen quantitativ gleichberechtigten dritten Teil einnehmenden Wendung an den Adressaten, den Louvre-Architekten Lescot, dessen Beispiel die Aussage des Gedichtes – »La nature ne veut en rien estre forcée« (V. 125) – unterstützen soll. Der Widmungsträger wird als königlicher Künstler zum Alter Ego des Dichters, der sich damit selbst aufwertet. Er reklamiert eine analoge Position zu Lescot, der als Mathematiker, Kunstkenner und Architekt gleichermaßen von François Ier geschätzt worden war und der sich das Verdienst zuschreiben könne, die Renaissance eingeleitet zu haben. Lescot ist auch deshalb ein geeignetes Beispiel, da er, versehen mit allen nötigen Anlagen, bewusst einen Weg gegangen ist, der Analogien zu dem Ronsards aufweist: »Si as-tu franchement suivi ton naturel« (V. 120). Was er bei der Darstellung der eigenen Person aufgrund der Selbstbescheidenheit nicht herausstellen konnte, kann er an ihm uneingeschränkt loben. Gerade die Wertschätzung von François Ier, dessen Urteile gleichsam unzweifelhaft gelten, verstärkt die positive Darstellung und ermöglicht die Synthese, in der die an der Vergangenheit ausgerichteten und damit eigentlich nicht mehr zeitgemäßen Forderungen des Vaters mit den zeitgenössischen und somit angebrachten Idealen des Sohns versöhnt werden. Die aristokratische Herkunft Lescots wird dabei als

---

27 Dies ist ein wiederkehrendes Moment bei Ronsard; vgl. Benedikte Andersson, *L'invention lyrique. Visages d'auteur, figures du poète et voix lyrique chez Ronsard*, Paris 2011. Siehe auch Albert Py, *Imitation et Renaissance dans la poésie de Ronsard*, Genf 1984.

unbedeutend für den Erfolg angesehen (»bien que tu sois noble« [V. 117]), was beweist, dass Ronsard die soziologischen Kriterien unterordnet. Daher muss sich der Erwählte über eventuelle ständische Schranken hinwegsetzen. Er tut dies, indem er das Wissen um Lescot herleitet aus dem persönlichen Gespräch mit dem König Henri selbst, der wiederum sogar Ronsard lobend erwähnt haben soll und eben Lescot mit Ronsard verglichen habe. Damit wird der Ursprung des Gedichts geradezu königlicher Natur: »Comme a fait mon Ronsard, qui à la Poësie / Maugré tous ses parens a mis sa fantaisie« (V. 145). Der Widerstand der Familie gereicht Ronsard umso mehr zur Ehre, sein Erfolg wird bezeugt und die Renaissance als Zeitalter der neuen Prosperität gepriesen.[28]

III. Ökonomische Blüte in der Renaissance, auch für Dichter

Lange galt, dass die Dichter der Renaissance als ökonomisch desinteressiert und hoffnungslos auf den guten Willen anderer angewiesen erscheinen wollten. Wenn noch McGowan 1985[29] Ronsards Antwort in diesem Gedicht als vordergründig persönlich motiviert sieht, so werden zunächst einmal poetische und poetologische Inhalte übersehen, dann aber auch die politische Tragweite der Dichtung, wobei das Gesagte im Gegensatz zur späteren politischen Dichtung gleichsam als harmlos und vorsichtig formuliert wirkt. Aber die Selbstaussagen reihen sich ein in die Phase, die Reinhard Krüger[30] als Versuch der Pléiade gedeutet hat, neue Ansätze in der französichen Dichtung der Friedensphase zwischen 1549 und 1559 zu unterstützen und davon eben auch ökonomisch zu profitieren. Die Thematisierung der eigenen Situation erfolgt vor dem Hintergrund einer doppelten Intention, einer poetologischen und einer ökonomischen. Sich dem neuformierten kapitalistischen Prinzip des Kunstmarkts scheinbar zu entziehen, ist nichts anderes als genau das Rezept, um in diesem Markt oder Feld Dominanz zu erlangen und ökonomisch zu profitieren. So wie Künstler ihre Bilder signieren, so prägen die Pléiade-Dichter mit ihrer Biographie auch ihre Lyrik,

---

28 Inwieweit die Zusammenarbeit mit den Verlegern und Buchdruckern hier eine wesentliche Rolle spielt, untersuchen neuerdings Bjaï u. Rouget (wie Anm. 8) sowie François Rouget, *Ronsard et le livre. Étude de critique générique et d'histoire littéraire*, Genf 2011.

29 Margaret M. McGowan, *Ideal Forms in the Age of Ronsard*, Berkeley 1985.

30 Reinhard Krüger, »Der Kampf der literarischen Moderne in Frankreich (1548 – 1554)«, in: Klaus Garber (Hg.), *Nation und Literatur im Europa der Frühen Neuzeit. Akten des I. Internationalen Osnabrücker Kongresses zur Kulturgeschichte der Frühen Neuzeit*, Tübingen 1989, S. 344-381.

sie kreieren ein Markenimage und arbeiten sich gegenseitig zu.[31] Der arme Poet ist auch für sie ein Topos, allerdings nicht um Mitleid zu erhaschen und Unterstützung zu erbetteln, sondern vielmehr, um sich als außergewöhnlich geeignet auszuweisen und damit nach dem Motto »doux labeur poétique et nonchalance aristocratique«[32] den Automatismus der Förderung und Wertschätzung in Gang zu setzen. Das Bestreiten von Geringschätzung in Verbindung mit der die Errungenschaften der Gegenwart unterstreichenden Selbstaufwertung ist überdies ein Muster, das die Autonomie der Literatur befördert.[33] Bezugsgrößen sind hierbei die fortschrittlichen und gesellschaftsfördernden Spitzen in Medizin (Paré) und Architektur (Lescot), die die neue Epoche der Renaissance repräsentieren, während veraltete Vertreter (Bartolus) allmählich aus dem Bezugsraster herausfallen und der Lächerlichkeit preisgegeben werden. Zumindest aber ist vor dem Hintergrund der Entstehung auch neuer Publikumsschichten und neuer Märkte ein neues Selbstvertrauen zu konstatieren, das eben auch auf die Ausgestaltung der Gedichte und in das poetologische Konzept rückwirkt.[34] Zugleich belegen die materiellen Zeugnisse der Dichtung in Gestalt der königlichen Privilegien die Wertschätzung auch ganz direkt.[35]

---

31 In diesem Sinne François Paré, »Du Bellay et l'institution littéraire au XVIe siècle«, in: *Studi Francesi* 35 (1991), S. 469-473. Weiterführend auch Alessandro Conti, *Der Weg des Künstlers. Vom Handwerker zum Virtuosen*, Berlin 1987; Francis Ames-Lewis, *The Intellectual Life of the Early Renaissance Artist*, New Haven u. London 1995; Martin Warnke, *Hofkünstler. Eine Sozialgeschichte des modernen Künstlers*, 2. Aufl., Köln 1996.

32 So Corinne Noirot, »*Entre deux airs*«. *Style simple et ethos poétique chez Clément Marot et Joachim Du Bellay (1515 – 1560)*, Paris 2013, S. 595.

33 Vgl. Christian Jouhaud, *Les pouvoirs de la littérature. Histoire d'un paradoxe*, Paris 2000, S. 18: »Polémiques, querelles, avaient montré plus d'une fois qu'une bonne partie des hommes de lettres qui écrivaient en langue vulgaire, en vers ou en prose, cherchaient à promouvoir l'idée alors peu évidente qu'ils disposaient d'une compétence spécifique [...]«.

34 Vgl. Jean-Charles Monferran, *L'école des muses. Les arts poétiques français à la Rénaissance (1548 – 1610). Sébillet, Joachim Du Bellay, Peletier et les autres*, Genf 2011, S. 294-302.

35 Zu Ronsard v. a. Michèle Clément (wie Anm. 24), S. 26 u. 30-32.

Lars Schneider

Über den Wert des Buches bei François Rabelais

Il en a este vendu
des imprimeurs en deux moys
qu'il ne sera achepte
de Bibles en neuf ans.

Rabelais, *Pantagruel*, 1532.

I. Warum?

Die Rabelais'sche *Pentalogie* (1532 – 1544) ist ein Amalgam von Elementen aus der Volks- und der Gelehrtenkultur. Ob diese unumkehrbare Mischung auf die Nobilitierung der ersteren, die Vulgarisierung der letzteren oder gar auf beides zugleich hinausläuft, zählt aber bereits zu den zahlreichen Fragen, an denen sich die Forschung (noch immer) ergebnisoffen abarbeitet.[1] Der nachfolgende Beitrag möchte nunmehr weder einen diesbezüglichen Forschungsüberblick geben – das würde seinen Rahmen sprengen –, noch wird er sich anmaßen, dieses Rätsel aus dem Stand heraus zu lösen. Stattdessen beginnt er mit der denkbar einfachsten Frage, die man dem lebendigen Autor Francoys Rabellays (~1494 – 1553) zu seinem Romandebüt hätte stellen können: Warum?

Warum begibt sich ein seriöser, auf seinen Ruf bedachter humanistischer Editionsphilologe an eine subversiv-kreative *réécriture* der höchst trivialen *Chroniques Gargantuines*?[2] Oder: Was führt einen renommierten Spezialisten für die Werke der griechischen und römischen Antike in die Abgründe der volkssprachlichen

---

1 Dies ist nicht zuletzt ein Charakteristikum ›zeitloser‹ Literatur: Sie lässt sich nicht ohne weiteres in einen Sinn überführen, sondern fordert zu immer neuen Deutungen auf. Dass man mit Rabelais-Studien längst Bibliotheken füllen kann, spricht in diesem Zusammenhang Bände. Zur Rabelais-Rezeption im 20. Jahrhundert vgl. u. a. M. Nicolas Le Cadet, »Rabelais et ses commentateurs au XXᵉ siècle: Nouveau bilan critique«, in: *Cahiers de l'Association Internationale des Études Françaises* 65 (2013), S. 135-150. Le Cadet argumentiert anhand einer Liste von zehn *Querelles* – eine von ihnen trägt den Titel »Rabelais humaniste vs Rabelais populaire«.

2 Zur (Editions-)Geschichte der *Grandes Chroniques* vgl. Christiane Lauvergnat-Gagnière, Guy Demerson, Roland Antonioli u. Mireille Huchon (Hgg.), *Les Chroniques gargantuines*, édition critique, Paris 1988.

Unterhaltungsliteratur (siehe Abb. 1 – 3)?[3] Dass er sich einen Spaß daraus macht, seinen Auftraggeber, den alternden *libraire-imprimeur* Claude Nourry (~1470 – 1533)[4], zu täuschen, indem er das Genre der Riesenchroniken in seinem Sinne erweitert, ist möglich.[5] Angesichts des zusätzlichen Arbeitsaufwands und des

Abb. 1: *Hippocratis ac Galeni libri aliquot*, Lyon 1532

Abb. 2: *Les grandes et inestimables croniques*, Lyon 1532

---

3 Rabelais' Selbststilisierung zum Gelehrten Franciscus Rabelaesus Medicus lässt bekanntlich keinerlei Raum für die Aktivitäten eines Alcofrybas Nasier. Vgl. Lars Schneider, *Medienvielfalt und Medienwechsel in Rabelais' Lyon*, Paderborn 2008, S. 63-92.

4 Zu den Lyoneser Druckern des 16. Jahrhunderts vgl. v. a. Henri Louis Baudrier u. Jean Baudrier, *Bibliographie Lyonnaise. Recherches sur les imprimeurs, libraires, relieurs et fondeurs de lettres de Lyon au 16ᵉ siècle*, Paris 1964 [1895]. Ein Anschlussprojekt verfolgt Sybille von Gültlingen (Hg.), *Bibliographie des livres imprimés à Lyon au seizième siècle*, Baden-Baden 1992 – 2015.

5 Bereits eine Analyse des Titelblatts des *Pantagruel* zeigt, dass sich Rabelais die Materialien des Lyoneser Buchdrucks aneignet, um (fast) frei mit ihnen zu experimentieren. Figuren, Genres, Lettern und Rahmen werden unsachgemäß – nach einer Art Baukastenprinzip – benutzt. Vgl. Schneider (wie Anm. 3), S. 93-140.

Abb. 3: *Pantagruel*, Lyon 1532

Zeitdrucks, unter dem der *Pantagruel* (1532) entstand[6], ist es hingegen denkbar, wenn nicht gar wahrscheinlich, dass den Gelehrten noch etwas anderes an- oder umgetrieben hat.

Eine plausible Antwort auf dieses *Warum* – so die im Folgenden vertretene These – lässt sich im diskursiven Umfeld der Romane, ihrem anfänglichen Resonanzraum, finden.[7] Näherhin in den vielstimmigen Gesängen, die die Implementierung des Buchdrucks von den 1450er bis zu den 1530er Jahren – bis zum

6 Das zunächst lediglich 128 Seiten umfassende Buch ist eventuell im Zeitraum zwischen zwei Messen verfasst worden. Zum Hintergrund der lokalen Konkurrenz zwischen den Druckern Nourry und Arnoullet vgl. Gérard Defaux, »Trois cas d'écrivains-éditeurs dans la première moitié du XVIe siècle: Marot, Rabelais, Dolet«, in: *Travaux de littérature* XIV (2001), S. 91-118.

7 Die Netzwerkmetapher steht für einen kulturellen Kontext, in dem vermeintlich einzigartige Erscheinungen/ Entscheidungen verständlich/ nachvollziehbar werden. Vgl. u. a. Stephen Jay Greenblatt, »Resonance and Wonder«, in: ders., *Learning to Curse: Essays in Early Modern Culture*, New York 1990, S. 161-183.

Auftakt der *Pentalogie* – flankieren. Und zwar in den Stimmen, die den Wert des gelehrten Wissens und des gedruckten Buches thematisieren. Rabelais' Vermischung von Volks- und Gelehrtenkultur ist womöglich eine Reaktion auf einen von den neuen Medien hervorgerufenen Wertekonflikt: einen Konflikt, der in der ersten Hälfte des 16. Jahrhunderts *de facto* entschieden ist – mit gravierenden Konsequenzen für die humanistische Editionsphilologie des 15. Jahrhunderts und deren Vision vom Anbruch eines neuen Zeitalters; einen Konflikt, von dem die Romane sowohl formal als auch inhaltlich Zeugnis ablegen.

II. *High Hopes* – die humanistische Zeitenwende

Neue Medien – das zeigt sich einmal mehr zu Beginn der digitalen Ära – sind mit sozialer Energie, kurzum, mit Ängsten, Träumen, Illusionen und Wünschen behaftet.[8] Die Mitglieder einer kulturellen Gemeinschaft projizieren ihre Erwartungen auf sie und beeinflussen dergestalt den Verlauf ihrer Einbettung in die kommunikative Landschaft.[9] Die Schriftgelehrten des 15. und frühen 16. Jahrhunderts verhalten sich nicht anders. Die Liebhaber seltener Manuskripte, die von der Aura des authentischen Wissens umgeben sind, feiern das Typographeum, da sich mit dessen Hilfe die mühsam aufgespürten und eigens restaurierten handschriftlichen Unikate »gemein machen« lassen.[10] Die neue Vervielfältigungstechnik ist nicht nur schneller, sondern auch günstiger als die alte. Und: Sie ermöglicht – zumindest innerhalb einer Auflage – absolut identische Kopien.

Durch den Buchdruck – so die Annahme – wird das Werk der Alten seinen durch fehlerhafte Tradierung verminderten zivilisatorischen Wert erneut entfalten. Und das effektiver, als es je der Fall war. So schreibt Franciscus Rabelaesus Medicus in der *praefatio* des von ihm edierten *Lucii Cuspidii testamentum* (1532)[11]:

---

8 Zu neuen Medien als Wunschmaschinen vgl. u. a. Sherry Turkle, *Die Wunschmaschine: der Computer als zweites Ich*, Reinbek 1986; Michael Giesecke, *Von den Mythen der Buchkultur zu den Visionen der Informationsgesellschaft. Trendforschungen zur kulturellen Medienökologie*, Frankfurt a. M. 2002.

9 Im Rahmen einer Mediengeschichte darf der Beitrag der Mediennutzer nicht unterschätzt werden. Auch wenn diese sich – wie es gegenwärtig immer wieder der Fall ist – z. T. von ihr überrollt fühlen. Medienwandel – das betonen nicht zuletzt aktuelle Arbeiten – ist gestaltbar. Vgl. u. a. Kevin Kelly, *The Inevitable: Understanding the 12 Technological Forces That Will Shape Our Future*, New York 2016; Felix Stalder, *Kultur der Digitalität*, Berlin 2016.

10 Vgl. u. a. Michael Giesecke, *Der Buchdruck in der frühen Neuzeit. Eine historische Fallstudie über die Durchsetzung neuer Informations- und Kommunikationstechnologien*, Frankfurt a. M. 1998, S. 400-405.

11 Bei dem Testament handelt es sich pikanterweise um eine zeitgenössische Fälschung. Vgl. Michael B. Kline, *Rabelais and the Age of Printing*, Genf 1963, S. 10.

Neque uero tibi id uni priuatim manu describendum putaui (quod tamen ipsum optare potius uidebare), sed prima quaque occasione excudendum in exemplaria bis mille dedi. Sic enim cum stipulanti tibi factum fuerit satis, tum studiosis omnibus, te auspice, prouisum ne diutius nesciant qua prisci illi Romani, dum disciplinae meliores florerent, in condendis testamentis formula usi sint.[12]

Jedoch hielt ich es nicht für angebracht, dies für Euch allein von Hand abzuschreiben (obwohl Ihr Euch genau dies am liebsten zu wünschen schient), sondern ich habe bei der erstbesten Gelegenheit 2000 Exemplare drucken lassen. Auf diese Weise ist Eure Bitte erfüllt, und gleichzeitig können all diejenigen, denen der Sinn danach steht, dank dieser Euch gewidmeten Ausgabe nachlesen, auf welche Weise die alten Römer zu der Zeit, da die Wissenschaften in höherer Blüte standen, ihr Testament formulierten.[13]

Die Philologen wähnen sich auf einer Mission: Sie sind auserkoren, die Menschheit mit Hilfe der Druckpresse aus einer Epoche der Dunkelheit zurück ans Licht zu führen.[14] Deshalb suchen sie mit Feuereifer nach verschollenen Texten, die sie für den Druck aufbereiten, an dem sie sich – wie François Rabelais – häufig als Lektoren beteiligen, wenn sie nicht – wie Guillaume Fichet (1433 – 1480), Aldo Manuzio (1449 – 1546) oder Étienne Dolet (1509 – 1546) – selbst Betreiber einer Druckwerkstatt sind.[15] Das systematische »Umspeichern«[16] des Wissens aus den alten Hand- in die neuen Druckschriften betrifft zunächst die Werke des lateinischen und dann die des griechischen Altertums.[17]

Den zeitgenössischen Kommentaren zufolge sind die Gelehrten von ihrer Arbeit wie berauscht. Einmal stilisieren sie sich zu Geburtshelfern, die das Werk

---

12 François Rabelais, *Œuvres complètes*, hrsg. v. Guy Demerson, Paris 1995, S. 1418.

13 Übers. v. Verf.

14 Diese Bildsprache trägt bekanntlich ganz erheblich zur Epochenkonstruktion eines ›dunklen Mittelalters‹ bei.

15 Zum humanistischen Buchdruck vgl. u. a. Annie Charon-Parent, »Le monde de l'imprimerie humaniste: Paris«, in: Henri-Jean Martin (Hg.), *Histoire de l'édition française*, Bd 1: *Le livre conquérant. Du Moyen Age au milieu du XVIIe siècle*, Paris 1982, S. 237-253. Zu Rabelais' Aktivitäten im Rahmen des Lyoneser Buchdrucks vgl. u. a. Schneider (wie Anm. 3), S. 48-92.

16 Gieseckes Metaphorik aus der elektronischen Datenverarbeitung hat den Vorteil, dass sie frühneuzeitliche Vorgänge für ein zeitgenössisches Publikum verständlich macht. An anderer Stelle hat sie aber auch ihren Preis. So ist es etwa historisch unangemessen, Humanisten als »Softwareingenieure« zu bezeichnen.

17 Die generell wenig beachtete Kehrseite dieses Neuauflegens besteht darin, dass die Texte, denen diese Ehre nicht zuteil wird, in der Gutenberg-Galaxis gar nicht erst existieren. Mediale Umbruchsituationen eignen sich daher insbesondere für das Studium einer Kultur des Vergessens.

der Alten ein zweites Mal zur Welt bringen.[18] Ein andermal machen sie die neue Medientechnik zu einem/ ihrem eigenen Wesen, das wertvolle Texte aufspürt, sie verarbeitet, multipliziert und verbreitet. Ja, sie schreiben der Presse sogar die (göttliche) Macht zu, totes Wissen wieder zum Leben zu erwecken und ihm – über spektakuläre Auflagenhöhen – Unsterblichkeit zu verleihen.[19] Überdies werden dem Druck kommunikative Fähigkeiten zugesprochen, weil er Schrift-produzenten und -rezipienten ohne (institutionelle) Umschweife miteinander verbindet. Dies wird bevorzugt mit Techniken der Bewässerung illustriert, die bekanntlich auch in der Abtei von Thélème zum Einsatz kommen. So heißt es im *Gargantua* (1534):

> Au milieu de la basse court estoyt une fontaine magnificque de bel Alabastre. Au dessus les troys Graces avecques cornes d'abondance. Et gettoient l'eau par les mamelles, bouche, aureilles, oieulx et aultres ouvertures du corps.[20]

> Inmitten des Hofs war ein herrlicher Brunnen von schönem Alabasterstein: darauf standen die drei Grazien mit den Hörnern des Überflusses: und ga-ben das Wasser aus Brüsten, Ohren, Mund, Augen und andern Öffnungen des Leibes von sich.[21]

Liest man diesen Brunnen, der nach einem berühmten Holzschnitt modelliert ist (siehe Abb. 4), als Allegorie des Buchdrucks, so haben die Gründer der Ab-tei darauf geachtet, dass die Bewohner rund um die Uhr mit (druck-)frischem Wissen versorgt sind[22]: Vom Brunnen im Zentrum der Anlage fließt das Wasser/ Wissen auf geradem Wege zu den Ecktürmen, von denen aus sich die exzellent bestückten Bibliotheken durch das Gebäude erstrecken (siehe Abb. 5).

Bereits diese wenigen Beispiele zeigen, wie die humanistischen Gelehrten den Buchdruck für das Projekt einer gesamtkulturellen Erneuerung vereinnahmen. Hierbei blenden sie jedoch aus, dass das Medium ihnen nicht gehört und dass es viel eher sie und ihre Tätigkeit vereinnahmt – und das nur, solange es von ihnen profitiert. So nimmt es nicht wunder, wenn die primäre Euphorie nicht

---

18 Zur philosophischen Metaphorik des Gebärens vgl. Christian Begemann, »Gebären«, in: Ralf Konersmann (Hg.), *Wörterbuch der philosophischen Metaphern*, Darmstadt 2007, S. 121-134.

19 Vgl. Giesecke (wie Anm. 10), S. 153.

20 Rabelais (wie Anm. 12), S. 279.

21 François Rabelais, *Gargantua und Pantagruel*, aus dem Französischen verdeutscht durch Gott-lob Regis, Bd 1, Frankfurt a. M. 1964, S. 135.

22 Zur Bedeutung des Grazienbrunnens in der Abtei von Thélème vgl. Schneider (wie Anm. 3), S. 236-239. Eine Lektüre der Thélème-Episode im Lichte der *Hypnerotomachia Poliphili* unternimmt u. a. Gilles Polizzi, »Thélème ou l'éloge du don: le texte rabelaisien à la lumière de l'Hypnerotomachia Poliphili«, in: *Bulletin de l'Association d'étude sur l'humanisme, la réforme et la renaissance* 25:1 (1987), S. 39-59.

Abb. 4: Holzschnitt aus der *Hypnerotomachia Poliphili*, Venedig 1499

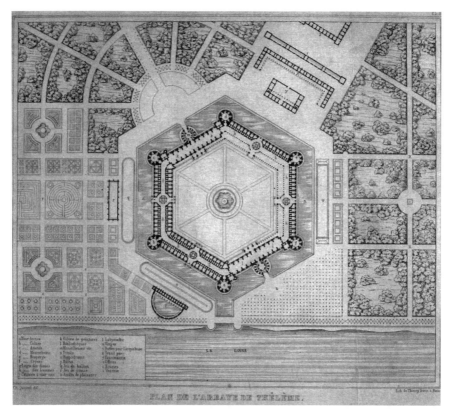

Abb. 5: Rekonstruktion der Abtei von Thélème aus dem Jahr 1840

von Dauer ist. Faktisch wird die Druckpresse den Gelehrten im 16. Jahrhundert viel Kummer bereiten.[23]

23 Bezeichnenderweise sieht die Situation nach zwei weiteren Medienwandeln im 21. Jahrhundert nicht viel anders aus. Erneut hat man die ökonomische Dimension der neuen – diesmal digitalen – Medien unterschätzt. Das Netz hat sich wider Erwarten zu einem gigantischen Marktplatz entwickelt, der von privaten Unternehmen getragen und gelenkt wird.

III. *Big Business* – das Buchdruckgewerbe

Die Humanisten der ersten Stunde verkennen bzw. verdrängen eine wichtige
Eigenschaft des Buchdrucks. Sie sehen nicht bzw. wollen nicht sehen, dass die
Drucker nur bedingt Vertreter ihrer Schriftkultur sind – die genannten Ausnah-
men bestätigen die Regel. Tatsächlich versteht sich bereits Johannes Gensfleisch
(1400 – 1468) als Geschäftsmann. Er sammelt Kapital, um es in die Entwicklung
einer Gewinn verheißenden Medientechnologie zu investieren. Gutenberg führt
seine Werkstatt wie einen Handwerksbetrieb nach ökonomischen Prinzipien.[24]
Auch seine Nachfolger – unter ihnen der Lyoneser Mathias Husz – drucken, um
zu verkaufen. Das belegt ein zeitgenössischer Blick in sein Atelier (siehe Abb. 6[25]).
Die Drucker agieren nicht im Rahmen des mittelalterlichen Aufschreibesys-
tems. Ihr Gewerbe ist vielmehr Teil einer frühneuzeitlichen Ökonomie. Sie
vertreiben ihre (Druck-)Waren auf einem rasant expandierenden (freien) Markt.
Sprich, sie produzieren für eine anonyme, aber zahlende Klientel. Das müssen sie
aufgrund der hohen Auflagen ohnehin – so benötigt z. B. kein lokales Parlament
1500 Gesetzeskommentare auf einmal. Folglich wird der Vertrieb der Bücher nicht
länger über eine herkömmliche Infrastruktur, sondern über eine präkapitalisti-
sche Wirtschaft abgewickelt, die v. a. an Standorten wie Lyon floriert. Hier gibt
es weder eine Universität noch ein Parlament, aber ein blühendes Messewesen
mit europaweiten Absatzwegen.[26] Hier, fernab der traditionellen Stätten des
Schriftkonsums, zeigt die Presse ihr wahres Gesicht.[27] Hier steht sie (mangels
Alternativen) für eine neuartige Form von Textproduktion und -vertrieb.[28]
In Lyon lässt sich studieren, wie der Einfluss der traditionellen (kirchlichen)
Institutionen auf die Schrift zurückgeht, während der Einfluss der neuen (in-
ternationalen) Märkte beständig zunimmt. Die Lyoneser Buchproduktion ist

---

24 Vgl. u. a. Henri-Jean Martin, »La révolution de l'imprimé«, in: Martin (wie Anm. 15), S. 145-
   161; Jeanne Veyrin-Forrer, »Fabriquer un livre au XVIᵉ siècle«, in: ebd., S. 279-301.
25 Hierbei handelt es sich um die älteste erhaltene Darstellung einer Druckerwerkstatt aus dem
   Jahr 1499.
26 Zum Lyoneser Messewesen vgl. Marc Brésard, *Les foires de Lyon au XVᵉ et au XVIᵉ siècle*, Paris
   1914; Justin Godart, *Les foires de Lyon à travers les âges*, Lyon 1924; René Fédou u. Richard
   Gascon, *Histoire de Lyon et du Lyonnais*, Toulouse 1988.
27 Zum Lyoneser Buchdruck als einem lokalem Aufschreibesystem vgl. Schneider (wie Anm. 3),
   S. 42-48.
28 Zum Initiator des Lyoneser Buchdrucks, dem Kaufmannssohn Bartélémy Buyer, vgl. Charles
   Perrat, »Barthélemy Buyer et les débuts de l'imprimerie à Lyon«, in: *Humanisme et Renaissance*
   II (1935), S. 103-121, 234-275, 349-387; Henri-Jean Martin, »L'apparition du livre à Lyon«, in:
   Robert Ranc (Hg.), *Le siècle d'or de l'imprimerie lyonnaise*, Paris 1972, S. 31-112; ders., »Le rôle
   de l'imprimerie lyonnaise dans le premier humanisme français«, in: ders., *Le livre français sous
   l'Ancien Régime*, Paris 1987, S. 29-39.

Abb. 6: Holzschnitt aus *La grant danse macabre*, Lyon 1499

ungemein absatz-, sprich, (buch-)marktorientiert. Das ist auch Rabelais nicht
entgangen, dessen *Pantagruel* mit den Worten endet:

> Vous aurez le reste de l'histoire à ces foires de Francfort prochainement venan-
> tes : et là vous verrez comment trouva la pierre philosophalle. Et comment il
> passa les monts Caspiens, comment il naviga par la mer Athlanticque ...[29]

> Die Fortsetzung dieser Geschichte erhaltet ihr auf der nächsten Frankfurter
> Buchmesse. Dann könnt ihr lesen wie *Pantagruel* den Stein der Weisen fand,
> das Kaspische Gebirge überwand und den Atlantik per Schiff überquerte ...[30]

Auf den Buchmessen – das Zitat deutet es an – werden Neuheiten präsentiert. Das
zeigt sich v. a. im Bereich der wachsenden volkssprachlichen Buchproduktion.
Das Bewährte – was nicht zuletzt den Philologen am Herzen liegt – gilt hier als
Ausschlusskriterium. Damit nicht genug, immer mehr Autoren verschreiben
sich nicht etwa den Wissenschaften, sondern der Unterhaltung. Demgemäß
kommen sie – so wie Alcofrybas Nasier – nicht umhin, in ihren Prologen die
(stets flüchtige) Neuheit und den Unterhaltungswert ihrer Schriften anzupreisen:

---

29 Rabelais (wie Anm. 12), S. 506.
30 Übers. v. Verf.

Voulant doncques moy vostre humble esclave accroistre voz passetemps da-
vantaige, ie vous offre de present ung aultre livre de mesmes billon, sinon
quil est ung peu plus equitable et digne de foy que n'estoit l'aultre.[31]

Derhalb ich dann (als euer untertäniger Sklav) auf Mehrung eurer Kurzweil
bedacht, anitzo euch ein ander Buch von gleichem Schrot und Muster dar-
bring, nur daß es noch etwas manierlicher und glaubhafter ausfallen wird
denn jenes.[32]

Die Art und Weise wie Alcofrybas dieser Sitte folgt, macht indes klar, dass er
das Prinzip der frühneuzeitlichen Unterhaltungsliteratur nur zu gut verstanden
hat. Damit ist er nicht allein.

IV. Das Gesetz des Marktes

Dass der Buchdruck Teil einer *New Economy* ist, deren Akteure v. a. ökonomische
Interessen verfolgen, hat bereits Desiderius Erasmus von Rotterdam (1467 – 1536)
erkannt. So schreibt er in seiner *Collectanea adagiorum* (1500):

Dicet hic aliquis: heus divinator, quid haec ad typographos? Quia non nul-
lam mali partem invehit horum impunita licentia. Implent mundum libellis,
non jam dicam, nugalibus, quales ego forsitan scribo, sed ineptis, indoctis,
maledicis, famosis, rabiosis, impiis ac seditiosis, et horum turba facit, ut fru-
giferis etiam libellis suus pereat fructus. Provolant quidam absque titulis, aut
titulis quod est sceleratius, fictis. Deprehensi resondent, detur unde alam
familiam, desinam tales libellos excudere.[33]

Hier mag jemand einwenden: ach du ahnungsvoller Engel, was hat das mit
Druckern zu tun? Deren ungestrafte Willkür verursacht doch gerade so
manches Übel. Sie überfluten die Welt mit Druckschriften, ich will nicht
sagen: mit possenhaften Druckschriften, wie ich sie möglicherweise schreibe,
doch mit läppischen, ungebildeten, verleumderischen, lästerlichen, ausfäl-
ligen, gottlosen und aufrührerischen, und dieser Haufen bringt es dahin,
dass sogar gehaltvolle Bücher an Wirkung einbüßen. Manche kommen ohne
Titel heraus oder, was noch ruchloser ist, unter irreführenden Titeln. Ertappt
man sie dabei, erklären sie: man gebe mir etwas, womit ich meine Familie
unterhalte, und ich höre auf, solche Bücher zu drucken.[34]

31 Rabelais (wie Anm. 12), S. 302.
32 Rabelais (wie Anm. 21), S. 148.
33 Erasmus von Rotterdam, *Adagia*, hrsg. v. A. Gail, Stuttgart 1983, S. 196.
34 Ebd.

Die zeitgenössischen Buchdrucker und Verleger – so das Argument – handeln unmoralisch, ja sogar unchristlich, wenn sie ausschließlich das produzieren, was sich günstig herstellen und in großen Stückzahlen verkaufen lässt. Erasmus ahnt, dass die Bestseller allen anderen Büchern den Rang ablaufen, sie vielleicht sogar vom Markt verdrängen. Ein solches Szenario schildert Alcofrybas Nasier nunmehr 32 Jahre später am Beispiel der *Chroniques Gargantuines*:

> Et le monde a bien congneu par experience infaillible le grand emolument et utilite qui venoit de ladicte chronicque Gargantuine : car il en a este plus vendu des imprimeurs en deux moys, qu'il ne sera achepte de Bibles en neuf ans.[35]

> Auch hat die Welt durch unumstößliche Erfahrung den großen Gewinn und Nutzen erkannt, der ihr aus dieser Gargantuas-Chronik erwachsen ist: denn die Buchdrucker haben in zween Monden mehr davon verkauft, als man neun Jahr lang wird Bibeln kaufen.[36]

Auf seinen Marktwert reduziert – so die Pointe – ist das Buch der Bücher im Vergleich zu den *Chroniques* von geringem Wert. Deswegen überfluten die Drucker die Welt nicht mit Bibeln, sondern mit trivialen Riesenchroniken. Doch haben sie – wie Erasmus anklingen lässt – kaum Alternativen, denn alles andere mündet in den Bankrott. Und letzterer ist auf neuen (Medien-)Märkten bekanntlich keine Seltenheit.[37]

Vor diesem Hintergrund zeigt sich, dass die Drucker, wenn sie anfangs überwiegend gelehrte Schriften produzieren, weniger aus philologischen, denn aus wirtschaftlichen Überlegungen handeln. Die Fortführung der bestehenden Buchkultur bedeutet ein sicheres Geschäft.[38] Doch dabei bleibt es nicht. Sobald sich ein Markt für Bücher in der Volkssprache abzeichnet, zögern sie (insbesondere in Lyon) nicht, diesen auch zu bedienen.[39] Fortan richten sie sich auch nach den

35 Rabelais (wie Anm. 12), S. 302.

36 Rabelais (wie Anm. 21), S. 148.

37 Sich auf den Markt einzulassen, birgt hingegen ebenfalls Risiken. Zwar kann der Produzent den Preis seiner Ware stets exakt berechnen. Es bleibt aber ungewiss, ob dieser im Anschluss auch tatsächlich erzielt wird. Eine Abteilung für Marktforschung gibt es in der frühen Neuzeit (noch) nicht. Der spektakuläre Zusammenbruch der *New Economy* zeigt überdies, wie sehr man sich mit neuen Geschäftsideen verkalkulieren kann.

38 Daher muss Gutenberg zunächst einmal beweisen, dass der Druck mit den Prachthandschriften mithalten kann. Erst nachdem er diese Hürde genommen hat, kann seine Technologie flächendeckend zum Einsatz kommen.

39 Lyon entwickelt sich bereits im 15. Jahrhundert zur Hauptstadt der Produktion von Büchern in der Volkssprache. Vgl. Dominique Coq, »Les incunables: textes anciens, textes nouveaux«, in: Martin (wie Anm. 15), S. 177–193.

Wünschen einer Klientel, die Kurzweil und/oder nützliche Ratschläge für den Lebensalltag sucht. Auch damit prahlt Alcofrybas in seinem Prolog:

> Trouvez moy livre en quelque langue, en quelque faculte et science que ce soit, qui ayt telles vertus, proprietez, et prerogatives, et je paieray chopine de trippes. Non messieurs non. Il n'y en a point.[40]

> Zeiget mir, in welcher Facultät, Sprach oder Wissenschaft ihr wollt, das Buch, das solche Tugend, Eigenschaft oder Fürzeug hätt', und ich zahl die Darm-Schwemm. Nein, nein, ihr Herrn, es ist unvergleichlich, ohne Beispiel, hat seinesgleichen nicht.[41]

So wie der gelehrte, setzt aber auch der volkssprachliche Buchdruck zunächst Traditionen fort. Er schöpft aus den Manuskriptbeständen des 14. und 15. Jahrhunderts – Abenteuerromanen, Heiligenviten, allegorischen Dichtungen etc. –, die er aus den Privatbibliotheken heraus in die Öffentlichkeit trägt. Darüber hinaus findet er seine Vorlagen in einer reichen, *bis dato* nicht verschrifteten Volkskultur. Dergestalt entstehen neue, z. T. kurzlebige Genres wie die *Grandes Chroniques*, als deren Sequel der *Pantagruel* ausgegeben wird:[42]

> Tres illustres et tres chevaleureux champions gentilz hommes et aultres, qui voluntiers vous adonnez à toutes gentillesses et honnestetez, vous avez na gueres veu, leu, et sceu les grandes et inestimables chronicques de l'enorme geant Gargantua […].[43]

> Sehr treffliche und mannhaftige Degen, edle freie gestrenge Herren und all ihr andern, die ihr euch gern jedweder Anmut und Tugend befleißigt: ihr laset, aßet und ermaßet unlängst die große unschätzbare Chronik des ungeheuern Riesen Gargantua […].[44]

Die Gelehrtenwelt nimmt diese Entwicklung vorerst stillschweigend zur Kenntnis. Doch mit dem wachsenden Erfolg der neuen Genres bricht der von Erasmus und Alcofrybas geschilderte Wertekonflikt aus: Dabei geht es den Gelehrten um

---

40 Rabelais (wie Anm. 12), S. 302.
41 Rabelais (wie Anm. 21), S. 148.
42 Sabine Vogel weist darauf hin, dass die zeitgenössische Belletristik (der heute kanonischen Autoren) nur einen sehr geringen Anteil an der Buchproduktion des 16. Jahrhunderts hat. Vgl. dies., *Kulturtransfer in der frühen Neuzeit. Die Vorworte der Lyoner Drucke des 16. Jahrhunderts*, Tübingen 1999, S. 230.
43 Rabelais (wie Anm. 12), S. 300.
44 Rabelais (wie Anm. 21), S. 147.

den immateriellen, den Druckern aber um den materiellen Wert der Bücher.[45] Erstere werben um Leser, letztere um Käufer.[46] Dass man sich dieses Konflikts erst jetzt bewusst wird, liegt daran, dass sich beider Interessen lange Zeit vereinbaren ließen. Kurz, dass man mit gelehrten Editionen ein gutes Geschäft machen konnte. Jetzt veranlasst das (freie) Spiel von Angebot und Nachfrage die Drucker jedoch dazu, die bis dahin natürliche Kollaboration mit den Philologen zu überdenken und ggf. sogar zu beenden. Und den Reaktionen nach, haben diese die Entwicklung entweder nicht kommen sehen oder sie bis zum Schluss – mithin bis ins frühe 16. Jahrhundert – verdrängt.

V. *Auslaufmodell* – wissenschaftliche Philologie im 16. Jahrhundert

In den 1520er Jahren ist das editionsphilologische Großprojekt so gut wie vollendet.[47] Damit stehen die Humanisten indes vor einem weiteren Problem: Sie haben dem Markt nichts Neues mehr zu bieten. Deshalb können sie – wie Giesecke bemerkt – gehen.[48] Ihr einst erfolgreiches Zuliefergewerbe wird abgewickelt, auch wenn die Worte des Franciscus Rabelaesus Medicus das Gegenteil nahelegen:

> Annotaciunculas itaque illas Sebastianus Gryphius, calcographus ad unguem consummatus et perpolitus, cum nuper inter schedas meas uidisset, iamdiuque in animo haberet priscorum medicorum libros, ea qua in caeteris utitur diligentia, cui uix aequiparabilem reperias, typis excudere, contendit a me multis uerbis ut eas sinerem in communem studiosorum utilitatem exire. Nec difficile fuit impetrare quod ipse alioqui ultro daturus eram.[49]

So hat dann Sebastian Greif, ein erfahrener und umfassend gebildeter Buchdrucker, diese Notizen kürzlich in meinen Unterlagen gesehen. Er hatte seit

---

45 Zum frühneuzeitlichen Streit über die korrekte Handhabe der neuen Medien vgl. u. a. Lars Schneider, »Hybride Diskurse im Schoße der *imprimerie lyonnaise*: zur Normierung eines neuen Medienmarktes«, in: Gisela Drossbach (Hg.), *Von der Ordnung zur Norm: Statuten in Mittelalter und Früher Neuzeit. Akten zur Tagung vom 12. – 14. Oktober 2006 in München*, Paderborn 2010, S. 327-345.

46 So prangt in großen Lettern auf dem Titel des *Pantagruel*: »On les vend à Lyon en la maison / de Claude Nourry, dict le Prince / pres nostre dame de Confort.« [»Diese Bücher werden in Lyon verkauft / bei Claude Nourry, genannt der Prinz / in der Nähe von Notre Dame de Confort«; übers. v. Verf.].

47 Im Jahr 1520 sind die ›Klassiker‹ fast ausnahmslos in die neuen Medien überführt (vgl. Giesecke [wie Anm. 10], S. 322). Die Suche nach noch unedierten Dokumenten ist dementsprechend schwer, und es scheint sogar ein Markt für Fälschungen zu existieren, auf dem u. a. das von Rabelais herausgegebene Testament des Lucius Cuspidius zirkulierte.

48 Giesecke (wie Anm. 10), S. 327.

49 Rabelais (wie Anm. 12), S. 1414 f.

langem die Absicht, die Bücher der Mediziner der Antike mit der Sorgfalt, die er allen anderen Büchern entgegenbringt (man findet schwerlich jemanden seinesgleichen), zu drucken. Er bekniete mich inständig, dem Druck zuzustimmen, um all jenen zu helfen, die sich dafür interessieren. Er hatte keine Schwierigkeit, das von mir zu bekommen, was ich ohnehin von mir aus in Druck gegeben hätte.[50]

Wenn hier noch einmal das Szenario des humanistischen Buchdrucks beschworen wird, dann geschieht dies im Rahmen einer ausgefeilten Selbststilisierung. Das Vorwort der Hippokrates-Ausgabe, die 1532 – zeitgleich mit dem *Pantagruel* – erscheint, ist ein Bewerbungsschreiben für die Aufnahme in die transnationale *res publica literaria*.[51] Aus diesem Grunde blendet es die eher gegenteilige Realität einfach aus: Erstens ist sein Manuskript zu umfangreich, sodass Greif ab der zweiten Auflage deutliche Kürzungen vornimmt. Und zweitens konzentriert sich der Buchmarkt längst auf andere Textlieferanten und -abnehmer. Über die Folgen klagt nicht nur der Elsässer Hieronymus Gschmus (1505 – 1544):

Et non adeo pridem orbis nostri nationes variae, magno consensu ea studia amplecte coeperunt, sed non pari fide in hunc usque diem retinere actueri videntur. […] Arbitror, quia in imperitorum manibus praemia sunt, qui cum literarum ignari sint, nec admirari eas, nec amare queunt: et quae praemia studiosis hominibus debebantur, fere largiuntur aliis, aut assentatoribus, aut sycophantis, aut omnino indoctis. Neque enim de hominum ingeniis recte iudicare norunt literarum imperiti, sed prout quisque lingua fuerit volubiliore, magisque ad vulgus accommodata, tanto existimatur doctior. Ergo aut in illos impenduntur doctorum praemia […].

Kaum haben sich die Studien in unseren Nationen mit allgemeiner Zustimmung zu entwickeln begonnen, gehen sie schon wieder zurück. […] Ich denke, es liegt daran, daß das Geld in den Händen Unkundiger ist, die die litterae nicht lieben und schätzen und die den Lohn, der den Gelehrten zusteht, Schmeichlern und Ungebildeten nachwerfen. Die Unkundigen können außerdem die Arbeit der Gelehrten nicht richtig beurteilen. Je fließender die Sprache klingt und je mehr sie der Volkssprache angeglichen wird, für desto gelehrter wird jemand gehalten. So bekommen diese den Lohn der Gelehrten.[52]

---

50 Übers. v. Verf.
51 Vgl. Schneider (wie Anm. 3), S. 63-92.
52 Plutarchus, *Graecorum Romanorumque illustrium*, Lyon 1560. Zitiert nach Vogel (wie Anm. 42), S. 44.

Gschmus erkennt, dass die Ökonomie der Philologie einen Strich durch die Rechnung macht. Der zeitgenössische Buchmarkt ist dabei, die gelehrten Editionen auszusortieren. Das ›Wissen der Antike‹ wird zum Nischenprodukt. Und das bedeutet letztlich das Aus für die Utopie einer von der Philologie ausgehenden Zeitenwende. Dass diese aller Mühen zum Trotz nicht eintritt, nimmt auch der Lyoneser Stadtarzt zur Kenntnis. So schreibt er im Vorwort der – ebenfalls 1532 erschienenen – Manardi-Ausgabe an André Tiraqueau (1488 – 1558):

> Qui fit, Tiraquelle doctissime, ut in hac tanta seculi nostri luce, quo disciplinas omneis meliores singulari quodam deorum munere postliminio receptas uidemus, passim inueniantur, quibus sic affectis esse contigit, ut e densa illa Gothici temporis caligine plus quam Cimmeria ad conspicuam solis facem oculos attollere aut nolint, aut nequant.[53]

> Wie kann es sein, hochgelehrter Tiraqueau, dass in diesem hellen Lichte unseres Jahrhunderts, wo wir durch eine einzigartige Gunst der Götter alle Wissenschaften ihren guten alten Zustand wiederfinden sehen, wie kann es sein, daß sich so gut wie überall Menschen finden, die so verbohrt sind, daß sie aus dem Nebel des Gotischen Zeitalters, der noch dichter ist als der kimmerische Nebel, nicht ihre Augen zur strahlenden Fackel der Sonne heben wollen oder können?[54]

Wie kann das angehen? Was soll man tun? Eines steht fest: Es ist an der Zeit für etwas Neues.

VI. Warum nicht (einen Roman verfassen)?

Wenn man den *Pantagruel* in den hier angerissenen Kontext einbettet, so wird der Entschluss, den Auftrag des Druckerverlegers Nourry, ein Volksbuch im Stil der *Grandes Chroniques* zu verfassen, anzunehmen, sich diesen jedoch kreativ anzueignen, lesbar als eine Antwort auf die bedenkliche Situation der humanistischen Editionsphilologie. Anders als die Mehrheit seiner Zeitgenossen belässt es Rabelais nicht dabei, die (Filter-)Mechanismen des Buchmarkts, die er klar erkennt, zu verschmähen. Statt sich dem (Medien-)Wandel zu ergeben, beginnt er ihn mit Verve zu gestalten, indem er die blühende Konsumliteratur für seine Zwecke nutzt. Er macht das Auftragswerk zum Träger humanistischer Propaganda. Und er tut dies, um die neuen und tragenden Käufer- und Leserschichten anzusprechen, die sich (wenn überhaupt) kaum für die gelehrten Editionen

---

53 Rabelais (wie Anm. 12), S. 1409 f.
54 Übers. v. Verf.

interessieren. Der *Pantagruel* gleicht einem Kuckucksei: Auf den ersten Blick entspricht er einem Genre, von dem er sich augenzwinkernd distanziert.[55] Das erklärt u. a. die Parodie auf das frühneuzeitliche Buchmarketing, die Alcofry-bas im Prolog des Romans aufführt, indem er seine Aufgabe in jeder Hinsicht übererfüllt. Es erklärt jedoch auch die ausführliche Lektüreanweisung, die dem *Gargantua* (1534) vorangestellt ist.[56] Hier geht es zum einen um die Vermittlung eines ›Mehrwerts‹ (*prodesse*) an all diejenigen, die den *Pantagruel* – wie der Pariser Bürger Jacques le Gros – nur wie einen Ritterroman (*delectare*) lesen.[57] Zum anderen geht es um die Rechtfertigung vor den gelehrten Lesern, die derlei Romane verschmähen – und deren Urteil der Verfasser zu fürchten hat, weil es einen Ausschluss aus der Gelehrtenrepublik nach sich ziehen könnte. Vermutlich hat er es deshalb auch vorgezogen, die beiden Romane unter einem Pseudonym zu veröffentlichen.[58] Sein Tun ist also sowohl ökonomisch – Nourry könnte sich weigern, das Buch anzunehmen – als auch philologisch – er könnte seine Reputation verlieren – riskant.

Dass sich der Roman zu einem Verkaufsschlager und die *écriture pantagruélique* zu einer Art Markenzeichen entwickeln würden, konnte Rabelais bei der Nie-derschrift nicht ahnen. Jedoch ist der Gedanke, die Gelehrtenkultur wieder marktfähig zu machen – selbst wenn es zunächst nur darum gehen sollte, Feuer mit Feuer zu bekämpfen – brillant. Indem sich der Gelehrte auf die Volkskultur einlässt, kann er den sich auftuenden Graben zwischen Philologie und Buchdruck überbrücken: Rabelais macht humanistisches Gedankengut gemein, Nourry macht ein gutes Geschäft. Mit Blick auf die eingangs aufgeworfene Frage ließe sich vermuten, dass der Verfasser des *Pantagruel* die Volkskultur (*delectare*) genau so weit nobilitiert, wie es zur Vulgarisierung der Gelehrtenkultur (*prodesse*) nötig ist.[59] Doch so innovativ das Experiment auch ist, beruht es gleichwohl auf einer bitteren Erkenntnis.

Indem Rabelais das Romanmanuskript verfasst, erkennt er den entscheidenden – nämlich den ökonomischen – Sieg der volkssprachlichen Literaturen an. Zu-

---

55 Michael Screechs Annahme, dass sich der Roman von Beginn an an einen kleinen Kreis von Eingeweihten wendet, ist angesichts der Produktions- und Vertriebskosten unwahrscheinlich. Vgl. ders., *Rabelais*, London 1979, S. 24-25.

56 Diese Lesart des Prologes folgt Edwin M. Duval, »Interpretation and the ›Doctrine Absconce‹ of Rabelais's Prologue to Gargantua«, in: *Etudes Rabelaisiennes* XVIII (1985), S. 1-17.

57 Vgl. Abel Lefranc, »Les plus anciennes mentions du *Pantagruel* et du *Gargantua*«, in: *Etudes Rabelaisiennes* III (1917), S. 216-221.

58 Schneider (wie Anm. 3), S. 127-152. Die den Roman umgebende Stille in der Gelehrtenwelt ist mithin kein Zeichen einer schweigenden Anerkennung, sondern die Folge einer erfolgreichen Editionspolitik.

59 Bezeichnend ist an dieser Stelle die Umkehr des Mottos von *prodesse et delactare* zu *delectare et prodesse*.

sammen mit den vier folgenden Romanen dokumentiert es den Untergang einer vitalen humanistischen Editionsphilologie, der es einen literarischen Zufluchtsort verleiht: das Königreich Utopien. Hier gehen alle Visionen mustergültig in Erfüllung. So schreibt der alternde Gargantua an seinen Sohn:

> Maintenant toutes les disciplines sont restituées, les langues instaurées, le grec sans lequel il est honteux qu'une personne se dise savante, l'hébreu, le chaldéen, le latin. Des impressions fort élégantes et correctes sont utilisées partout, qui ont été inventées à mon époque par inspiration divine, comme inversement l'artillerie l'a été par suggestion du diable. Tout le monde est plein de gens savants, de précepteurs très doctes, de librairies très amples, tant et si bien que je crois que ni à l'époque de Platon, de Cicéron ou de Papinien, il n'y avait de telle commodité d'étude qu'il s'en rencontre aujourd'hui.[60]

> Anitzt sind alle Disciplinen wieder hergestellt, die Sprachen erneuert, Griechisch, ohn welches eine Schand wär sich einen Gelehrten nennen zu wollen, Hebräisch, Chaldäisch, Latein: es sind die so correcten zierlichen Bücher mit Druckschrift nun in Umlauf kommen, die man durch göttliche Eingebung in meinen Tagen erfunden hat, gleichwie im Widerspiel das Geschütz auf des Teufels Antrieb. Die ganze Welt ist voll gelehrter Männer, hochbelesener Lehrer, voll reichbegabter Büchersäl, und dünket mich daß eine solche Bequemlichkeit der Studien, wie man itzo siehet, weder zu Plato noch Cicero Zeiten, noch Papiniani gewesen sei.[61]

Im *royaume d'utopie* wird das humanistische Programm parodistisch übererfüllt: Die Drucker arbeiten Hand in Hand mit den Gelehrten. Diese ziehen die Druckschriften für die Erziehung des Thronfolgers zum *roi philosophe* heran. Gargantua wird sich erkenntlich zeigen, indem er – im Stil des vorbildlichen Herrschers – eine Druckerei und ein humanistisches Gemeinwesen stiftet: die Abtei von Thélème. All dies wird indes nicht mit Spott bedacht. Das pädagogische Anliegen ist (nach wie vor) vorhanden[62], doch das Medium ist ein anderes. Deshalb werden zugleich Tränen (des Abschieds) gelacht.[63]

Sofern man die These vertritt, dass die mittelalterliche Volkskultur einem frühneuzeitlichen Rationalisierungsschub zum Opfer fällt, scheint hier etwas

---

60 Rabelais (wie Anm. 12), S. 352.
61 Rabelais (wie Anm. 21), S. 176.
62 Zur propagandistischen Funktion des Romans in der (Lyoneser) Schulpolitik vgl. Lars Schneider, »Champier, Rabelais, Aneau: zur Institutionalisierung von Wissen im frühneuzeitlichen Lyon«, in: Elmar Eggert, Susanne Gramatzki u. Christoph Oliver Mayer (Hgg.), *Die Institutionalisierung des Wissens in der Frühen Neuzeit*, München 2009, S. 117-136.
63 Etwas Vergleichbares schildert Bernhard Teuber in *Sprache, Körper, Traum – Zur karnevalesken Tradition in der romanischen Literatur aus früher Neuzeit*, Tübingen 1989.

strukturell Vergleichbares zu passieren. Eine florierende Editionsphilologie erliegt einem frühneuzeitlichen Ökonomisierungsschub. Dieser ist nicht zu unterschätzen. Vielleicht ist er sogar das Ausschlag gebende Phänomen? Trägt er nicht auch seinen Teil zum Verschwinden der Volkskultur bei? Werden die *Grandes Chroniques* nicht nur solange verlegt, bis ihr Marktwert erschöpft ist? Und was ist mit frühneuzeitlicher Rationalität? Ist sie nicht auch eine Frucht des neuen Medienmarktes?[64] Wie dem auch sei, sowohl die Volks- als auch die Gelehrtenkultur des 15. Jahrhunderts gehen ins literarische Exil der Pentalogie, wo sie in zahllosen Auflagen bis heute überlebt haben. Die Riesenchroniken sowie die Editionen des Franciscus Rabelaesus Medicus sind demgegenüber in Vergessenheit geraten und nur noch Spezialisten zugänglich. Erst als er die Zeichen der Zeit erkannt hat, schafft Rabelais ein Werk von bleibendem Wert.

Abbildungsnachweise

Abb. 1: Titelblatt der Rabelais'schen Hippokrates-Ausgabe, in: Stephen Rawles u. Michael Andrew Screech (Hgg.), *A New Rabelais Bibliography. Editions of Rabelais Before 1626*, Genf 1987, S. 521-528.

Abb. 2: Titelblatt der *Grandes et inestimables Chronicques*, in: ebd., S. 583.

Abb. 3: Titelblatt der Erstausgabe des *Pantagruel*, in: *Bibliothèque en ligne Gallica* [http://gallica.bnf.fr/ark:/12148/btv1b86095855/f11.image] (29.9.2016).

Abb. 4: Francesco Colonna, *Hypnerotomachia Poliphili* [1499], hrsg. u. komm. v. Giovanni Pozzi u. Lucia A. Ciapponi, Padua 1968, S. 82.

Abb. 5: Charles Lenormant, *Rabelais et l'architecture de la Renaissance: Restitution de l'abbaye de Thélème*, Paris 1840.

Abb. 6: Carl Wehmer, *Deutsche Buchdrucker des 15. Jahrhunderts*, Wiesbaden 1971, Tafel 1.

---

64 So sehen es bekanntlich die klassischen Medientheorien à la McLuhan.

Humanismus und Ökonomie

Wolfram Keller

Eingebildetes Wissen

Imaginationstheorie, Haushalt und Kommerz in spätmittelalterlichen britischen Traumvisionen

In den folgenden Ausführungen geht es um einen kleinen Ausschnitt spätmittelalterlicher und frühneuzeitlicher Bildung – nämlich um die Ausbildung von Dichtern. In der spätmittelalterlichen und frühneuzeitlichen britischen Literatur sind es vor allem allegorische Traumvisionen, in denen die Bildung der Dichter im Vordergrund steht und es um die Vermittlung desjenigen literarisch-historischen Wissens geht, das poetischer Arbeit zuvörderst zugrunde liegt. Die Verhandlung der Vermittlung dieses Wissens vollzieht sich dabei vor dem Hintergrund epistemologischer und ›ökonomischer‹ Diskurse, die in ihrem Zusammenwirken bisher weitgehend unkommentiert geblieben sind. Bereits gut dokumentiert ist die Tatsache, dass sich die Unterweisung von Dichtern in die relevanten Wissensbestände in Form von Traumreisen durch imaginäre Landschaften vollzieht, die Repräsentationen des Hirnapparats sind; die Dichter-Protagonisten reisen also durch die Hirnventrikel der Imagination, der Logik und des Gedächtnisses. Bislang wenig erforscht ist die Engführung der Repräsentation der Hirnventrikel und Ökonomie, d. h. die Bewirtschaftung der dargestellten mentalen Haushalte. In mittelalterlichen Traumvisionen werden die Ventrikel als Gebäude oder Höfe dargestellt, deren Bewirtschaftung oft besonders hervorgehoben wird, denn vor allem in hochmittelalterlichen Traumvisionen ist die Wiederherstellung eines funktionierenden Hirnapparats ein zentrales Anliegen. Während die Ventrikel in hochmittelalterlichen Traumvisionen idealiter nach den Geboten der Hauswirtschaft (*oikonomia*) funktionieren, kommt es in spätmittelalterlichen und frühneuzeitlichen Traumvisionen zu einer poetologisch und epistemologisch folgenschweren Transformation. In Geoffrey Chaucers *House of Fame* (1380er) und Gavin Douglas' *Palice of Honour* (1501), die ich im Folgenden primär diskutieren werde, ist die Bewirtschaftung der Hirnventrikel nämlich von arbiträrer Wertzuschreibung und unnatürlichem Wucher gekennzeichnet. Dies führt, so meine These, in beiden Fällen zu unterschiedlich ausgeformten, disharmonischen Transformationen historiographisch-poetischen Wissens, einschließlich einer Neubewertung des Wissens über die Arbeit der Ventrikel selbst. Diese chrematistische Wissenstransformation, die durch die Auflösung traditioneller

Haushaltsführung im Lichte von Wucherprozessen und arbiträren Bewertungen bedingt ist, wird letztlich zum Grundparadigma poetischer Arbeit erhoben.

Um dieser These nachzugehen, werde ich zunächst kurz die ›wirtschaftlichen‹ Entwicklungen im spätmittelalterlichen England und im frühneuzeitlichen Schottland erläutern, vor deren Hintergrund sich die ›Ökonomisierung‹ poetischen Wissens vollzieht, ohne dass in den Gedichten zwangsläufig direkt auf realwirtschaftliche Prozesse verwiesen wird. In einem zweiten Abschnitt lege ich dar, in welcher Weise in Geoffrey Chaucers Traumvision *The House of Fame* imaginations- und wissenstheoretische Diskurse enggeführt werden und wie sich deren chrematistische Transformation zu einem poetischen Programm verdichtet. Schließlich werde ich in einem dritten Abschnitt zeigen, dass Gavin Douglas' mittelschottische Traumvision – im steten Rückgriff auf Chaucer – dessen allegorisch-poetologische Verhandlung epistemologisch-ökonomischer Prozesse letztlich *ad absurdum* führt und somit an der sog. Epochenschwelle das Ende einer langen *House of Fame*-Tradition markiert.

I

Der Haushalt – die zentrale, von Reziprozität, Maßhalten und ›natürlichem Gewinn‹ charakterisierte Schaltstelle ökonomischen Handelns in Antike und Mittelalter – war in der zweiten Hälfte des 14. Jahrhunderts aufgrund des prosperierenden Handels zunehmend unter Druck geraten.[1] Nach den schwierigen Pestjahren wuchs die insulare Wirtschaft beständig, der Geldumlauf stieg dramatisch und alle Lebensbereiche wurden zunehmend durch kommerzielle oder monetäre Werte bestimmt, was zu einem größeren Bewusstsein für den fluktuierenden Wert des Geldes in der Bevölkerung führte.[2] Geld wurde zum Maß aller Dinge – aber zu einem höchst problematischen.[3] Einerseits handelte es sich bei Geld um ein praktikables Ordnungsinstrument für ökonomische Austauschprozesse, andererseits war Geld aber auch dasjenige Element, das diese Ordnung zu korrumpieren und pervertieren schien. Für die Krone wurde

---

1 Siehe u. a. Richard H. Britnell, *The Commercialisation of English Society, 1000 – 1500*, Cambridge ²1996; Diana Wood, *Medieval Economic Thought*, Cambridge 2002. Für die mittelalterliche Ökonomik siehe ferner Otto Gerhard Oexle, »Haus und Ökonomie im frühen Mittelalter«, in: Gerd Althoff (Hg.), *Person und Gemeinschaft im Mittelalter*, Sigmaringen 1988, S. 101-122; Irmintraut Richarz, *Oikos, Haus und Haushalt. Ursprung und Geschichte der Haushaltsökonomik*, Göttingen 1991.

2 Joel Kaye, *Economy and Nature in the Fourteenth Century. Money, Market Exchange, and the Emergence of Scientific Thought*, Cambridge 1998, S. 1.

3 Ebd., S. 17, 48 ff. und siehe Wood (wie Anm. 1), S. 69.

es immer schwieriger, den Geldwert festzulegen, den Handel zu lenken und Gewinne auf ein ›natürliches Maß‹ zu beschränken. Die ständige Neubewertung des Geldes war das Resultat dieser Entwicklung, die der Bevölkerung deutlich den Mangel an festen Werten spiegelte.[4]

Gegen das Akkumulieren der für den Haushalt lebenswichtigen Dinge gab es nichts einzuwenden. Demgegenüber wurden Geldwirtschaft und artifizieller Reichtum einer völlig entgrenzten Gier zugeordnet, was oft im Rückgriff auf die Aristotelische Unterscheidung zwischen der Haushaltskunst (*oikonomia*) und der mit der Geldwirtschaft assoziierten Kaufmannskunst (*chrematistikê*) geschah[5]: »The accumulation of the necessaries, which is morally good, is considered part of *Oikonomia*, ›the household art‹. Money and artificial wealth are the object of ›wealth-getting‹, or *Chrematistics*, which is both unlimited and morally disregarded«.[6] So findet es sich auch bei Thomas von Aquin: Das Verlangen nach natürlichem Reichtum sei endlich, da dieser für die Natur in einem begrenztem Maße ausreiche; das Verlangen nach artifiziellem Reichtum aber sei nicht einzugrenzen und mache Menschen zu Sklaven fehlgeordneter, nicht zu bändigender Begierde.[7] Letztere korrespondiert mit gängigen Definitionen des geächteten Zinswuchers: Geld, das auf unnatürliche Weise aus sich selbst heraus mehr Geld produziert.[8] Trotz einer realwirtschaftlichen Situation, in der chrematistische Praktiken omnipräsent waren, verherrlichte die Aristokratie *Oikonomia*, d. h. proportionale Reziprozität, Maßhalten und ›natürlichen Zugewinn‹.[9]

Problematisch war – vor allem im London der Chaucer-Zeit, aber auch im Edinburgh des ausgehenden 15. Jahrhunderts –, dass das Ungleichgewicht zwischen dem Haushalt der Krone und den reichen Kaufleuten immer stärker zutage trat, was Geoffrey Chaucer, Gavin Douglas und anderen kaum entgangen sein

---

4 Kaye (wie Anm. 2), S. 18, 23-35.

5 Siehe bes. Aristoteles, *Politik* 1256b, 1257-1258a.

6 Joao César das Neves, »Aquinas and Aristotle's Distinction on Wealth«, in: *History of Political Economy* 32 (2000), S. 650. Siehe u. a. M. Beer, *Early British Economics. From the 13th to the Middle of the 18th Century*, London 1938, S. 15-59.

7 St. Thomas Aquinas, *Summa Theologica*, übersetzt v. Fathers of the English Dominican Province, New York 1947, I-II, 2.1.3: »The desire for natural riches is not infinite: because they suffice for nature in a certain measure. But the desire for artificial wealth is infinite, for it is the servant of disordered concupiscence, which is not curbed, as the Philosopher says«.

8 Zum Problem des Wuchers siehe allgemein Jacques Le Goff, *Your Money or Your Life. Economy and Religion in the Middle Ages*, New York 1998; für England siehe u. a. Beer (wie Anm. 6), S. 37-44.

9 Für Formen des höfischen ›Wirtschaftens‹ (Prestigekonsum, Reziprozität usw.) siehe u. a. Felicity Heal, »Reciprocity and Exchange in the Late Medieval Household«, in: Barbara A. Hanawalt u. David Wallace (Hgg.), *Bodies and Disciplines. Intersections of History and Literature in Fifteenth-Century England*, Minneapolis 1996, S. 179-198; Elliot Kendall, *Lordship and Literature. John Gower and the Politics of the Great Household*, Oxford 2008, S. 1-27.

wird. Gerade in Chaucers Fall ist es nicht verwunderlich, dass seine Traumvisionen terminologisch Bezug auf die Welt des Handels und der Geldwirtschaft sowie des Wuchers nehmen. Chaucer verdiente seinen Lebensunterhalt für eine Weile im Zollamt, in dem er die Abfuhr der Steuern aus dem Wollexport überwachte; er saß damit an einer zentralen Schaltstelle zwischen Krone und Exportwirtschaft, an der sich die Spannungen zwischen konfligierenden Wirtschaftsformen deutlich manifestierten. Einerseits war Chaucer bestens mit der höfischen Welt des Austauschs seines ›Arbeitgebers‹ vertraut, andererseits unterhielt er Kontakt zu den wichtigen Protagonisten des Finanz- und Handelsplatzes der Londoner City. Er dürfte daher auch gewusst haben, dass sich die Krone zunehmend über Kredite bei Kaufleuten finanzierte und somit immer tiefer in die Verschuldung glitt. Um dem entgegenzuwirken, wurde die Währung abgewertet. Überspitzt formuliert: Aus einem am ökonomischen Vorbild des Haushaltes orientierten höfischen Austauschsystem wurde ein volkswirtschaftliches Element, das sich vom Handel finanzierte und die Inflation in die Höhe trieb. Dessen ungeachtet versuchte die Aristokratie, die Illusion proportionaler Reziprozität aufrechtzuerhalten – entgegen einer so offensichtlich erstarkten Geld- und Finanzwirtschaft.[10]

Die Spannung zwischen einem (nominell) der traditionellen Hauswirtschaft verschriebenen Hof und einer zu verachtenden Chrematistik bestand über das 15. Jahrhundert hinaus und wurde verschärft durch die Knappheit von Silber und anhaltenden Prestigekonsum. Selbstredend nahm sich die wirtschaftliche Situation in Gavin Douglas' frühneuzeitlichem Schottland anders aus als im London des vorangehenden Jahrhunderts. Aber auch die Wirtschaftsgeschichte der Frühen Neuzeit in Schottland führt immer wieder die chronische Knappheit von Silber ins Feld und betont die zahlreichen – sämtlich misslungenen – Versuche der Krone, ordnend in Handelsprozesse einzugreifen und den steten Fall des Geldwertes aufzufangen. Gerade Letzteres resultierte in der traumatischen Einführung des stark entwerteten ›black money‹ im Jahre 1480.[11] Autoren der Zeit nehmen immer wieder Bezug auf diese Entwicklungen durch Betonung des Gegensatzes zwischen *oikonomia* und *chrematistikē*:

> The isolation of ›Singular proffeit‹ as a mercantile sin underscores the isolation of the city and distinguishes its forms of exchange from the wide variety of economic processes in which it participates; it thus upholds the court's fantasies of magical surplus and its preference for modes of giving and recei-

10 Für Chaucers ›Arbeitswelten‹ und für die wirtschaftlichen Abhängigkeiten von Krone und City in London siehe David R. Carlson, *Chaucer's Jobs*, New York 2004; Craig E. Bertolet, *Chaucer, Gower, Hoccleve and the Commercial Practices of Late Fourteenth-Century London*, Farnham 2013; David Wallace, *Chaucerian Polity. Absolutist Lineages and Associational Forms in England and Italy*, Stanford 1997, S. 188-199.
11 Jenny Womald, *Court, Kirk, and Community: Scotland 1470 – 1625*, Edinburgh 1981, S. 41-55.

ving rather than buying and selling. The court's fantasies of surplus might be said to encode its desire for and its partial dependence on the commercial power of the city; at the same time, greed is confined to the city and banished from the idyll of the court.[12]

Die mit der Chrematistik assoziierten Praktiken des Wuchers und der arbiträren Zuschreibung von Werten manifestieren sich in spätmittelalterlichen und frühneuzeitlichen Traumvisionen in der Beschreibung des mentalen Haushalts, in der ›Bewirtschaftung‹ der drei Kammern des Hirns. Dass mittelalterliche Traumvisionen häufig Reisen durch die drei Ventrikel darstellen, die als Gebäude, Gärten o. ä. repräsentiert werden, ist an sich nichts Neues.[13] Weniger kommentiert jedoch ist die Tatsache, dass diese Räume unterschiedlichen Bewirtschaftungsmustern folgen. Vor allem die allegorischen Traumvisionen des Hochmittelalters stellen Hirnventrikel dar, die dem Ordnungsmodell der *Oikonomia* folgen; diese Werke haben vorwiegend den Zweck, Wege zur Wiederherstellung geordneter (Seelen-) Haushalte aufzuzeigen.[14] Die Lehre der drei Kammern war das bis in die Frühe Neuzeit hinein gängige Kognitionsmodell, demzufolge sich das Hirn in die drei Ventrikel der *ymaginativa*, *logica* und *memorativa* untergliedert, mit denen meist fünf Vermögen verbunden waren.[15] In der Kammer der Imagination werden zunächst Sinneseindrücke aufgenommen, die im Anschluss an ihre Aufnahme kurz fixiert werden, um dann im zweiten Ventrikel verarbeitet zu werden. In der Kammer der *logica* arbeiten *virtus imaginativa* und *virtus extimativa*: die Vermögen, einfallende Sinneseindrücke zu vergleichen und zu bewerten, bevor sie in der wichtigsten Kammer gespeichert werden – im oft auch als ›Schatzkammer‹ bezeichneten Gedächtnis. Hier erhalten die verarbeiteten Sinneseindrücke entsprechend ihrer ethischen Wertigkeit ihren festen Platz:

---

12 Louise Olga Fradenburg, *City, Marriage, Tournament. Arts of Rule in Late Medieval Scotland*, Madison 1991, S. 19. Für schottische Hofdichtung in dieser Zeit siehe Antony J. Hasler, *Court Poetry in Late Medieval England and Scotland. Allegories of Authority*, Cambridge 2011.

13 Kathryn Lynch, *The High Medieval Dream Vision. Poetry, Philosophy, and Literary Form*, Stanford 1988.

14 Insbes. Aristoteles (wie Anm. 5) 1254b; siehe auch den Überblick zur »Ökonomie der Fakultäten« in Verena O. Lobsien, *Shakespeares Exzess. Sympathie und Ökonomie*, Berlin 2015, S. 149-156.

15 Siehe Murray W. Bundy, *The Theory of Imagination in Classical and Medieval Thought*, Urbana 1927; E. Ruth Harvey, *The Inward Wits. Psychological Theory in the Middle Ages and the Renaissance*, London 1975; Harry Austryn Wolfson, »The Internal Senses in Latin, Arabic, and Hebrew Philosophical Texts«, in: *Harvard Theological Review* 28 (1935), S. 69-133. Siehe ferner Verena Olejniczak Lobsien u. Eckhard Lobsien, *Die unsichtbare Imagination. Literarisches Denken im 16. Jahrhundert*, München 2003, S. 11-86. Die Terminologien unterscheiden sich leicht; die hier verwendeten Termini sind John Trevisas Übersetzung von Bartholomaeus Anglicus entnommen: *On the Properties of Things: John Trevisa's Translation of Bartholomaeus Anglicus »De proprietatibus rerum«: A Critical Text*, hrsg. v. M. C. Seymour, 2 Bde., Oxford 1975.

The innere witte is departid aþre by þre regiouns of þe brayn, for in þe brayn
beþ þre smale celles. þe formest hatte *ymaginatiua*, þerin þingis þat þe vttir
witte apprehendiþ withoute beþ i-ordeyned and input togedres withinne, *vt
dicitur Iohannicio I*. þe middil chambre hatte *logica* þerin þe vertu estimatiue
is maister. þe þridde and þe laste is *memoratiua*, þe vertu of mynde. þat vertu
holdiþ and kepiþ in þe tresour of mynde þingis þat beþ apprehendid and
iknowe bi þe ymaginatif and *racio*.[16]

Während die dargestellten mentalen Welten in hochmittelalterlichen Traumvisionen meistenteils von ordnender *Oikonomia* charakterisiert sind, unterlaufen
Chaucers *House of Fame* und Douglas' *Palice of Honour* geordnete Haushaltsführung mithilfe chrematistischer Praktiken – und das mit schwerwiegenden
epistemologischen sowie historiographisch-poetologischen Auswirkungen.

2

In Chaucers Traumvision *The House of Fame* (1380er; im Folgenden *Fame*) stehen Fragen des Nutzens von antikem Wissen im Vordergrund.[17] Aber bereits in
der erzählerischen Rahmung des Gedichts werden auch Zweifel daran geweckt,
inwieweit antikes Wissen zur Traumdeutung beitragen kann. Von zentraler Bedeutung im Gedicht selbst ist das Wissen über den Trojanischen Krieg, das gleich
am Anfang des ersten Buches auch im Vordergrund steht. Der Traum beginnt
damit, dass sich der Protagonist Geffrey in einem Venus-Tempel wiederfindet,
in dem er Bilder sieht, die die *Aeneis* nachzuerzählen scheinen. Die Beschreibung
dieser Bilder setzt zunächst auch mit einer ›Übersetzung‹ des ersten Satzes der
Aeneis ein: »I wol now synge, yif I kan, / The armes and also the man« (1.142
f.). Augenfällig bei der weiteren Beschreibung der *Aeneis* ist die fortwährende
Hervorhebung visueller Wahrnehmung. Neben der Wiedergabe des Inhalts
der *Aeneis* geht es also auch um die Sinneswahrnehmung an sich; der Träumer
befindet sich in der ersten Hirnkammer.[18] Die verschiedenen Sinneseindrücke,

---

16 Trevisa (wie Anm. 15), S. 98.
17 Zitiert wird aus dem *Riverside Chaucer*, hrsg. v. Larry D. Benson (Boston ³1987). Für die folgenden Ausführungen zu Chaucers *House of Fame*, siehe auch Wolfram R. Keller, »Geoffrey
    Chaucer's Mind Games. Household Management and Literary Aesthetics in the Prologue to
    the *Legend of Good Women*«, in: Thomas Honegger u. Dirk Vanderbeke (Hgg.), *From Peterborough to Faëry. The Poetics and Mechanics of Secondary Worlds*, Zürich 2014, S. 6-12.
18 Implizit wird die sinnliche Wahrnehmung bereits über die Verweise auf Venus (und das Paris-
    Urteil) assoziiert. Siehe z. B. Elizabeth Elliott, »›This is myn awin ymaginacioun‹. The Judgment of Paris and the Influence of Medieval Faculty Psychology on *The Kingis Quair*«, in:
    Janet Hadley Williams u. J. Derrick McClure (Hgg.), *Fresche Fontanis. Studies in the Culture
    of Medieval and Early Modern Scotland*, Newcastle upon Tyne 2013, S. 3-15.

die auf Geffrey einprasseln, stehen zunächst ungeordnet nebeneinander, und in
die Zusammenfassung des vergilischen Epos mischen sich nicht nur ovidische
Elemente. Vielmehr befinden sich vergilische und ovidische Elemente im Widerstreit und sind rückgebunden an verschiedene Modi der Sinneswahrnehmung:
Während der Träumer im Epos Vergils generell – und in der Liebesgeschichte
von Aeneas und Dido im Besonderen – *sieht*, so *hört* Geffrey plötzlich die Wehklage der Dido aus Ovids *Heroides*, die zu einer anderen Bewertung von Aeneas
kommt.[19] An der Schnittstelle sich widersprechender vergilischer und ovidischer
Wissensbestände generiert sich neues Wissen, denn für die nun folgende Wehklage der Dido kann sich Geffrey auf keinerlei Autorität (Quelle) berufen: »Non
other auctour alegge I« (1.314).

Von besonderem Interesse an dieser Stelle ist, dass die Entstehung neuen
Wissens mit einer poetologisch-wirtschaftlichen Fragestellung enggeführt wird.
In der neuen Wehklage fragt Dido nämlich, ob Männer denn stets neue Frauen
bräuchten bzw. warum Aeneas denn drei Frauen für sich beanspruche: eine Frau
für die Vermehrung seines Ruhmes (»magnyfinge«, 1.306), womit sie sich selbst
meint; eine Frau für ›familiäre‹ bzw. freundschaftliche Dienste (Venus); und
schließlich eine Frau für das, was als »synguler profit« (1.310) bezeichnet wird und
einerseits so etwas wie ›persönliches Wohlbefinden‹ meint, andererseits aber, da es
hier um Lavinia geht, auch imperialen Zugewinn konnotiert. Mit der in Anschlag
gebrachten kommerziellen Terminologie (*magnification*, *profit*) wird im Kontext
der Frage nach (literarischer) Reputation offen auf die Welt der Chrematistik
Bezug genommen: Didos Selbstmord spiele Aeneas' Ruhm in die Hände; ihr
Verlust an Reputation sei sein Gewinn, schlussfolgert Dido.[20] Auf den ersten
Blick ist dies ein ethisches Problem, das allerdings historiographisch-poetologisch
aufgeladen ist, da Dichter – Vergil, Ovid, und letztlich ja auch Chaucer – ihren
eigenen Ruhm durch das Investieren in die Dido-Geschichte erhöhen.

Das durch die Konfrontation widersprüchlicher Versionen der Dido-Geschichte entstehende, nicht autorisierte Wissen stürzt den Träumer in tiefe Verwirrung.
Seine kognitive Dissonanz wird unter anderem dadurch unterstrichen, dass in
der folgenden, sehr kurzen Zusammenfassung des restlichen Verlaufs der *Aeneis*
der Verlust von Aeneas' Steuermann Palinurus sehr großen Raum einnimmt,
vermutlich auch deshalb, weil der Träumer selbst ohne einen Steuermann (»sti-
ryng man«, 1.478) die nicht zueinander passenden Sinneseindrücke nicht zu
ordnen vermag. Um das Wahrgenommene besser (oder: überhaupt) einordnen zu

---

19 Für den Gegensatz vergilischer und ovidischer Elemente siehe ferner John M. Fyler, *Chaucer
   and Ovid*, New Haven, Conn. 1979, S. 37-39.
20 *Magnification* und *profit* werden in der Chaucer-Zeit insbesondere auch für den Zugewinn/
   Zins aus Finanzgeschäften und dem Geldverleih verwendet und an dieser Stelle auf den Bereich des historischen und literarischen Wissens übertragen.

können, verlässt Geffrey den Venus-Tempel, allerdings ohne dort einen Orientie-
rungspunkt zu finden. Der Tempel steht in einer Wüste und Geffrey sieht nichts
als Sand. Ein (vermeintlicher) ›Steuermann‹ erscheint dann doch noch in Gestalt
eines Adlers, der Geffrey in seine Klauen schließt und mit ihm in den Himmel
emporreist. Am Ende des ersten Buchs verlässt der Träumer nun die Imagination
und bewegt sich – mitsamt seinen konfusen Sinneseindrücken – auf die wich-
tigeren, mit Logik und Gedächtnisarbeit assoziierten Ventrikel zu. Am Anfang
des zweiten Buchs unterstreichen intertextuelle Verweise auf die von Macrobius
kommentierte und im Mittelalter weit verbreitete Himmelsschau des Scipio
Africanus sowie auf die ›gefiederten Gedanken‹ des Boethius[21], dass es nun um
die Verarbeitung – d. h. um die korrekte Einordnung und Bewertung – der von
der Imagination bereitgestellten Informationen geht. Das ›Vorwort‹ des zweiten
Buchs deutet dies an, da hier (zum ersten Mal in der volkssprachlichen Literatur
Englands) die ›neun Musen‹ und das Vermögen der Logik angerufen werden, die
dem Träumer bei der Wiedergabe dieses Teils seiner Reise beizustehen haben:

> And ye, me to endite and ryme
> Helpeth, that on Parnaso duelle,
> Be Elicon, the clere welle.
> O *Thought* [*logica*], that wrot al that I mette,
> And in the *tresorye hyt shette*
> *Of my brayn* [=*memorativa*], now shal men se
> Yf any vertu in the be
> To tellen al my drem aryght.
> Now kythe thyn *engyn* and myght! (2.520-528, meine Hervorhebung)

Zentrale Aufgabe der im zweiten Ventrikel angesiedelten Vermögen ist das
Bewerten, das sich auf der Handlungsebene zuallererst in der (eher negativen)
Beurteilung von Geffreys Dichtung äußert. Der von Jupiter geschickte Adler
erläutert, der Grund für die Himmelsschau sei, dem Dichter zum Zwecke seiner
Ausbildung Einblicke in die Natur historisch-literarischen Wissens über die
Liebe zu ermöglichen, was speziell auf die Geschichte von Dido und Aeneas zu
beziehen ist. Allerdings ist dies im Kontext der Transformation des kulturellen
Gedächtnisses zu sehen, die im dritten Buch der Vision vorgestellt wird. Das
Wissen, das er im Haus der Fama erfahre, erläutert der Adler, diene unmittelbar
Geffreys »prow« (2.579), was einerseits als *Nutzen* übersetzt werden kann, aber
auch *materiellen Zugewinn* konnotiert, wodurch erneut dichterische Arbeit und
materielle Wertschöpfung enggeführt werden. Die ›Investitionskette‹ setzt sich

---

21 Im Verlaufe des zweiten Buchs häufen sich intertextuelle Verweise auf Werke Boethius' (2.762,
   765-768; 2.782-822; 2.972-974), die allesamt die Erwartung des Publikums auf spirituelle Er-
   leuchtung wecken. Siehe auch Fyler (wie Anm. 19), S. 46.

also fort: Der Adler versteht Geffreys Unterweisung in die Genese und Dissemination von Wissen als eine Investition in ihn, die hier in die Sprache der Hauswirtschaft gekleidet ist: Die Qualität von Geffreys Dichtung leide daran, dass er nach Verrichtung seiner buchhalterischen Arbeit (»rekenynges«, 2.653) zu Hause seinen Kopf gleich wieder in ein Buch stecke, anstatt den Austausch mit seinen Nachbarn zu suchen oder eigene Erfahrungen zu machen. Die Reise, die im Haus der Fama ende, in dem sich alles Wissen über die Liebe qua Vermehrung einfinde, sei die Belohnung für Geffreys Hingabe an Cupido und seine literarische ›Arbeit‹, einschließlich seiner Neudichtung der Dido-Klage.[22] Es handelt sich also um einen Austauschprozess im Sinne proportionaler Reziprozität.

Die reziproke Beziehung, die der Adler hier zwischen Geffrey und Cupido postuliert, wird aber sogleich durch einen schier unglaublichen Wissenswucher konterkariert. Wie Scipio auf seiner Reise in den Himmel nimmt auch Geffrey die Geräuschkulisse wahr, die der Adler damit erklärt, dass alles, was auf Erden gesprochen wird, aufgrund seiner Vermehrung und Vergrößerung schließlich ins Haus der Fama gelange. Anstelle der himmlischen Sphärenklänge, die Scipio vernimmt[23], wird Geffrey jedoch von einer ohrenbetäubenden Kakophonie überwältigt. Diese ergibt sich vornehmlich aus dem Wuchern der herumfliegenden *Tidings* (sprachliche Äußerungen), die im Reich der Fama die Gestalt annehmen, die ihre Sprecher hatten. Mehr *Tidings* als Sandkörner am Strand (2.691) werde Geffrey nun sehen, wodurch die unfruchtbare Wüste vor dem Venus-Tempel zu einem sich selbst reproduzierenden Feld historisch-literarischen Wissens transformiert wird, dessen Genese zwar den Prozessen der Imagination entspricht, aber in der Kammer des Gedächtnisses verortet wird. Anstelle eines Hauchs von Ordnung setzt sich im Reich der Fama das ungeordnete Nebeneinander von Falschem und Wahrem (»fals and soth«, 2.1029) und dessen ständige Vermehrung fort (»multiplicacioun«, »multiplyinge«, »multiplicacioun«, 2.784, 801, 820). Die aus diesem Wucher hervorgehende Dissonanz, die sich jeder Form von hauswirtschaftlicher Ordnung widersetzt, ist gleichsam charakteristisch für die dritte Hirnkammer, den Bereich der Fama, in dem eine strenge und systematische Haushaltsführung eigentlich zwingend erforderlich wäre.

Das Haus der Fama, auf das Geffrey sich nun zubewegt, entspricht spätmittelalterlichen Darstellungen der Gedächtniskunst, deren Hauptaufgabe in der klaren Zuordnung der Wertigkeit von Sinneseindrücken bzw. Wissen liegt. Antiken Ausführungen zur Mnemotechnik folgend, geht dies am besten mithilfe

---

22 »In som *recompensacion* / Of *labour and devocion* / That thou hast had, loo causeles, / To Cupido the rechceles. / And thus this god, thorgh his merite, / Wol with som maner thing the *quyte* [...]« (2.665-670, meine Hervorhebung).

23 Macrobius, *Commentary on the Dream of Scipio*, übersetzt v. William Harris Stahl, New York 1952, 5.3.

architektonisch klar gegliederter Räume (Kirchen, Häuser), in denen das zu
erinnernde Wissen mit entsprechender Hervorhebung (Illumination) abgelegt
werden kann. Eingedenk der ethischen Relevanz dieser Arbeit wird die letzte
Hirnkammer mit Systemen zur Ordnung von Reichtümern verglichen, etwa mit
Schatzkammern und -truhen oder mit Portemonnaies, in denen Münzen nach
ihrer Wertigkeit getrennt aufbewahrt werden.[24] Bereits am Anfang des zweiten
Buches hatte Geffrey auf die Funktion seines Gedächtnisses als ›Schatzkammer‹
verwiesen; die Hirnkammer, die er nun betritt, ist auch entsprechend ihrer Wertigkeit ausstaffiert: Es handelt sich um eine mit Goldornamenten überzogene
gotische Kathedrale, die aber leider von verschiedenen Formen des Durcheinan-
ders und des Wuchers geprägt ist. Außerhalb der Kathedrale bedienen tausende
von Musikern gleichzeitig ihre Instrumente, während die Vorgänge in ihrem
Inneren dem Treiben auf einem internationalen Marktplatz gleichen, auf dem
die personifizierten *Tidings* miteinander um die Gnade der Fama konkurrieren.
Der Innenraum ist zwar üppig mit Gold ausgelegt, aber mit solchem Gold, das
sogleich mit venezianischen Dukaten verglichen wird, von denen sich zu wenige
in Geffreys (untergliedertem) Portemonnaie befänden[25]:

> To tellen yow that every wal
> Of hit, and flor, and roof, and al
> Was plated half a foote thikke
> Of gold, and that nas nothyng wikke,
> But for to prove in alle wyse,
> As fyn as ducat in Venyse,
> Of which to lite al in my pouche is? (3.1343-1349).

Die in seinem ›Gedächtnis‹ vorherrschende Unruhe sowie der Verweis auf ein
bei englischen Bankiers und Kaufleuten besonders beliebtes – wenngleich in
seinem Wert fluktuierendes – Handelsmaß deutet bereits an, dass das hier ver-
sammelte Wissen Prozessen unterworfen ist, die mit haushälterischer Ordnung
wenig gemein haben. Dass Fama selbst, wie bei Vergil, ständig in ihrer Größe
variiert (3.1368 ff.; s. a. *Aen.* 4.249-252), schmälert weiter die Aussicht auf eine
den jeweiligen Personen angemessene Zuteilung von Ruhm. Noch ein wenig

---

24 Mit Bezug auf Chaucer siehe Robert R. Edwards, *The Dream of Chaucer. Representation and
   Reflection in the Early Narratives*, Durham, N.C. 1989, S. 114; Mary Carruthers, *The Book of
   Memory. A Study of Memory in Medieval Culture*, Cambridge ²2008, S. 89-98, 45 f. S. a. Frances
   A. Yates, *The Art of Memory*, London 1966, S. 63-113.
25 Unter *pouche* wird ein Ledersack mit verschieden großen Fächern für unterschiedliche
   Münzgrößen verstanden, wobei erneut die ethisch-moralischen *und* kommerziellen Wertig-
   keiten anklingen, die im Lichte der Unordnung bzw. der ständig wechselnden Zuordnung in
   Geffreys Hirnventrikeln einen problematischen Status annehmen.

Hoffnung gibt es hingegen bei einer Gruppe von Statuen, die mnemotechnisch die Autoritäten der Troja-Geschichtsschreibung repräsentieren: von Homer über Dares, Diktys, den (fiktiven) Lollius und Guido delle Colonne hin zu einem ›englischen Geffrey‹. Auch wenn die Statuen annähernd in der richtigen (chronologischen) Reihenfolge stehen, gibt es hier ebenfalls ein Problem, weil sich das verkörperte Wissen im Widerstreit befindet: Geffrey fällt sofort der Neid auf, der zwischen den Autoritäten vorherrscht, insbesondere deren Missgunst gegenüber Homer, dem vorgeworfen wird, aufgrund seiner griechischen Nationalität Geschichtsklitterung zu betreiben.

Mit diesem Einblick in die Wissensorganisation des Gedächtnisses wird der Fokus am Ende des Gedichts erneut auf das historisch-literarische Wissen gelenkt, das den Ausgangspunkt für den Traum bildete. Dabei geht es zunächst um die Bewertung (der Vergabepraxis Famas) und dann um die Genese dieses Wissens. Die Vergabe von Ruhm beginnt damit, dass die zu Fama vordringenden *Tidings* proportionale Reziprozität einfordern, d. h. sie erwarten als Gegenleistung den Leumund, den ihre Werke ihrer (und Geffreys) Meinung nach rechtfertigen: »In ful recompensacioun / Of good werkes, yive us good renoun« (3.1557 f.). In den meisten Fällen wertet Fama aber völlig arbiträr – und oft wird guten Werken überhaupt gar kein Ruhm zuteil. Diese zufällige Wertvergabe erscheint allerdings als das geringere Problem im Vergleich zu dem ein wenig abseits der Kathedrale stehenden Korbgeflecht, das Orosius' Labyrinth der Geschichtsschreibung nachempfunden ist[26] und in dem Geffrey dem Entstehungsprozess historisch-literarischen Wissens beiwohnt. Erneut sieht er eine Vielzahl von herumirrenden, sich aus sich selbst heraus generierenden *Tidings*, deren Multiplikation treffend mit dem Begriff für Zinswucher bezeichnet wird (»more encres«, »encresing ever moo«, 3.2074, 2077). Es handelt sich hier um die Rohmaterialien historiographisch-literarischer Arbeit, die auf eine problematisch-kuriose Art und Weise zustande kommen. So bezeugt Geffrey, wie zwei *Tidings* gleichzeitig an eine Öffnung gelangen, durch die sie nebeneinander aber nicht passen. Um dieses Problem zu lösen, beschließen die *Tidings*, sich miteinander zu verschmelzen, und zwar dergestalt, dass kein Mensch je in der Lage sein würde, sie auseinanderzuhalten. Sie verlassen den Korb als ein *Tiding*, das terminologisch als Verschmelzung zweier Metalle gefasst wird:

> We wil medle[27] us ech with other,
> That no man, be they never so wrothe,
> Shal han on [of us] two, but bothe
> At ones... (3.2102-2105).

26 Lee Patterson, *Chaucer and the Subject of History*, Madison 1991, S. 99-104.
27 *Meddling* wird u. a. bei den Schmieden für die Kombination unterschiedlicher Metalle (Münzgeld) verwendet.

Das Hauptproblem dieses hybriden *Tiding* ist, dass es sich um eine Kombination von falschem und wahrem historischen Wissen handelt – »fals and soth compouned / Togeder fle for oo tydynge« (3.2108 f.) –, das einerseits Produkt diverser Prozesse unnatürlicher Wucherung ist und das andererseits im nächsten Schritt (in der Kathedrale der Fama) eine arbiträre Bewertung erfahren wird, die letztlich folgerichtig ist. Wenn historisch-poetisches Wissen bereits immer aus chrematistischen Prozessen hervorgeht, dann ist das einzige System, das fähig ist, Bedeutung und Wert zu generieren, ein solches, das diejenigen dynamischen Prozesse repliziert und weitertradiert, die dem Prozess der Generierung von Wissen zuvörderst inhärent sind. Mehr noch: Indem das Gedicht selbst Produkt der beschriebenen chrematistischen Praktiken ist und rückwirkend die sich selbst generierende Dido-Aeneas-Episode legitimiert, werden Wucher und Arbitrarität letztlich zu einem historiographisch-poetischen Programm erhoben. Auch das ›Ende‹ des Gedichts, das unvollendet abbricht, ist von dieser Warte aus geradezu plausibel. Das Gedicht schließt mit dem ›Erscheinen‹ eines ›Mannes von großer Autorität‹, der aber lediglich in der Ferne sichtbar ist bzw. nur dort sichtbar sein kann, da der dichterische Hirnapparat sich bereits abseits ordnender Autoritäten neu ›kalibriert‹ hat.

Chaucers *Fame* führt eine Bildungsreise vor, in deren Verlauf Geffrey die Verarbeitung von Wissen in den drei Ventrikeln des Dichter-Hirns mitverfolgt. Die erwartete, auf Hierarchie abgestellte Ordnung der Sinneserfahrung des Dichters gemäß den Prinzipien der *Oikonomia* wird konterkariert von chrematistischen Praktiken, von mentalem Wucher und unnatürlicher Multiplikation, von der (bewussten) Dislozierung der ›Schätze‹ des Gedächtnisses und des tradierten Wissens. Diese chrematistische Infiltration des dichterischen Haushalts bedingt aber noch eine weitere Transformation, nämlich die einer Neubewertung imaginationstheoretischen Wissens – zumindest für eine Form der historiographisch-dichterischen Arbeit, deren Anliegen augenscheinlich nicht die Repräsentation von Transzendenzerfahrung ist. Wie es sich für einen mittelalterlichen Dichter gehört, findet Geffrey in seinem Gedächtnis die Rohmaterialien für die dichterisch-historiographische Arbeit im Sinne der klassischen *inventio* vor. Aufgrund der Erkenntnis, dass tradiertes Wissen immer in Transformationen begriffen ist, die letztlich arbiträre Bewertungen bedingen (können), projiziert Geffrey die normalerweise der Imagination zugeordneten Phänomene des Wucherns in den letzten Hirnventrikel, dessen vorherrschende hierarchisierende Ordnungsstrategien sich zugunsten eines dynamischen Modells der Wissensorganisation auflösen. Damit geht die Aufwertung der Leistung der Imagination gegenüber dem Vermögen des Erinnerns einher, nämlich die Wertschätzung des chrematistischen Wuchers als Grundlage historiographisch-poetischer Innovation. Das Gedicht markiert somit die imaginationstheoretische Fundierung eines poetischen Programms, das umfängliche Neudeutungen antiken und zeitgenössischen Wissens ermöglicht, wie beispielsweise die Neubewertung der Handlungen der Criseyde in Chaucers Liebesroman *Troilus and Criseyde*.

Die Traumdichtung des 15. Jahrhunderts jedoch, die in ihren historiographisch-poetologischen Anliegen häufig auf Chaucers *Fame* zurückgreift, dreht die Schraube scheinbar wieder zurück. Vermutlich vor dem politischen Hintergrund von Königshäusern, die sich immer stärker auf die überkommenen Wirtschaftsformen des Haushalts versteifen, scheinen die mentalen Haushalte in der Dichtung John Lydgates, König Jakobs I. von Schottland und Gavin Douglas', die allesamt Chaucers *House of Fame* als (strukturellen) Referenzpunkt haben, zunächst wieder wohlgeordnet zu sein – und auch historiographisches Wissen scheint sich immer am rechten Fleck zu befinden. Aber auch hier offenbart sich bei genauem Hinsehen, dass das eingebildete Wissen des gebildeten Dichters besser dem ständigen Wucher unterliegen sollte, wie jetzt am Beispiel von Douglas' *Palice* gezeigt werden soll.

3

Insulare Traum-Dichter des 15. und 16. Jahrhunderts reagieren auf verschiedene Weisen auf Chaucers chrematistische Transformation des Wahrnehmungsapparats und die poetologischen Konsequenzen des einhergehenden Wissens-Missmanagements. Den meisten spätmittelalterlichen insularen Traumvisionen ist gemein, dass sie mehr oder weniger direkt Rückbezug auf Chaucers *Fame* nehmen und ebenfalls Reisen durch Dichter-Hirne imaginieren. Dies geschieht – zumindest vordergründig – immer auf eine sehr viel harmonischere Art und Weise als dies bei Chaucer der Fall ist. In John Lydgates *Temple of Glass* (erstes Viertel des 15. Jahrhunderts) wird beispielsweise immer wieder betont, wie harmonisch die Traumwelt ist, die sich dem Dichter im Inneren der Kammern der Imagination und Logik bietet: Der Dichter reist durch scheinbar wohlgeordnete, den Maßgaben proportionaler Reziprozität folgende ›Wissens-Haushalte‹. Dennoch kommt es auch in Lydgates Traumvision zu einer Transformation des Wahrnehmungsapparats: Der Träumer wandert zunächst mitsamt seinen Sinneseindrücken von der Imagination zur abstrahierenden und ordnenden Logik. Von dort reist er aber wieder zurück in die Kammer der Imagination, von der aus es erneut in die Kammer der Logik geht, von der aus es dann wieder in die Welt der Imagination zurückgeht – der Dichter dringt also gar nicht in die ›Schatzkammer‹ des Gedächtnisses vor. Diese zirkuläre Replikation der Imagination kommt letztlich auch einem Wuchern gleich, das so etwas wie gesicherte Wissensbestände in Frage stellt. Unter dem Schleier von *Oikonomia* manifestiert sich bei Lydgate erneut eine chrematistisch modifizierte Imagination als Motor epistemologischer und poetischer Arbeit.

Gavin Douglas' *Palice of Honour* (ca. 1553)[28] führt auch eine Bildungsreise des Dichter-Träumers durch die Kammern seines Hirns vor, in deren Verlauf es um die Natur von Autorität und der Organisation von Wissensbeständen geht, die historiographisch-dichterischer Arbeit zugrunde liegen.[29] Und wie bei Lydgate – und im starken Gegensatz zu Chaucers *Fame*, dem strukturgebenden Prätext[30] – scheint es, als herrsche überwiegend Harmonie und Ordnung vor.[31] Am Ende der Traumreise durch die Ventrikel der Imagination (Wahrnehmung höfischer Kulturen) und der Logik (Bewertung und beginnende Himmelsschau) steht als Gedächtnis-Raum der titelgebende *Palice of Honour* (Palast der Ehre), der strikt nach hauswirtschaftlichen Maßgaben zu funktionieren scheint und damit ein deutliches Gegenbild zu Chaucers chaotischer Welt des Ruhms darstellt. Aber der Schein trügt.

Die mittelschottische Traumvision ist, wie auch Chaucers *Fame*, in drei Bücher untergliedert, welche die drei Hirnventrikel repräsentieren. Nach einem kurzen Prolog findet sich der Protagonist in einer Wüstenlandschaft wieder. Durch diese reisen drei Hofgesellschaften, die der Träumer zunächst aus einem Versteck heraus beobachtet – wodurch der Fokus auf Prozesse der Sinneswahrnehmung gelenkt wird: Minervas mit antiken Autoritäten bestückter Hof reitet als Erstes vorbei. Dass es sich dabei um diesen Hof handelt, erfährt der Protagonist von Sinon und Achitophel, die aufgrund ihres sündigen Lebenswandels dem Hof nicht angehören können; aber dennoch reiten sie mit diesem zum Palast der Ehre, den sie wenigstens von außen sehen wollen. Als Zweites folgt die Hofgesellschaft von Diana, die der Träumer an dem in einen Hirsch verwandelten Aktaion erkennt. Schließlich reitet auch der Hof der Venus vorbei, der den Träumer zu einer Ballade über die Unbeständigkeit der Liebe motiviert, die zu seiner Entdeckung führt. Venus ist von dem Lied des Protagonisten wenig begeistert und droht ihm die Todesstrafe an. Der Versuch des Dichters, sich gegen Venus' Anschuldigung zu verteidigen, er habe sie und ihren Hof verhöhnt, schlägt fehl, und das erste Buch endet damit, dass alle möglichen ›Fantasien‹ über seine

---

28 Zitiert wird der Edinburgh-Text der Ausgabe von Priscilla Bawcutt (Hg.), *The Shorter Poems of Gavin Douglas*, Edinburgh ²2003.

29 Für Diskussionen des Gedichts im Sinne einer Bildungsreise der Persona siehe Priscilla Bawcutt, *Gavin Douglas. A Critical Study*, Edinburgh 1976, S. 52; Mark E. Amsler, »The Quest for the Present Tense. The Poet and the Dreamer in Douglas' The Palice of Honour«, in: *Studies in Scottish Literature* 17 (1982), S. 186.

30 Für die Beziehung von Chaucers *Fame* und Douglas' *Palice* siehe Gregory Kratzmann, *Anglo-Scottish Literary Relations 1430–1550*, Cambridge 1980, S. 104-128.

31 Ebd., S. 128; siehe auch Lois A. Ebin, *Illuminator, Makar, Vates. Visions of Poetry in the Fifteenth Century*, Lincoln, Nebr. 1988, S. 92.

Bestrafung in der Imagination des Träumers herumspuken (745, 763). Die Bewertung seines Vergehens ist Gegenstand des zweiten Buches. Der Dichter wird allerdings von Kalliope gerettet, die mit ihrem Hof der Musen auch auf dem Weg zum Palast der Ehre ist. Sie vermag Venus zu beruhigen. Letztere fordert nun als Strafe, dass der Träumer ein Lobgedicht auf sie verfasse und eine weitere Aufgabe für sie erledige, die er später erfahre. Der Träumer liefert ein mäßig beeindruckendes Gedicht ab und fügt eine weitere Lobeshymne auf Kalliope an, die ihn allerdings flugs unterbricht, ihn zum Mitreisen auffordert und ihm eine Nymphe als Führerin zur Seite stellt. Am Ende einer die Kategorien von Raum und Zeit auflösenden Reise wird dann erneut auf Prozesse des Bewertens Bezug genommen: Die mit Kalliope reisenden Dichter handeln untereinander aus, wer der Beste sei. Im Anschluss an eine Anrufung der Musen und eine Bitte um ›scharfe‹ Gedächtnisarbeit (»recent, schairp, fresche memorie«, 1291) geht es dann zu Beginn des dritten Buches steil aufwärts zum Palast der Ehre. Auf dem schwierigen Weg sieht der Träumer einen wilden Ozean und ein brennendes Schiff (beides wird christlich-allegorisch ausgedeutet), bevor er im Reich der Ehre zunächst einen Hof der Venus überqueren muss, in dem ein gleichzeitig divergierende Zeitlichkeiten und Räumlichkeiten konstruierender Spiegel seine Aufmerksamkeit erweckt. Der Höhepunkt ist der von personifizierten Tugenden bewachte und als künstliches Gedächtnis dargestellte Palast der Ehre, in dem Bilder/ Personen aus dem ersten Buch ihren Platz finden; der Träumer kann in den Palast der Ehre allerdings nur einen kurzen Blick werfen, der ihn bereits ohnmächtig zurücklässt. Nachdem der Träumer wieder zu sich gekommen ist, soll er abschließend die Musen in den Garten der Rhetorik begleiten; doch auch das schafft er nicht, da er auf dem Weg in den Garten von einer Brücke fällt und vor Schreck aufwacht.

Interpretationen des Gedichtes betonen meist (ohne die zugrundeliegende Ventrikel-Struktur oder Aspekte der Haushaltsführung zu diskutieren) das sich beim Publikum und beim Träumer zunehmend einstellende Verständnis für spirituelle Harmonie und Ordnung. Dies wird auf verschiedene Arten und Weisen repräsentiert. Im Verlaufe des Gedichts vermag der Träumer beispielsweise immer mehr, die wahrgenommene Instrumentalmusik (*musica instrumentalis*) als repräsentativ für die Harmonie der Seele (*musica humana*) bzw. die Weltmusik (*musica mundana*) zu verstehen.[32] Damit verbunden ist auch die dichterische Fähigkeit des Protagonisten, die sich von Buch zu Buch steigert: Drei Strophen auf den Mai im Prolog werden in den darauffolgenden Büchern jeweils zu drei Strophen zu Ehren von Venus, Honour und König Jakob IV. Auch die ›Natur‹ der dargestellten Höfe ändert sich im Verlaufe des Gedichts, von den peripatetischen, mythologischen

---

32 Siehe auch Ebin (wie Anm. 31), S. 93.

Höfen (Minerva, Diana, Venus), die ebenfalls zunehmend von Harmonie und Ordnung geprägt sind, hin zu dem fest ummauerten Hof der Ehre im letzten Buch, der in der Literaturkritik oft als allegorische Ausdeutung des schottischen (und moralischen) Königshaushalts *par excellence* gelesen wird.[33] Im Vergleich zu dem mit Zinswucher assoziierten kognitiven Missmanagement von Wissen in Chaucers ›Gehirn‹ ist Douglas' Hof der Ehre ein Paradebeispiel für einen auf Harmonie sowie korrekte und feste Zuschreibung von Werten abgestellten Haushalt. Dieser markiert mit seinen personifizierten Bewirtschaftungstugenden zugleich eine Engführung von ökonomischer Gedächtnisarbeit und Allegorie (als ebenfalls auf proportionalem Austausch beruhende und auf feste Zuordnungen von Wertigkeiten angewiesene Wirtschaftsform).[34] Wie bei Lydgate sieht es also zunächst aus, als habe Douglas dem Chaos des Chaucer'schen Prätexts Ordnung und Harmonie entgegengestellt. Allerdings steht der im Haus der Ehre vorherrschenden allegorischen *Oikonomia* der bereits erwähnte Venus-Spiegel gegenüber, der zu einem chrematistischen, epistemologisch-poetologischen Referenzpunkt wird, von dem aus die scheinbare Wissensordnung als illusorisch entlarvt und letztlich gar ausgehebelt wird.

Die Beschreibung des Venus-Spiegels erfolgt im dritten Buch. Der Spiegel, der von drei Baumstämmen gehalten wird, steht in einem Vorhof des Palasts der Ehre und ist damit mit der Arbeit des dritten Hirnventrikels assoziiert. Als er in die Spiegel blickt, sieht der Träumer eine Kompilation allen bekannten geschichtlichen (Buch-)Wissens: »a compilation that sums up an entire medieval library within the loose and permeable bounds of universal history«.[35] Es handelt sich um eine 236 Verse zählende Liste – in einem Gedicht, dem es ohnehin an langen Aufzählungen nicht mangelt.[36] Bemerkenswert ist, dass an dieser Stelle eine längere (allegorische) Erläuterung dieser Begebenheit ausbleibt. Im Anschluss an die lange Liste kommt es lediglich zu einer kurzen, letztlich (in instruktiver Weise) ins Leere laufenden Ausdeutung seitens der ›exzessiv didaktischen‹ Nymphe, die dem Träumer als Führerin zur Seite gestellt wurde. Wenig erkenntnisgewinnend erläutert diese, der Spiegel mache das sichtbar, was Liebende sähen, wenn sie in das Gesicht ihrer Liebschaft blickten.[37] Während die anderen allegorischen

---

33 Siehe Bawcutt (wie Anm. 29), S. 51; Kratzmann (wie Anm. 30), S. 117; Chelsea Honeyman, »The *Palice of Honour*. Gavin Douglas' Renovation of Chaucer's *House of Fame*«, in: Kathleen A. Bishop (Hg.), *Standing in the Shadow of the Master. Chaucerian Influences and Interpretations*, Newcastle upon Tyne 2010, S. 76-77.

34 Lobsien (wie Anm. 14), S. 296-329.

35 Hasler (wie Anm. 12), S. 105.

36 Für die vielen Listen und Kataloge und *amplificatio* siehe insbes. Kratzmann (wie Anm. 30), S. 127; Denton Fox, »The Scottish Chaucerians«, in: D. S. Brewer (Hg.), *Chaucer and Chaucerians*, University, Ala. 1964, S. 164-200.

37 Siehe z. B. Bawcutt (wie Anm. 29), S. 63.

Auslegungen im dritten Buch eher ausführlich und sehr eindeutig sind, bleibt die Erläuterung des Spiegels uneindeutig. Im Lichte des im Spiegel sichtbaren Materials wird in der Forschungsliteratur weitgehend davon ausgegangen, es werde jenes historische Wissen abgebildet, das Grundlage aller dichterischen Arbeit sei. Wie aber Andrew James Johnston und Maggie Rouse vermerken, greift diese Erklärung unter anderem auch deshalb zu kurz, weil die Rahmung des Spiegels durch die drei Baumstümpfe (auch eingedenk der poetologischen Aufladung der Aufzählung) offensichtlich auf das Gedicht selbst verweist:

> [...] Douglas takes great care to describe not only the images reflected in the mirror, but also the beautiful frame that contains them. What we have here, then, is one costly mirror reflected within another, in the style of intricately ornamented Chinese boxes [...]: The three golden trees mirror the poem's division into three books, that is, the three-part structure of the narrative, while the mirror's bejeweled frame represents the decorative style of the rhetorical tradition itself.[38]

In der Tat scheint es mir, als handele es sich bei der Spiegel-Episode um die poetologische Kernstelle des Gedichts, auch insofern als sie eine Schnittstelle ist, an der sich verschiedene (haus-)wirtschaftliche Diskurse überschneiden (insbes. Reziprozität und Wucher, hier verstanden als sich selbst generierende und replizierende Erzählungen und Bilder).

Insofern der Spiegel letztlich das Gedicht als solches repräsentiert, stellt er das Publikum vor ein ähnliches hermeneutisches Problem wie den Träumer: Während letzterer zu ergründen hat, wie sich Spiegelbilder zur vagen Ausdeutung der Nymphe verhalten, bleibt dem Publikum die Aufgabe, das genaue Verhältnis von Spiegel und Gedicht zu klären. Dabei ist zunächst die poetologische Rahmung wichtig, die letztlich den Ausschluss des Träumers aus Systemen des wechselseitigen Austausches in den Vordergrund stellt, denn am Anfang sowie am Ende der Textstelle geht es um ›Schreibaufgaben‹. Bevor der Träumer in den Spiegel sieht, treibt die Nymphe ihren trägen Mitreisenden an, gefälligst das aufzuschreiben, was er in Venus' Reich zu sehen bekäme: »Quhat now thow seis, luik efterwart thow write« (1464). Als der Träumer sich schließlich vom Spiegel abwendet, drückt ihm Venus ein Buch in die Hand, das er zu übersetzen habe – es ist der Auftrag, den Venus bei der Urteilsverkündung andeutete.[39] Der Träumer steht

---

38 Andrew James Johnston u. Margitta Rouse, »Facing the Mirror: Ekphrasis, Vision, and Knowledge in Gavin Douglas's *Palice of Honour*«, in: Andrew James Johnston, Ethan Knapp u. Margitta Rouse (Hgg.), *The Art of Vision: Ekphrasis in Medieval Literature and Culture*, Columbus, Oh. 2015, S. 169.

39 In der Forschung wird gemeinhin angenommen, es handele sich um Vergils *Aeneis*, die Douglas einige Jahre später ins Mittelschottische übersetzt hat; siehe Bawcutt (wie Anm. 28), S. 207 f.

somit zwischen zwei Haushalten (Kalliope/ Rhetorik bzw. Venus/ Liebe), denen
er gern zugehörig wäre, die ihn jedoch nicht in Beziehungen wechselseitigen
Austauschs einbeziehen. Weder die Nymphe noch Venus versprechen dem
Träumer eine Belohnung für seine Arbeit und somit proportionale Reziprozität.
Besonders die Abweisung des Hofs der Rhetorik ist frustrierend für den Protagonisten, da er diesem als Dichter gern angehören würde. Aber Kalliope und
die Nymphe unterbrechen ihn fortwährend, schubsen ihn herum, ziehen ihn
an den Haaren. Schließlich hat er weder am Ende des zweiten Buches von der
Quelle literarischer Inspiration getrunken noch am Ende des dritten die Brücke
in den Musengarten überschritten.[40] Und auch der Palast der Ehre bleibt ihm
verschlossen. Das Unvermögen der Nymphe, dem Spiegel exakte Bedeutung
zuzuordnen, korrespondiert mit dem Ausbleiben einer Zuordnung des Träumers
zu einem der genannten Haushalte. Während Chaucers Traumvisionen noch
die Illusion von Reziprozität aufrechterhalten, schließen die nach ›innen‹ als
traditionelle Haushalte funktionierenden Höfe in Douglas' *Palice* den Träumer
von Prozessen des wechselseitigen Austauschs aus. Da der Spiegel letztlich das
Gedicht als solches repräsentiert, wird das literarische Schaffen des Protagonisten
also außerhalb reziproker höfischer Austauschprozesse angesiedelt. Der Spiegel
wird zu einem Dichter-Spiegel (analog zum Fürstenspiegel/ *Mirror of Princes*),
zu einem literarisch-historiographischen Leitfaden, der die Arbeit des Dichters
bewusst aus höfischen Systemen des Austausches befreit, die nicht auf Reziprozität ausgelegt zu sein scheinen.

Dies wiederum wirft die Frage auf, welche Art der literarischen Verhandlung
von Wissen außerhalb höfischer Haushalte im Gedicht propagiert wird? Oder
anders gefragt: In welchem Verhältnis stehen die Spiegelbilder zu Douglas' Re-
präsentationsstrategien im *Palice*? Aufgrund der Rahmung des Gedichts liegt
es nahe, die Spiegelbilder als eine Repräsentation der Wünsche des Träumers
zu lesen, vor allem des Wunsches nach umfassendem und unmittelbar zugäng-
lichem Wissen. Denn schließlich gibt der Spiegel nicht nur einen ›gesamten‹
Wissensbestand wieder, sondern er tut dies auch auf einen Schlag, da Vergangenheit, Gegenwart und Zukunft zu einem Augenblick verschmelzen: »In that
mirrour I micht se *at ane sicht*« (1495, meine Hervorhebung). Die sich in diesem Augenblick selbst generierenden Spiegelbilder bleiben unbewertet (außer

---

40 Für den Ausschluss des Träumers aus Systemen proportionaler Reziprozität siehe David Par-
   kinson, »The Farce of Modesty in Gavin Douglas's *The Palis of Honoure*«, in: *Philological
   Quarterly* 70 (1991), S. 22. Der Ausschluss wird an dieser Stelle im Vergleich mit Chaucers
   Prolog der *Legend of Good Women*, dem literarischen Prätext, besonders deutlich. Hier wird
   die Schreibaufgabe explizit in ein Verhältnis des wechselseitigen Austausches gesetzt (968 f.).
   Siehe hierzu auch Joanna M. Martin, »Responses to the Frame Narrative of John Gower's
   Confessio Amantis in Fifteenth- and Sixteenth-Century Scottish Literature«, in: *Review of Eng-
   lish Studies* 60 (2009), S. 573.

in der Chronologie der Aufzählung, die aber letztlich durch ihre Simultanität unterlaufen wird). Damit werden hier – wie auch in *Fame* – im Ventrikel des Gedächtnisses selbstgenerierende Prozesse der Imagination hervorgehoben[41], wie sie auch schon im Prolog (»Mirrour of soles«, 64) und während der Reise, die der Protagonist gemeinsam mit dem Hof der Rhetorik im zweiten Buch unternimmt (»Als swift as thocht« und »in twikling of ane Eye«, 1077, 1084), im Bereich der Logik in Erscheinung treten.[42] Im *Palice* kommt es also auch zu einer chrematistischen Wucherung der Imagination in den Bereichen der Logik und des Gedächtnisses, die die Ordnung der vorgestellten Haushalte konterkariert und die mit anderen poetologisch und epistemologisch aufgeladenen Wucherungsprozessen der Traumvision korreliert, beispielsweise mit den zahlreichen Selbst-Spiegelungen: Bewusstlosigkeit innerhalb von Bewusstlosigkeit, Position des Dichters gespiegelt in Positionierungen der Charaktere und vor allem die drei Baumstämme, die nicht nur die Struktur der Traumvision evozieren[43], sondern auch die dreiteilige Struktur des Hirnapparats. Diese spiegelt sich noch auf eine weitere Weise im Gedicht.

Dass die drei Bücher des *Palice* die drei Ventrikel des Hirns repräsentieren, wurde bereits ausgeführt. Innerhalb der einzelnen Bücher wird darüber hinaus aber eine dreigliedrige Unterteilung sichtbar, die jeweils die Vermögen der drei Ventrikel repräsentiert. Im ersten Buch werden in die unzähligen Verweise auf Prozesse der Sinneswahrnehmung auch Referenzen zu den anderen beiden Kammern eingebettet: Auf den dreiteiligen Prolog folgen Bezugnahmen auf Bewertungsprozesse (namentlich der Sünder Sinon und Achitophel), bevor kurz Prozesse der Gedächtnisarbeit angerissen werden (Dianas Identifizierung über den in einen Hirsch verwandelten Aktaion) und abschließend die Imagination wieder doppelt im Vordergrund steht (traditionelle Assoziierung von Venus und Imagination sowie Hervorhebung von Sinneswahrnehmung). Das zweite Buch, in dem es hauptsächlich um die Bewertung bzw. Beurteilung des Träumers geht, beginnt mit Verweisen auf Evaluationsprozesse (Venus' Urteil, Bewertung dieses Urteils seitens des Träumers und Kalliopes), bevor im weiteren Verlauf kurz Imaginationsprozesse dargestellt werden (Weltreise und Wahrnehmung der ganzen Welt ›in einem Moment‹) und zum Schluss der Musen-Garten auf

41 Für das Hervorheben des *Sehens* in der Beschreibung des Spiegels bzw. der Präsenz Venus' im Hof der Ehre siehe Kratzmann (wie Anm. 30), S. 114 f.; und Gerald B. Kinneavy »The Poet in *The Palice of Honour*«, in: *Chaucer Review* 3.4 (1969), S. 295.

42 Für Bezugnahmen auf die Imagination in dieser Reise siehe auch A. C. Spearing, *Medieval Dream-Poetry*, Cambridge 1976, S. 223; und Amsler (wie Anm. 29), S. 197: »[…] the dreamer begins an imaginative journey which will take him out of linear time to Helicon and to the source of true poetry, the Palice of Honour. […The] poet's lore is universal, including man's imagined truth as well as more factual circumstances«.

43 Johnston u. Rouse (wie Anm. 38), S. 169 (siehe auch die weiter oben zitierte Stelle).

Gedächtnisarbeit Bezug nimmt (Arbeit der Bienen, Edelstein-bestückte Pflan-zen/ *florilegia*[44] und die Sorge des Protagonisten, sich nicht richtig erinnern zu können). Nach einer Anrufung der Gedächtniskunst wird das dritte Buch mit einer kurzen Hervorhebung der Sinneswahrnehmung und der Beschreibung des Reichs der Venus eröffnet, bevor die Bewertungsrichtlinien des Hofs der Ehre kurz im Vordergrund stehen, um schließlich mit dem Ziel der Reise, dem Hof der Ehre und dem Garten der Rhetorik, wieder auf die Arbeit des Gedächtnisses zurückzukommen.

In Gavin Douglas' *Palice* beginnt also mit dieser Selbst-Bespiegelung gar das der Traumvision zugrunde liegende kognitive Modell zu wuchern und führt auf diese Art Chaucers und Lydgates chrematistische Transformation von literari-schem und epistemologischem Wissen auf andere Weise fort. Numerologisch betrachtet scheint die Verdreifachung der dreiteiligen Ventrikel-Struktur zunächst einen harmonischen mentalen Haushalt zu generieren (drei mal drei Sphären, neun Musen etc.), der oberflächlich als eine Form der ›Normalisierung‹ des Chaucerschen Chaos gelesen werden könnte. Letztlich vermag die strukturelle Rahmung aber die chrematistischen Prozesse der Wissensvermehrung kaum zu bändigen. Denn während Chaucers Traumvisionen noch eine Illusion von Re-ziprozität und Stabilität in höfischen und mentalen Haushalten aufrechterhält, zeigt sich im Venus-Spiegel und der sich selbst spiegelnden Struktur von Douglas' *Palice* die Auflösung traditioneller, auf geordnete Verwaltung literarischer und geschichtlicher Wissensbestände hinzielender Haushaltsführung. Letztlich propa-giert die mittelschottische Traumvision ein poetisches Programm, das Dichtkunst außerhalb höfischer Strukturen ansiedelt, die auf den Organisationsprämissen traditioneller Haushaltsführung zu beruhen scheinen, aber dem Dichter trotz seiner Arbeit keinerlei Zugang gewähren. Die sich selbst generierenden, zeitlich simultan sichtbaren Spiegelbilder dramatisieren eine Form der Dichtung, deren Bedeutung bzw. deren ›Wert‹ nicht mehr von externen Referenzpunkten garan-tiert wird. Es entsteht somit eine Dichtung, die – ähnlich wie bei Chaucer – an chrematistische Selbst-Bespiegelung und Selbstreplikation grenzt. Diese schließt auf der darunterliegenden epistemologischen Ebene auch die Selbst-Replikation der Hirnventrikel ein: Abseits von Haushalten, die Reziprozität und Bedeutungen garantieren, führt die Selbstreplikation von Wissensbeständen und ästhetischen Strukturen letztlich in eine Endlosschlaufe, die zwar qua dreifaltiger Struktur Harmonie vorgaukelt, aber schlussendlich keinerlei heuristischen Gewinn ver-spricht.

Damit erreicht die Tradition der mittelenglischen allegorischen Traumdich-tung einen Endpunkt, an dem der Sinn der Repräsentation von Traumreisen als

---

44 Carruthers (wie Anm. 24), S. 41 f., 47 ff., 53 f. u. S. 217-233.

Reisen durch den Wahrnehmungsapparat an sich in Frage gestellt wird. Douglas'
Palice führt die Ermüdung einer »ventrikulär-allegorischen« Tradition vor Augen,
indem Chaucers chrematistische Poetik *ad absurdum* weitergedacht wird. Am
Ende der Bildungsreise von Douglas' Protagonisten steht eine ›Ökonomie‹ des
Wissens, die darin besteht, dass literarisches und epistemologisches Wissen abseits
höfischer Legitimation als Wucherung einer sich selbst bespiegelnden ventriku-
lären Struktur zu verstehen ist, die als solche ästhetische Wirkkraft entfaltet.[45]

---

45 Für hilfreiche Diskussionen und Kommentare sowie Unterstützung danke ich Judith Frömmer, Sandra Ghose, Andrew James Johnston, Verena Lobsien, Andreas Mahler und André
Otto.

André Otto

Der Wert der Verknappung

Aphoristik und die Ökonomie der Wissensperformanz in Graciáns *Oráculo manual*

I.

»Bei Gracián wird nur zutage gefördert, daß die Wahrheit einen Ort zu haben hat.«[1] Mit diesem Satz schließt Wolfgang Lasinger seine Untersuchung zu Graciáns *Oraculo manual*, indem er eine Hermeneutik des Selbst bei Gracián abgrenzt von der bei Foucault herausgearbeiteten christlichen Subjekthermeneutik.[2] Entscheidend an dieser pointierten Formulierung ist der implizite Imperativ: Wahrheit wird für die höfische subjektbezogene Hermeneutik Graciáns zwar gesetzt, allerdings nur im Sinne einer Grundvoraussetzung, an die es zu glauben gilt. Die Existenz der Wahrheit erscheint als ein sowohl ontologisches wie epistemologisches Erfordernis. Gleichwohl entspricht dies einer rein formalen Forderung, die weder ontologisch noch epistemologisch gefüllt ist. Gracián zeigt auf, so Lasinger, dass es Wahrheit geben muss, nicht jedoch, dass man sie je erreichen kann, vielmehr bleibt der so gesetzte Grund immer leer und unbestimmt. Was Gracián somit zutage fördert, ist eine grundlegende Differenz[3]: die Differenz

---

1 Wolfgang Lasinger, *Aphoristik und Intertextualität bei Baltasar Gracián. Eine Strukturanalyse mit subjektgeschichtlichem Ausblick*, Tübingen 2000, S. 215.

2 Siehe dafür Michel Foucault, *Histoire de la sexualité III. Le souci de soi*, Paris 1984; und ders., »L'herméneutique du sujet«, in: *Dits et écrits IV*, Paris 1994, S. 353-365.

3 Justin Butler hat diese in »Baroque Subjectivity and the Modern Fractured Self«, in: *(Re)Reading Gracián in a Self-Made World, Hispanic Issues On Line Debates* 4 (2012), S. 6-28, als »a fundamental separation« (S. 9) beschrieben, die charakteristisch ist für den Barock insgesamt und sich einerseits in der Lösung von sprachlichem Ausdruck und Referent manifestiert, andererseits aber eine spezifische Form der Beziehung zwischen hermeneutischem Subjekt und Objekt des Wissens etabliert, die Subjekt und Objekt allererst bestimmt. Wie Butler im Anschluss an John Beverley und William Eggington zeigt, ist diese ›grundlegende Trennung‹ zugleich Ausdruck eines politischen Verhältnisses sowie der Ort, an dem dieses Verhältnis in die Subjektkonstitution eintritt und das Subjekt subjektiviert. Siehe dazu auch John Beverley, »Gracián o la sobrevaloración de la literatura (Barroco y Postmodernidad)«, in: Mabel Moraña (Hg.), *Relecturas del Barroco de Indias*, Hanover 1994, S. 17-30; und William Egginton, »Gracián and the Emergence of the Modern Subject«, in: Nicholas Spadaccini u. Jenaro Talens (Hgg.), *Rhetoric and Politics: Baltasar Gracián and the New World Order*, Minneapolis u. London 1997, S. 151-169.

zwischen einem epistemologischen Imperativ zur ontologischen Setzung und der aus ihm folgenden Hermeneutik der Wahrheitsfindung und Wissensproduktion.

Zeitgeschichtlicher Kontext dieser Betonung der Differenz ist der Problemkomplex höfischer Interaktion mit seiner dringlichen Grundunterscheidung zwischen Sein und Schein und den sich daraus ableitenden hermeneutischen Anforderungen.[4] Um diesen bereits vielfach untersuchten Bereich soll es hier aber nicht vordringlich gehen.[5] Mich interessiert jener Aspekt des Lasingerschen Satzes, der den Wahrheitsbegriff auf einen Wissensbegriff übergreifen lässt. Denn die Formulierung betont in erster Linie nicht die Notwendigkeit der Existenz der Wahrheit an sich, sondern die Forderung nach einer Verortung bzw. einer grundlegenden Verortbarkeit der Wahrheit. Die Differenz zwischen einer anzunehmenden Notwendigkeit und der Forderung, die diese Annahme im Prinzip durchkreuzt, weil sie ihre Umsetzung in die Zukunft projiziert, stellt aber ein Anzeichen für die Konzeption des Wissens dar, die bei Gracián entwickelt wird. Denn die Wahrheit und das mögliche Wissen um sie werden hier nicht topisch gedacht (dann *wäre* sie an einem Ort, *hätte* einen Ort), sondern topologisch. »[E]inen Ort zu haben ha[ben]« verweist auf ein Denken und ein Wissen, in dem es um Situiertheit und Positionen geht. Genauer geht es um Positionalität, um das Spiel zwischen »Positionen und Standpunkte[n]«[6] und damit in erster Linie um die Relationen, die diese Positionen je neu bestimmen. Im höfischen Kontext heißt dies vor allem, dass die Positionen immer strategische Positionen sind – und dass es ein Bewusstsein um das Strategische, Vorläufige, Bedingte der Positionen gibt. Damit stehen Wahrheit und Wissen unter dem Zeichen einer okkasionellen Situiertheit und sind auf ihren raum-zeitlichen Index verwiesen. Das Wissen, das daraus hervorgehen kann, ist kein systematisch-allgemeines, sondern ein situativ gebundenes partikuläres – es wird pragmatisch. Das hat eine doppelte Konsequenz für den Umgang mit dem Wissen. Zu einem erfordert der Erwerb des Wissens eine spezifische Praxis; zum anderen erscheint der Wert des Wissens nicht mehr – systematisch – in sich selbst begründet, sondern ergibt sich aus der Praxis des Umgangs mit dem Wissen. Wissen wird Dynamiken einer sozialen

---

4 Siehe hierfür bes. Frank Whigham, »Interpretation at Court: Courtesy and the Performer-Audience Dialectic«, in: *New Literary History* 14:3 (1983), S. 623-639; sowie ders., *Ambition and Privilege. The Social Tropes of Elizabethan Courtesy Theory*, Berkeley, Los Angeles, London 1984.
5 Zur höfischen Pragmatik bei Gracián siehe beispielhaft Sebastian Neumeister, »Höfische Pragmatik. Zu Baltasar Graciáns Ideal des ›Discreto‹«, in: August Buck et al. (Hgg.), *Europäische Hofkultur im 16. und 17. Jahrhundert. Vorträge und Referate gehalten anläßlich des Kongresses des Wolfenbütteler Arbeitskreises für Renaissanceforschung und des Internationalen Arbeitskreises für Barockliteratur in der Herzog August Bibliothek Wolfenbüttel vom 4. bis 8. September 1979*, Hamburg 1981, S. 51-60.
6 Lasinger (wie Anm. 1), S. 215.

Wertbemessung unterzogen, die zentral sind für den Übergang von der Frühen
Neuzeit zur Moderne und die den Wertbegriff selbst entscheidend verändern.

Lasinger hebt zwei Aspekte dieses relationalen Ansatzes bei Gracián hervor,
die beide auf das Problem der Fundierung und der Legitimation des Wissens
zielen. Erstens wird der formale Ort der Wahrheit als tiefer Grund beschrieben.
Da dieser Grund sich aber entzieht sowie »leer und unbestimmt«[7] bleibt, erscheint er in der Form des Geheimnisses, das, wie Alois Hahn gezeigt hat, formal
leer ist, aber seiner Kommunikation bedarf. Das heißt, dass es für die Existenz
eines Geheimnisses im Prinzip keine Rolle spielt, ob es etwas Geheimes gibt;
konstitutiv ist vielmehr die Kommunikation der Geheimhaltung.[8] Das Geheime
erscheint erst als Effekt einer kommunikativ erzeugten Begehrensstruktur, in
der es als phantasmatisches Objekt des Wissens einen funktionalen Ort (den
der Setzung, dass es etwas Geheimes geben müsse) einnimmt. Ganz in diesem
Sinne hat Frank Whigham für die Frühe Neuzeit Verfahren der Mystifizierung
als Strategien politischer Legitimation beschrieben, die durch den Verlust einer
ontologisch verbürgten, ›natürlichen‹ Autorität notwendig wurden.[9]

Aus dem unbestimmten Grund ergibt sich zweitens eine Neubestimmung
von Wert, die sich aus dem jeweiligen Geflecht der Positionen herleitet. Wert ist
nicht mehr substanziell oder intrinsisch zu denken, sondern positional-relational.
Besonders problematisch wird dabei in epistemologischer Hinsicht, dass Wert
innerhalb des strategischen Spiels manipulierbar ist und in eine Ökonomie
symbolischer Austauschprozesse eintritt, wobei der Wert selbst ökonomisch
wird. Wie in anglistischer Perspektive auch Wolfram Keller für den Übergang
vom Mittelalter zur Renaissance sowie Anne Enderwitz für den Bereich der City
Comedy in diesem Band ausführen, kommt es dabei zu einer Verschiebung von
oikonomischen Ansätzen, die sich auf den *Oikos* und eine relativ geschlossene
(feudalistische) Haushaltsführung beziehen, die im Wesentlichen auf Reziprozität
beruht, zu einem neuzeitlichen ökonomischen Verständnis der Generierung
von Wert, der nicht mehr durch den Bezug auf den Haushalt und die damit
einhergehende Verbindlichkeit einer vornehmlich antiken Ethik gedeckt ist.

Bei Gracián lässt sich diese pragmatische Verschiebung am Wert des Wissens
ablesen, der als Effekt einer Ökonomie des Wissens erscheint. Dabei geht es
jedoch um mehr als nur eine metaphorische Projektion des Ökonomiebegriffs.
In Frage steht, wie sich mit dem ökonomischen Denken ein neues Verständnis

7 Ebd.

8 Alois Hahn, »Soziologische Aspekte von Geheimnissen und ihren Äquivalenten«, in: Aleida
  Assmann (Hg.), *Schleier und Schwelle*, Bd. 2: *Geheimnis und Offenbarung*, München 1998, S.
  23-39. Siehe dazu ausführlicher meine Diskussion der frühneuzeitlichen »Topologie der Exklusivierung« in: Verf., *Undertakings. Fluchtlinien der Exklusivierung in John Donnes Liebeslyrik*,
  München 2014, S. 17-32.

9 Vgl. Whigham, *Ambition and Privilege* (wie Anm. 4), S. 87 ff.

von Wertgenerierung ausbildet. Die Konzeptualisierung des Wertes bildet sodann die Schnittstelle, die die epistemische Bedingtheit von Ökonomie und Wissen sichtbar macht. Die daraus resultierenden epistemologischen Probleme werden bei Gracián im Rahmen einer höfischen Hermeneutik auf unterschiedlichen Ebenen textuell entfaltet. Zum einen macht das *Oráculo manual* Probleme des Wissens thematisch explizit, zum anderen bringen diese jedoch Textverfahren hervor, die auf die sozialpragmatischen Dimensionen des Wissens reagieren, indem sie den Wert des Textes und seines Wissens ökonomisch generieren. Sie binden den Wert des Wissens an ein Begehren, das im Sinne des kommunikativen Geheimnisses strukturell durch mystifizierende Verknappung hervorgebracht wird, und fundieren den Wert des Wissens nicht mehr ontologisch über den gesicherten Ort der Wahrheit.

II.

Auf einer ersten Ebene zeigt sich die Überlagerung von Wissen und Ökonomie bereits in der Graciánschen Semantik. Eine entscheidende Dimension innerhalb der hermeneutischen Tiefenmetaphorik betrifft die Bestimmung des *fondo* als Fonds, als ökonomische Reserve, die das Handeln und das Wissen bedingt. Dies ist kein Zufall und auch keine isolierte Instanz metaphorischer Überblendung: *Fondo* im Sinne einer wirtschaftlichen Reserve, die den tiefen Grund und die Basis des gesellschaftlich agierenden Individuums ausmacht, ist Teil eines weitreichenden Netzwerks ökonomischer Begrifflichkeit, auf das Francisco Sánchez und Malcolm Read nachdrücklich hingewiesen haben.[10] Während Sánchez in seiner Analyse der Graciánschen *persona* und des sie fundierenden Konzepts des *caudal* im Wesentlichen auf symbolisches Kapital im Sinne Bourdieus abzielt, konstatiert Read eine tiefergehende Durchsetzung von Graciáns Diskurs mit marktökonomischem und warenlogischem Denken: »The whole world is recast in the image of the fair. Commercial thinking penetrates into the very core of Gracián's being, colors his every turn of phrase«.[11]

---

10 Siehe Francisco J. Sánchez, »Symbolic Wealth and Theatricality in Gracián«, in: Nicholas Spadaccini u. Jenaro Talens (Hgg.), *Rhetoric and Politics. Baltasar Gracián and the New World Order*, Minneapolis u. London 1997, S. 209-229; sowie Malcolm K. Read, »Saving Appearances: Language and Commodification in Baltasar Gracián«, in: ebd., S. 91-124. Vgl. darüber hinaus Francisco J. Sánchez, *An Early Bourgeois Literature in Golden Age Spain:* Lazarillo de Tormes, Guzmán de Alfarache *and Baltasar Gracián*, Chapel Hill 2003; sowie Felipe Ruan, »A Taste for Symbolic Wealth: *Gusto* and Cultural Capital in Baltasar Gracián«, in: *Revista Canadiense de Estudios Hispánicos* 32:2 (2008), S. 315-313, der die Verfahren der Wertgenerierung auf das gesellschaftliche Autorität legitimierende Konzept des *gusto* bezieht.

11 Read (wie Anm. 10), S. 104.

Einen entscheidenden Knotenpunkt bildet hierbei der Begriff des *caudal*, der wirtschaftliche und intellektuelle Mittel vereint, aber auch das Ziel einer fließend sich an die Situation anpassenden Handlungsweise beschreibt, die ein erfolgreich agierendes Subjekt auszeichnet.[12] Darüber hinaus ist *caudal* an eine Illusionsproduktion gekoppelt, in der sich Wert nicht mehr nach haushälterischen Reserven bemisst, sondern über das verdeckend-offenbarende Spiel einer Produktion von Begehren. Insofern *caudal* einer aktiven Hervorbringung bedarf, unterscheidet er sich, wie Justin Butler betont, nicht nur von der Hoffnung, sondern differenziert er auch eine Subjektivität aus, die sich ermächtigend innerhalb sozialer Beziehungen etabliert und ihre Identität nicht mehr primär über eine standesmäßig gegebene Herkunft bestimmt sieht: »Hope produces an excess of expectation, in contrast to *caudal*, which produces an illusion of the possibility of an excess of resources, but in itself does not attach a hope to it, only power.«[13] Der Unterschied zwischen Hoffnung und Macht liegt in einer Realisierbarkeit, die für Hans Blumenberg das zentrale Charakteristikum eines sich mit dem Umbruch zur Neuzeit etablierenden neuen Wirklichkeitsbegriffs darstellt. Wirklich ist hierbei nicht mehr das, was über transzendente Instanzen verbürgt ist, vielmehr definiert sich Wirklichkeit über ihre Kontextgebundenheit. Diese bedeutet sowohl die Chance als auch die Notwendigkeit einer je neu zu erfolgenden Bestimmung eines Kontexts, die dem Individuum Gestaltungsmöglichkeiten einräumt und grundlegend die Möglichkeit des Neuen denkt und affirmiert.[14] Epistemologische Kehrseite dieses Wirklichkeitsbegriffs ist die Unabschließbarkeit der Kontextualisierung ebenso wie die Unsicherheit hinsichtlich der möglichen Parameter, die es erlaubten, den Kontext und somit die Wirklichkeit als in sich stimmig zu konstituieren: »Der Wirklichkeitsbegriff des Kontextes der Phänomene stellt eine als Realität nie endgültig gesicherte, immer noch sich realisierende und auf Bestätigung angewiesene Wirklichkeit vor«.[15] Prinzipiell kann diese Bestätigung nur im Rahmen sozialer Interaktion und auf der Basis von Intersubjektivität mit mehr oder weniger bindender Gültigkeit und entsprechender Halbwertszeit erzielt werden.[16]

Mit Blick auf die Intersubjektivität geht es in Graciáns Zugang zur Realisierung einer kontextuellen Wirklichkeit jedoch um eine relationale Topologie,

---

12 Vgl. Sánchez (wie Anm. 10), S. 12: »In Gracián the term *caudal* refers to the level of wealth and to the skills inscribed in a practical performance; it also means the capacity to produce a symbolic field within which the subject performs a strategic behavior.«

13 Butler, (wie Anm. 3), S. 10.

14 Siehe hierzu Hans Blumenberg, »Wirklichkeitsbegriff und Möglichkeit des Romans«, in: Hans Robert Jauß (Hg.), *Nachahmung und Illusion*, München 1964, S. 9-27, v. a. S. 12 f.

15 Ebd., S. 26.

16 Vgl. ebd., S. 13.

die, wie Butler betont, durch Asymmetrien gekennzeichnet ist und darüber Machteffekte zeitigt. Die von William Eggington hervorgehobene supplementäre Qualität des *caudal* bedeutet nämlich, dass sich Kontext bei Gracián nicht über die Hoffnung auf eine wie auch immer garantierte Einstimmigkeit bestimmt, sondern über eine intersubjektive Erwartungslenkung, in der sich der *caudal* nie ganz zeigen darf, um sich nicht zu erschöpfen: »It's only there insofar as it's not all there.«[17] Weil *caudal* als Supplement den Eindruck erweckt, nie vollständig vorhanden und gänzlich präsent zu sein, zeigt er seine »inexhaustibility«[18] an. Er etabliert dabei eine epistemologische Asymmetrie, die es unmöglich macht, den Kontext erschöpfend zu bestimmen, seine Unerschöpflichkeit ist vielmehr an die Unbestimmbarkeit des Kontexts gebunden. Diese Unbestimmbarkeit bedeutet einerseits, dass der Kontext gemäß den Interessen des Subjekts formbar ist[19], dies allerdings zu Bedingungen der Intersubjektivität. Im Unterschied zu jener Intersubjektivität, wie sie Habermas für die sich im 18. Jahrhundert etablierende bürgerliche Öffentlichkeit beschreibt, zielt diese aber nicht auf Einstimmigkeit im Sinne rationaler Übereinstimmung durch öffentliche Debatte.[20] Durch die supplementäre Kopplung von *caudal* und Begehren erscheint die kontextuelle Wirklichkeit bei Gracián als Effekt sich gegenseitig bedingender Erwartungshaltungen und -lenkungen und als offene Begehrensstruktur asymmetrischer Machtverhältnisse, die auf verschiedenen Formen der Abhängigkeit oder Verbindlichkeit, aber auch epistemologischer Undurchsichtigkeit basieren: »The

---

17 Vgl. William Egginton, »The Reality of Caudal«, in: *(Re)Reading Gracián in a Self-Made World, Hispanic Issues On Line Debates* 4 (2012), S. 42-44, hier S. 43.

18 Ebd.

19 Dass es sich dabei um Subjekte der Macht im doppelten Foucaultschen Sinne einer Ermächtigung des Subjekts und seines gleichzeitigen *assujettissement* handelt, hat nicht zuletzt Anthony J. Cascardi unter dem Kapiteltitel »The Subject of Control in Counter-Reformation Spain« in *Ideologies of History in the Spanish Golden Age*, University Park, PA 1997, S. 105-131 eindrücklich gezeigt. Cascardi befragt vor allem, wie der gegenreformatorische Staat auf der Basis einer nicht mehr ontologisch gegebenen Legitimation Subjekte produziert, die sich gleichsam freiwillig unter seine Kontrolle begeben und somit sowohl sich als auch den Staat autorisieren. Für Foucaults zunächst disziplinäres und disziplinierendes Verständnis und seinen späteren Fokus auf Techniken des Selbst siehe zusammenfassend Michel Foucault, »Le sujet et le pouvoir«, in: *Dits et écrits, 1954 – 1988*, 4 Bde., Paris 1994, Bd. 4, S. 222-243; sowie ausführlicher ders., *Surveiller et punir. La naissance de la prison*, Paris 1975 und ders., *L'Usage des plaisirs. Histoire et sexualité II*, Paris 1984.

20 Vgl. Jürgen Habermas, *Strukturwandel der Öffentlichkeit. Untersuchungen zu einer Kategorie der bürgerlichen Gesellschaft*, Frankfurt a. M. 1990, v. a. S. 86 ff. Im Unterschied zur bürgerlichen Öffentlichkeit konstituiert sich der soziale Kontext bei Gracián gerade nicht aus Privatleuten. Dies ist umso relevanter für mein Argument, als Habermas Privatleute über ihren Besitz und ihre wirtschaftliche Stellung definiert. Auch insofern bildet Graciáns Konzept des *caudal* mit seiner starken Ausrichtung auf primär symbolisches Kapital und Repräsentation einen starken Kontrast. Siehe dazu Sánchez und Ruan (jeweils wie Anm. 10).

tactical creation of dependence or the installation of obligation within others is precisely the creation of desire. Gracián teaches his readers how to desire the other's desire in order to produce the illusion of *caudal*.«[21] Die Asymmetrien garantieren nicht nur das fortwährende Fließen des *caudal* und des Begehrens, sondern auch die Offenheit des Kontextes – jedoch stets zu Bedingungen der doppelten Kontingenz. Denn in einem solchen Kontext kann man sich nie sicher sein, wie die Asymmetrien der Macht gerade verteilt sind.

III.

Das Graciánsche Subjekt ist mithin nicht mehr tiefenmetaphysisch durch die ontologische Autorität der Standeszugehörigkeit legitimiert. Seine Position basiert stattdessen auf einer situativen Pragmatik kommunikativ erzeugter Machteffekte, deren stark anti-barocke Tendenz Butler betont hat. Anstelle des mit dem Barock verbundenen Exzesses und der aristokratischen Legitimierung über exzessive Zurschaustellung – »*Oráculo manual y arte de prudencia* is in many respects an anti-Baroque *tractatus* precisely because of its injunction to avoid the flourishings of excess«[22] –, entwickelt Gracián mit seiner Konzeption des *caudal* ein Programm des regulierenden Informationsflusses: »Excess leads to monstrosity; withholding or reserve, in turn, leads to power.«[23] Die Kopplung an das Begehren und an die Etablierung ermächtigender Asymmetrie bedingt einen konstitutiven Entzug, der den illusionistischen *caudal* auf eine unsichtbare und unbestimmbare Reserve verweist.[24] Der *caudal* bedarf der pragmatisch-semiotischen Erzeugung eines autorisierend-gründenden und ermächtigenden *fondo* – und zwar *als* Reserve. Diese zeigt aber nicht mehr die oikonomische Substanzialität des gut geführten Haushalts an, der auf der Reziprozität zu befriedigender Bedürfnisse basiert, sondern versteht die Reserve des *fondo* als zu investierendes Eigenkapital, die das unerschöpfliche Fließen des *caudal* garantiert.

---

21 Butler (wie Anm. 3), S. 23.

22 Ebd., S. 9.

23 Ebd., S. 10. Sánchez (wie Anm. 10), S. 213 beschreibt den *caudal* entsprechend als »a game with its own arbitrary – nonessential – regulation«.

24 Vgl. Sánchez (wie Anm. 10), S. 213: »The defense of *caudal* is the goal of a practical knowledge that is both an action and a theoretical reflection on the position of oneself among deceiving signs. This defense is produced only by concrete activity within a cultural place that is, in turn, a construction, a representation«. Sánchez betont zugleich die topologisch-ökonomische Qualität des kultursemiotischen Ortes: »The place is, above all, a moment of exchange and a movement of wealth; the conception of the craftiness or artfulness of the place, the artfulness of the socioeconomic and symbolic exchanges, implies the idea of a place that properly belongs to cultural production.«

Über die subjekt- und erkenntnistheoretischen Probleme hinaus situiert diese Konzeption des *fondo* und des *caudal* Gracián in den geld- und werttheoretischen sowie den wirtschaftspolitischen Diskursen eines sich etablierenden neuzeitlichen Ökonomieverständnisses. Was Jorge Checa mit Blick auf einen eher allgemeinen intersubjektiv generierten Wertbegriff formuliert: »el valor (y casi la realidad) de algo viene a depender estrechamente de la imagen creada y sancionada por el acuerdo social«[25], verweist dabei auf einen ökonomischen Wertbegriff, der mehr als nur *ein* Phänomen des kontextbezogenen Wirklichkeitsbegriffs darstellt. In ihm manifestieren sich vielmehr die wirtschaftlichen Grundbedingungen der Sozialperformanz im gegenreformatorischen Spanien.

Dies kann im Prinzip nicht verwundern, schreibt Gracián doch für einen höfischen Kontext, dessen wirtschaftliches Modell bereits seit der Mitte des 16. Jahrhunderts als höchst problematisch angesehen wird und gerade deshalb entscheidend zur Entwicklung eines modernen ökonomischen Diskurses beigetragen hat.[26] Denn Spanien befand sich nicht nur in einer massiven wirtschaftlichen Krise, die als solche sowohl im Land als auch außerhalb Spaniens reflektiert wurde, sondern stellte geradezu den Ausnahmefall einer mit dem Aufschwung der humanistisch geprägten Frühen Neuzeit verbundenen europäischen Entwicklung dar[27], an dessen Negativbeispiel sich das moderne ökonomische Denken formierte. Plastisch bringt dies Cosimo Perrotta auf den Punkt: »A spectre haunted Europe in the mercantilist period: the fear of ending up like Spain, rich in gold, poor in production, and with a frighteningly unfavorable balance of trade.«[28] Ganz ähnlich beginnt auch Marjorie Grice-Hutchinsons bahnbrechende Studie zur Schule von Salamanca: »If there was one economic lesson which the whole Spanish nation had learned by the middle of the sixteenth century, it was that the value of money is fickle and that gold and silver are not synonymous with wealth«.[29]

25 Jorge Checa, »*Oráculo manual*: Gracián y el ejercicio de la lectura«, in: *Hispanic Review* 59:3 (1991), S. 263-280, hier S. 277.

26 Ich berufe mich in den folgenden Darstellungen auf die grundlegenden Einschätzungen und wirtschaftstheoriegeschichtlichen Aufarbeitungen der frühneuzeitlichen Traktate bei Marjorie Grice-Hutchinson, *The School of Salamanca. Readings in Spanish Monetary Theory, 1544 – 1605*, Oxford 1952; Joseph A. Schumpeter, *History of Economic Analysis*, hrsg. v. Elizabeth Boody Schumpeter, London 1954; Cosima Perrotta, »Early Spanish Mercantilism: The First Analysis of Underdevelopment«, in: Lars Magnusson (Hg.), *Mercantilist Economics*, New York 1993, S. 17-58; sowie Erik S. Reinert u. Sophus A. Reinert, »Mercantilism and Economic Development: Schumpeterian Dynamics, Institution Building, and International Benchmarking«, in: *Oikos* 10:1 (2011), S. 8-37.

27 Vgl. Reinert u. Reinert (wie Anm. 26), S. 15 f.: »Starting from around 1550, Europe provided one outstanding experience of national economic failure, Spain, and two examples of unquestionable economic success, Venice and the Dutch Republic.«

28 Perrotta (wie Anm. 26), S. 18.

29 Grice-Hutchinson (wie Anm. 26), S. 1.

Mit diesen beiden Verweisen sind zum einen die beiden bestimmenden Pole benannt, die historisch das wirtschaftstheoretische Denken des 17. Jahrhunderts prägen: die Kulmination der scholastischen Tradition in der Schule von Salamanca, sowie der kurz nach 1600 aufkommende[30] und über die folgenden Jahrhunderte das ökonomische Denken prägende Merkantilismus. Zum anderen rufen sie die beiden Bereiche des wirtschaftlichen Denkens auf, die entscheidenden Einfluss für die Konzeptualisierung des Wertes haben: die Geld- und Werttheorie auf der einen und die zunächst aus der Praxis internationaler Handelsbeziehungen und deren Implikationen für die nationale Wirtschaft sich herleitende politische Ökonomie auf der anderen Seite.

In beiden Ansätzen geht es um die Frage der Fundierung des Geldwerts bzw. des Reichtums einer Nation und mithin um die Relation des Werts zu einer substanziierbaren Deckung und der Möglichkeit oder Notwendigkeit von Reserven. Ausgelöst werden diese Fragen sowohl durch die Intensivierung internationaler Handelsbeziehungen, die das Problem der Vergleichbarkeit unterschiedlicher Währungen und Wirtschaftsleistungen in den Vordergrund treten lässt, als auch in besonderem Maße durch die enorme Edelmetall- und Rohstoffeinfuhr aus den Kolonien und ihre Auswirkungen auf die wirtschaftliche Situation der europäischen Länder. Denn spätestens durch die Überflutung Europas mit dem Gold der Kolonien verliert der metallistische Ansatz zur Wertfundierung seine Grundlage. Spanien wird zum zentralen Problemfall, nicht nur weil hier im Unterschied zu sonstigen europäischen Entwicklungen das aufkommende bürgerlich-kapitalistische Wirtschaften dem feudalen aristokratischen Modell unterworfen wird und nicht anders herum[31], sondern weil das traditionelle, auf Geld- bzw. Goldreserven ausgerichtete bullionistische Wirtschaftsmodell am spektakulärsten an seine Grenzen gerät und scheitert. Dabei profitierte Spanien zunächst am meisten von der Rohstoffzufuhr aus den Kolonien, allerdings führte dies völlig unerwartet nicht zur Steigerung des Reichtums, sondern trug zur radikalen Verarmung des Landes bei: »Everyone knew that huge amounts of gold and silver flowed into Spain from the Americas. Starting around 1550, however, it became increasingly clear that this flow of bullion did not cause generalized wealth in Spain. The gold and silver ended up elsewhere, in nations that generally had no mines.«[32] Damit lieferte das Beispiel Spaniens gleichsam

---

30 Als begründendes Manifest des Merkantilismus wird gemeinhin Thomas Muns *England's Treasure by Forraign Trade* von 1623 angesehen. Vgl. dazu Perrotta (wie Anm. 26), S. 19. Im Anschluss an Schumpeter (wie Anm. 26) betonen Reinert u. Reinert aber bereits die Bedeutung Antonio Serras und seines *Breve Trattato delle Cause che Possono far Abbondare l'Oro e l'Argento dove non sono Miniere* von 1613 für die Entwicklung merkantilistischen Denkens. Vgl. Reinert u. Reinert (wie Anm. 26), bes. S. 11, 26 u. 29.

31 Siehe Perrotta (wie Anm. 26), S. 32 f.

32 Reinert u. Reinert (wie Anm. 26), S. 16.

die Widerlegung bullionistischer Modelle und forderte stattdessen ein neues ökonomisches Denken heraus, das Reichtum nicht mehr mit der Anhäufung nationaler Geldreserven gleichsetzte:

> The same overwhelming phenomenon that founded Spain's modern economy, namely the inflow of American gold, led to two parallel and independent lines of thinking: that of the scholasticists and that of the mercantilists. The mercantilists were not professional philosophers like the scholasticists but were public figures and businessmen interested in the practical workings of the national economy.[33]

Bereits die Salmantiner Scholastiker erkannten den kausalen Zusammenhang zwischen der massiven Goldeinfuhr, der Vermehrung der Geldreserven und einer immer bedenklicher steigenden Inflation. Dies trug einerseits zur Entwicklung einer quantitativen Werttheorie bei, in der der Geldwert sowohl national als auch bei internationalen Transaktionen auf die jeweils vorhandene Geldmenge zu beziehen ist, was nichts Geringeres bedeutet, als dass die Kaufkraft des Geldes in unterschiedlichen Kontexten je verschieden ist. Der Wert des Geldes kann also nicht nur nicht mehr auf seine metallistische Basis bezogen werden, auch politische Festlegungen stabilisieren den Wert nur bedingt und sind den Verhältnissen im Umlauf befindlicher Geldmengen unterworfen.[34] Andererseits zog diese Erkenntnis jene Schlussfolgerungen nach sich, die den Grundstein merkantilistischen Denkens ausmachen, wie dies sowohl Perrotta als auch Reinert u. Reinert entgegen dem vorherrschenden Verständnis des Merkantilismus als bullionistische oder gar chrysohedonistische Bewegung betont haben. Denn die von den Merkantilisten diagnostizierte Unterentwicklung Spaniens geht über die Feststellung inflationsbedingter Verarmung hinaus: »During the 17th century, there was a decisive growth in awareness that the domestic production crisis was sparked off by a rise in prices caused by American gold. This rise, in fact, led to the loss of competitiveness of Spanish products compared to foreign goods.«[35] Der entscheidende Umbruch im Denken liegt hier in der Kategorie der Produktion, mit der die Krise nicht primär als finanzielle Krise bestimmt wird, sondern als »production crisis«.

Nach den Merkantilisten lag das Problem Spaniens in einer wirtschaftlichen Unterentwicklung, die ihre Hauptursachen darin hatte, dass man sich nahezu ausschließlich auf den Rohstoffzufluss aus den Kolonien verließ und auf dieser Basis an einem dominant aristokratisch-feudalen Wirtschaftsmodell festhielt.

---

33 Perrotta (wie Anm. 26), S. 21.

34 Zu den mittelalterlichen Ansätzen zur Geldwertbemessung siehe Grice-Hutchinson (wie Anm. 26), S. 29 ff.; für die Wertbestimmung von Seiten der Landesfürsten hier bes. S. 31.

35 Perrotta (wie Anm. 26), S. 27.

Dieses schätzte nicht nur Arbeit und Produktion gering, sondern beruhte wesentlich auf dem Austausch von Privilegien und Kapitalprodukten, in der Geld mit »financial transactions« gemacht wird, »that did not promote the productive system, from *censos,* i. e. financial loans and mortgages, and from *juros,* i. e. privileges, titles and rights granted by the king in exchange for loans.«[36] Während der Rest Europas sich nach dem Modell der italienischen Stadtstaaten und der Niederlande immer stärker auf eine Rohstoffverarbeitung stützte – auch, um damit die eigene ökonomische Macht gegenüber den an Rohstoffen reichen Ländern und Kolonien zu sichern –, trug die spanische Wirtschaftspolitik durch fehlende Förderung bzw. gar Benachteiligungen und Strafen wesentlich zum Zusammenbruch der Produktion im Land bei. Spanische Güter verloren daher ihren Wert nicht nur aufgrund der Inflation, sondern auch wegen des Fehlens von »artificial wealth«[37], also verarbeiteter Produkte und verarbeitender Produktion. »[R]ich in gold, poor in production«[38] bot Spanien das Bild einer nicht- bzw. gezielt entindustrialisierten Nation, die zwar von Rohstoffimporten überschwemmt war, aber daraus kein Kapital schlagen konnte. Mit den Rohstoffen verließ auch das Geld sogleich wieder das Land und führte so zu dem von Perrotta für das spanische Gespenst mitverantwortlich gemachten Ungleichgewicht der Handelsbilanz: »The country was de-industrialized and flooded with imports, which caused the species that flowed in from the American colonies to leave the country at the same speed, or even faster.«[39]

Wenn die (vorrangig merkantilistischen) »17th century economists« ihren »gaze from the earning of money to the strengthening of manufacturing«[40] verlagern, so ist dies in der verallgemeinerten Beobachtung begründet, dass »[w]ealth left the nations producing raw materials – even if the raw materials were gold and silver – and accumulated in the nations housing a diversified manufacturing sector.«[41] Daraus ergibt sich die von Perrota formulierte Schlussfolgerung: »For the founders of mercantilism, therefore, the process of gaining wealth starts from production.«[42] Einerseits erklärt dies die von den Merkantilisten vorgeschlagenen protektionistischen Maßnahmen zur Förderung der nationalen Wirtschaftskraft zum Nachteil anderer Nationen, die vor allem auch auf eine Monopolisierung

---

36 Ebd.
37 Thomas Mun, *England's Treasure and Forraign Trade,* zit. n. Perrotta (wie Anm. 26), S. 19. Wie Perrotta deutlich macht, ist die Gegenüberstellung von »artificial wealth« und »natural wealth« mit einer deutlichen Gewichtung zu Gunsten des Produktionsreichtums zentral für das merkantilistische Programm nicht nur bei Mun.
38 Perrotta (wie Anm. 26), S. 18.
39 Reinert u. Reinert (wie Anm. 26), S. 16.
40 Perrotta (wie Anm. 26), S. 19.
41 Reinert u. Reinert (wie Anm. 26), S. 16.
42 Perrotta (wie Anm. 26), S. 19.

des technologischen Wissens und eine entsprechende Asymmetrie der Produk-
tionskapazitäten als Basis einer positiven Handelsbilanz zielte. Andererseits wird
Reichtum nicht mehr über gleichsam passiv gehortete Geld- und Rohstoffreserven
begründet, sondern – und hier gibt es starke Parallelen zu Graciáns Denken des
caudal – durch die Zirkulation des Kapitals in Form von Investitionsaktivitäten
zur Steigerung der Produktion.

Die Implikationen dieser neuen Form politisch-ökonomischen Denkens auf
einer epistemischen Ebene sind kaum zu überschätzen. Denn wenn Spanien für
die Merkantilisten zu einem Beispiel für Unterentwicklung wird, bedeutet dies,
dass Ökonomie überhaupt erstmals in Kategorien der Entwicklung verstanden
wird: »The very idea of economic development, however, was an early mercantilist
innovation.«[43] Entgegen der Reziprozität einer Ökonomie des Tausches oder der
ausgewogenen Konservierung des Haushalts im Sinne der *Oikonomia*, rückt ein
produktionsorientiertes Investitionsdenken wirtschaftliche Prozesse ein in ein
ganzes Geflecht komplexer und dynamischer Parameter, deren Relationen steten
Veränderungen unterliegen. Diese gilt es nicht nur zu bedenken, sondern aktiv zu
beeinflussen. Zeitlich öffnet sich die politische Ökonomie damit auf die offene
Zukunft[44] eines zu bestimmenden Kontexts, wie ihn Blumenberg beschreibt und
der seinen deutlichsten Ausdruck vielleicht in der protektionistischen Politik
findet, die sich auf die Steigerung einer verarbeitenden Produktion und ihres
technologischen Wissens richtet und damit auf »artificial wealth«: Gerade das
protektionistische Moment weist die Notwendigkeit einer Stabilisierung aus,
die sich nicht mehr von selbst einstellen will.

Wenn im Verhältnis von »artificial« und »natural wealth« für die Merkantilisten
eine positive Handelsbilanz wesentlich auf eine Relation von Ein- und Ausfuhr
von Rohstoffen zurückgeführt wird, in der eingeführte Rohstoffe als verarbeitete
wieder ausgeführt werden sollten, spitzen sie damit auf der praktischen Ebene der
politischen Ökonomie und des Handels ein komplexes Verständnis wirtschaftlicher Wertbemessung zu, das sich in der Geld- und Werttheorie bereits Mitte
des 16. Jahrhunderts in der Schule von Salamanca ausprägt. Diese entwickelt
nicht nur eine prä-marxistische Konzeption des Mehrwerts; die Notwendigkeit,
den Wert eines Dinges nicht nur über seine materielle Substanz zu bemessen,
sondern auch über die aufgewendete Arbeit sowie die logistischen Kosten wird

---

43 Reinert u. Reinert (wie Anm. 26), S. 13.
44 Für die epistemologischen Implikationen dieses neuen Zeitverständnisses siehe grundlegend
   Reinhardt Koselleck, »Historia Magistra Vitae. Über die Auflösung des Topos im Horizont
   neuzeitlich bewegter Geschichte«, in: ders., *Vergangene Zukunft. Zur Semantik geschichtlicher
   Zeiten*, Frankfurt a. M. 1979, S. 38-66.

bereits in den Debatten um den gerechten Preis gesehen.[45] Die entscheidenden
Änderungen ergeben sich jedoch aus den Erfahrungen mit der Inflation aufgrund
der steigenden Geldmengen. Sie führen zur Formulierung einer quantitativen
Geldwerttheorie und bringen den Geldwert zugleich in Relation zum Güterwert.
Dabei wird das dem Verhältnis von Angebot und Nachfrage zugrunde liegende
Prinzip der Knappheit, das für Güter bereits bei Aristoteles als ausschlaggebend
für deren Wert angesehen wurde[46], nicht nur auch auf die Geldressourcen ange-
wandt, sondern überdies auf die Relation zwischen Geld und Gütern. Es kommt
also eine weitere Relation ins Spiel, durch die auch das Geld keinen stabilen
Parameter für die Preis- und Wertbemessung liefern kann, sondern der Wert
der Güter zudem auf die je unterschiedliche Kaufkraft des Geldes zu beziehen
ist. Grice-Hutchinson fasst den Beitrag der Schule von Salamanca entsprechend
zusammen: »The School's original contribution to monetary theory consists, in
my opinion, in its formulation of a psychological theory of value applied to both
goods and money, of the quantity theory, and of a theory of foreign exchange
that closely resembles the modern purchasing-power parity theory.«[47]

Geld stellt somit nicht mehr einen Aristotelischen »store of value«[48] dar,
wonach es gleichsam als wertneutrales Tauschmedium fungiert, das für eine
gewisse Zeit und zur Überbrückung räumlicher Differenz für Güter eintritt und
deren Wert konserviert. Es wird selbst Dynamiken internationaler Handelsbeziehungen unterworfen, die unmittelbare Folgen für die in Umlauf befindlichen
Geldmengen haben. Nach der Quantitätstheorie ist Geld mithin ebenso den
Gesetzen der Knappheit unterworfen. Insofern bedingen und verstärken sich
die von Grice-Hutchinson angeführten Parameter zur Wertbemessung bei den
Salmantinern gegenseitig. Ihre Kontextbezogenheit, deren Radikalität sich aus
der Komplexität und der offenen Relationalität des Kontextes selbst herleitet,
kulminiert dabei in dem, was Grice-Hutchinson den ›subjektiven‹ oder ›psycho-
logischen‹ Wertbegriff nennt, und dessen *gleichzeitige* Anwendung auf Geld *und*
Güter. Erst dadurch vollzieht sich die Fundierung des Wertbegriffs im Begehren
und der ihm eignenden Asymmetrie von Präsenz und Absenz, Angebot und
Nachfrage sowie deren Manipulierbarkeit durch Strategien der Verknappung,

---

45 Vgl. Grice-Hutchinson (wie Anm. 26), S. 24-28, hier S. 28: »To sum up, it would seem that
   supply-and-demand, utility, cost of production (including the remuneration of labour), and
   other factors such as the cost of transport and risk, were all to be taken into account in deter-
   mining value.«

46 Vgl. ebd., S. 20 f.

47 Ebd., S. 47 f. Perrotta (wie Anm. 26), S. 21 schätzt den Stellenwert der Schule von Salamanca
   für die Geldtheorie ganz ähnlich ein: »What is important, however, is the fact that the analyses of the Spanish scholasticists are the first articulate analyses of modern monetary phenome-
   na.«

48 Grice-Hutchinson (wie Anm. 26), S. 20.

wie sie für das moderne ökonomische Denken charakteristisch sind und dessen Grundzüge sich – laut Grice-Hutchinson in der Folge der Salmantiner Ansätze – im 17. Jahrhundert etabliert haben: »It would seem, then, that a markedly subjectivist theory of value, emphasizing the effect on price of utility, rarity, and the forces of supply and demand, was widely current among theologians and jurists throughout the seventeenth century, and that this theory was largely built up on the work of the School of Salamanca.«[49]

IV.

Vor dem Hintergrund dieser Entwicklungen eines ökonomischen Verständnisses, das Wert zentral an ein Begehren koppelt, welches sich über Angebot und Nachfrage innerhalb interrelationierter Kontexte bestimmt, soll nun der Wert des Wissens bei Gracián als Resultat einer textuellen Realisierung gelesen werden. Dies bedeutet vor allem zweierlei. Zum einen leitet sich der Wert des Wissens aus den Formen der Kontextualisierung her, die der Text selbst in seiner Form der Realisierung und der Wissensproduktion vornimmt. Zum anderen impliziert dies eine andere Form des Wissens. Es ist nicht mehr fassbar als ein topisches Wissen, das im Text als Ort der Reserve angesammelt und als vorfindliche Wahrheit gezeigt werden kann. Vielmehr wird Wissen auch in dem Sinne ein praktisches[50], als es über eine Praxis textueller Produktion entsteht – aber supplementär als *caudal*, der sich gerade nicht einfach zeigen darf. Er muss auf eine Reserve des *fondo* verweisen, die sich selbst prozessual zum unergründbaren Grund macht, indem sie sich mystifizierend zurückhält, sich reserviert.[51] Die Reserve, die vorhandenes und vorgängiges Wissen verortete und vereinte, wird

---

49 Ebd., S. 75.

50 Zur Wissenspraxis bei Gracián und der damit einhergehenden Rekonzeptualisierung des Wissens als praktisches Weltwissen siehe Nicholas Spadaccini u. Jenaro Talens, »Introduction. The Practice of Worldly Wisdom: Rereading Gracián from the New World Order«, in: dies. (Hgg.), *Rhetoric and Politics: Baltasar Gracián and the New World Order*, Minneapolis u. London 1997, S. ix-xxxii.

51 Für eine solche Lektüre der Reserve als eine bestimmte Ökonomie, in der sich die Reserve als Grund setzt, indem sie sich entzieht und in Reserve hält, siehe Jacques Derrida, »La pharmacie de Platon«, in: ders., *La dissémination*, Paris 1972, S. 69-197, hier bes. S. 146. Es geht hierbei um eine paradoxale Form der Selbstsetzung bzw. der Selbstbegründung, die sich aus der Notwendigkeit der Verortung der Wahrheit und des Wissens bei gleichzeitig ausbleibender transzendenter Verbürgtheit (des Ortes der Wahrheit und des Wissens) ergibt. Wie ich weiter unten (Kap. VI) zeigen werde, schlägt sich dies bei Gracián zugleich in einer Form der Wissensvermittlung nieder, die im *mote* des af. 212 »*Reservarse siempre las últimas tretas del arte*« (S. 218) kulminiert und eine der zentralen Strategien der Selbstautorisierung beschreibt.

damit transformiert in einen textuellen Prozess der Reservierung, durch den die
Reserve von einem Ort oder einer Substanz zum Versprechen bzw. zur Illusion
eines verborgenen Grundes wird. Aufgrund seiner ökonomischen Struktur fasse
ich diesen Prozess der Reservierung unter dem Begriff der Verknappung. In ihm
erscheint die Reserve als nicht mehr verifizierbarer Effekt ihres eigenen Entzugs.
Das heißt aber weiterhin, dass Wissen ebenso paradoxerweise als Effekt seines
textuell über Verknappung generierten Wertes in Erscheinung tritt, es also zu
einem praktischen Wissen um die eigene Wertgenerierung wird. Insofern kann
es sich als Wissen nicht mehr *be*weisen, sondern nur noch im praktischen Vollzug
als effektiver *caudal er*weisen. Der Grund jedoch bleibt entzogen, wenngleich er,
wie es eingangs bei Lasinger hieß, immer wieder als virtueller Ort der Wahrheit,
den es notwendig geben muss, gesetzt wird.

In drei Schritten soll daher nachgezeichnet werden, wie Wissen und Wissensvermittlung wesentlicher Teil des *caudal* werden, indem sie diese spezifische
ökonomische Form des praktischen Wissens als Wissen seiner Wertgenerierung
annehmen, und welche Konsequenzen dies für die Textualität des *Oráculo* hat.
Zunächst soll auf der Ebene des *énoncé* kurz skizziert werden, wie Gracián einen
Wertbegriff thematisiert, der sich über die Verbindung von Verknappung und
Begehren bestimmt. In einem zweiten Schritt soll dieser Wert der Verknappung
dann auf der Ebene des Textes selbst hinsichtlich des konzeptistisch-sentenziösen
Aphorismus betrachtet werden. Auf dieser Basis werden drittens die von Gracián
zugespitzten Paradoxien humanistischer Wissenspraktiken mit Blick auf die
Pragmatik des Textes ins Zentrum rücken, die sich im mystifizierenden Ent-
zug des *fondo* als Strategie der Autorisierung über den supplementären *caudal*
ausdrücken. Es wird dabei darum gehen, den zweifachen Sinn des Genitivs in
meinem Titel herauszuarbeiten, und zu zeigen, wie der Wert, der Strategien der
Verknappung beigemessen wird, wiederum einen Wertbegriff bedingt, der auf
Knappheit und Verknappung basiert.

Wie bereits der erste Aphorismus hervorhebt, stellt Wissen für Gracián eine
unhintergehbare Vorbedingung für Sozialperformanz dar: »Más se requiere hoi
para un sabio que antiguamente para siete; y más es menester para tratar con
un solo hombre en estos tiempos que con todo un pueblo en los passados.«[52]
In Graciáns Welt ist nachgerade ein exponentielles Mehr an Wissen nötig als
zu jenen Zeiten, aus denen sich das topische Wissen des modernen Weisen
rekrutiert. Damit wird ebenso betont, dass es sich erstens um ein historisch
situiertes Wissen handelt und dass dieses zweitens in gesellschaftliche Kontexte
eingebunden ist und sozialen Praktiken dient. Als solches ist es ein lebenswich-

---

52 Baltasar Gracián, *Oráculo manual y arte de prudencia*, hrsg. v. Emilio Blanco, Madrid ¹⁰2013,
   S. 101. In der Folge beziehen sich sämtliche Verweise auf diese Ausgabe; die entsprechenden
   Seitenzahlen werden in Klammern direkt nach dem Zitat angegeben.

tiges praktisches Wissen: »¿De qué sirve el saber, si no es plático? Y el saber vivir
es hoi el verdadero saber« (S. 229), heißt es in af. 232. In der Feststellung der
Unabdingbarkeit des Wissens wird damit aber gleichzeitig eine Differenzierung
vorgenommen, die spezifisch auf den Wert des Wissens zielt. Denn die Forderung
nach praktischem Wissen macht diesen abhängig von der Situiertheit in einer
gesellschaftlichen Praxis, die Wissen nicht mehr als Ziel an sich sieht, sondern
es als Teil des *caudal* betrachtet.

Af. 39 scheint dem zunächst zu widersprechen und in der Perfektion der Dinge
einen natürlichen Wert hervorzuheben:

> *Conocer las cosas en su punto, en su sazón, y saberlas lograr.* Las obras de la
> naturaleza todas llegan al complemento de su perfección; hasta allí fueron
> ganando, desde allí perdiendo. Las del Arte, raras son las que llegan al no
> poderse mejorar. Es eminencia de un buen gusto gozar de cada cosa en su
> complemento: no todos pueden, ni los que pueden saben. Hasta en los fru-
> tos del entendimiento ai esse punto de madurez; importa conocerla para la
> estimación y el exercicio. (S. 124)

Der hier aufgerufene natürlich-organische Zyklus veranschlagt einen den Dingen
inhärenten Reifeprozess, dessen Höhepunkt es zu erkennen gilt, und der auch
erkannt werden kann. Dieser Punkt der Perfektion scheint völlig unabhängig
von Prozessen der Wissensproduktion (gilt jedoch auch für die Früchte der
menschlichen Erkenntnis) und wäre somit in seinem Wert unbedingt. Doch
wenngleich der Moment des Zenits aufgrund seiner unweigerlichen Natürlichkeit
substanziell verstanden werden kann, zeigt der Aphorismus bezeichnenderweise
just darin bereits etwas anderes mit an. Besonders mit Blick auf die kulturellen
Dinge »del Arte« offenbart er zugleich das radikal verzeitlichte Denken des
Wertes bei Gracián, zielt er doch letztlich nicht so sehr auf die Dinge selbst als
auf die Fähigkeit, die Dinge genau an ihrem Höhepunkt abzupassen. Dies ist
sowohl eine Frage der Erkenntnis als auch der Nutzbarmachung. Die Perfektion
der Dinge ist nicht mehr von selbst relevant, sondern wird zu einem Parameter
ihres Gebrauchs: Es gilt, die Eigenzeitlichkeit der natürlichen Prozesse mit der
Zeitlichkeit des erkennenden und handelnden Individuums zu verschalten. Somit verschiebt sich die Aufmerksamkeit von der Natürlichkeit eines inhärenten
Wertes hin zu einem interaktiv bestimmten Wertbegriff der Relation.

Deutlicher tritt dieser Wertbegriff entsprechend in Aphorismen zutage, die
sich auf soziale Interaktion beziehen. Diese befinden sich zudem an zentralen
Stellen des Buches. Während etwa bereits der dritte Aphorismus auf die Produktion von *admiración* und Neugier zielt und der vorletzte Aphorismus die
unumwundenste Darstellung einer Begehrensdynamik liefert, die auf Aufschub
und Befriedigungsentzug basiert, steht der für den ökonomischen Wertbegriff

relevanteste af. 150 genau in der Mitte der 300 Aphorismen. Bereits der *mote* verbindet hier Wissen und Ökonomie mit den Dingen und Angelegenheiten des Subjekts, während die *glosa* in spezifisch ökonomischen Termini asymmetrische Relationen eines sozialen Begehrens entfaltet:

> *Saber vender sus cosas.* No basta la intrínseca bondad dellas, que no todos muerden la substancia, ni miran por dentro. Acuden los más adonde ai concurso, van porque ven ir a otros. Es gran parte del artificio saber acreditar: unas vezes celebrando, que la alabança es solicitadora del deseo; otras, dando buen nombre, que es un gran modo de sublimar, desmintiendo siempre la afectación. El destinar para solos los entendidos es picón general, porque todos se lo piensan, y quando no, la privación espoleará el deseo. Nunca se han de acreditar de fáciles, ni de comunes, los assuntos, que más es vulgarizarlos que facilitarlos; todos pican en lo singular por más apetecible, tanto al gusto como al ingenio. (S. 183 f.)

Auch hier wird eingangs ein inhärenter Wert nicht negiert, sondern grundsätzlich angenommen. Bereits der zweite Teilsatz verweist jedoch auf das Problem der Wahrnehmung und der Wertschätzung. Da nicht alle ins Innere der Substanz vordringen (wollen oder können) (»que no todos muerden la sustancia, ni miran por dentro«), genügt sich die intrinsische Güte nicht selbst. Nimmt sich dies zunächst als Problem der vulgären Masse aus, die unfähig ist, den inneren Wert einer Sache zu erkennen, weil sie dem Schein der Äußerlichkeiten verhaftet ist, verändert der dritte Satz mit der Sprechweise auch den Zugang. Was wie eine moralistische Kritik klang, wird nun affirmiert und für die Produktion von Wert angeraten, was sich in der konzeptistisch gewendeten Aktivierung des *saber acreditar* niederschlägt. *Acreditar* erscheint hier gleichsam als ein Prozess des ›Aufladens‹ mit Vertrauen. Diese Beglaubigung geht aber vom Subjekt selbst aus, indem man beim Anderen den Eindruck der Kredit-/Glaubwürdigkeit erzeugt: Der *crédito* des Subjekts lokalisiert sich im Anderen, der Objekt des *artificio* ist. Der *artificio* der Akkreditierung überblendet also die Sein/Schein-Problematik eines illusionistischen Glauben-Machens mit der Ökonomisierung der Glaubwürdigkeit als Kreditwürdigkeit. Anstatt diese Wertproduktion jedoch mit Rückgriff auf die inhärenten Werte gelingen zu lassen, rät die Explikation rhetorisch-symbolische Überformung an: Überzeugungsleistung durch Lob sowie guten Leumund. Diese Form der Beglaubigung zielt einerseits ganz in der rhetorischen Tradition auf die Affekte, versteht das Anstacheln des Begehrens (»solicitadora del deseo«; »picón general«; »espoleará el deseo«) darüber hinaus aber als Aufbau einer imaginären Relation, deren Wirkungsweise in den letzten beiden Sätzen erläutert wird. Es handelt sich um zwei Strategien der exklusivierenden Verknappung: Entweder schränkt man den Adressatenkreis unmittelbar auf die Elite der Verständigen ein und weckt damit bei allen anderen den Ehrgeiz, zu dieser Elite zu gehören. Dies ist die positive Herausforderung, die ein Ziel der Zugehörigkeit steckt. Oder man reizt strikt durch Entzug (»privación«); dies stellt die negative Strategie der Verknappung dar. In beiden Fällen erscheint Wert steigerbar, weil er der Wertschätzung unterliegt. Er wird als begehrensgeleitet verstanden und kann durch Steuerung von Angebot und Nachfrage beeinflusst werden.

Dieser Aphorismus ist bei weitem kein Einzelfall. Er tritt mit einer Reihe anderer Aphorismen in Relation, die sich alle auf Strategien des Werterhalts oder der Wertsteigerung beziehen. Im Sinne des Anreizes des Begehrens durch positive Erwartungsstiftung ist er etwa verbunden mit der Neugier stiftenden Unbestimmtheit des dritten Aphorismus: »*Llevar sus cosas con suspensión*« und dessen direktem Verweis auf die »arcanidad« (S. 102) als Autorisierungsstrategie, mit af. 58: »*Saberse atemperar*« (S. 134), wo es um das Verhältnis von *timing* und Erwartungssteuerung geht, sowie mit af. 95, dessen *mote* »*Saber entretener la expectación*« (S. 154) bereits für sich spricht. Dem korrespondieren auf der anderen Seite Aphorismen des Entzugs, die insofern noch einen anderen Stellenwert haben, als diese sich gemeinsam mit Aphorismen, die auf Wertverlust durch abnutzende Wiederholung hinweisen, auf die soziale Lesbarkeit des Subjekts selbst richten. Dabei verbinden sich gemäß der Begehrenslogik Lesbarkeit und Wert, da die Lenkung der Erwartungshaltungen Auswirkungen auf die soziale Stellung hat. Aus der umgekehrten Proportionalität von Durchschaubarkeit und Stellenwert ergeben sich Strategien, die sich an metaphorischen Variationen des *fondo* orientieren und damit sowohl auf Semantiken der Reserve als auch der Undurchschaubarkeit der Tiefe verweisen. Beide Semantiken treffen sich in dem Ziel, das der *mote* des 94. Aphorismus vorgibt: Für die »*Incomprehensibilidad del caudal*« (S. 154) gilt es, wie bereits erläutert, den Eindruck unergründlicher Mittel über hermeneutische Unergründlichkeit zu vermitteln.

Im Sinne dessen, was Patricia Fumerton für die Renaissance als eine kulturelle Ornamentik beschrieben hat, basiert diese Unergründlichkeit auf der gestaffelten und (sozial) differenzierenden Exklusivierung des Zugangs, die nie bis ins Innerste vordringen lässt und damit topologisch nie eine Fixierung erlaubt.[53] Graciáns ökonomische Semantik betont dafür in den nah beieinander stehenden Aphorismen 170 und 179 die Notwendigkeit der Reserve, die zurückhält, indem er einmal die Bedeutungssicherung durch »*Usar del retén en todas las cosas*« (S. 195) vorschlägt und einmal geheimnisstiftende Selbstbeherrschung mit der Neugier des Anderen unter dem Motto »*La retentiva es el sello de la capacidad*« (S. 200) verbindet. In af. 212: »*Reservarse siempre las últimas tretas del arte*« (S. 218) und af. 253: »*No allanarse sobrado en el concepto*« (S. 238) wird diese Reserve darüber

---

53 Vgl. Patricia Fumerton, *Cultural Aesthetics. Renaissance Literature and the Practice of Social Ornament*, Chicago u. London 1991, bes. S. 69 f.

hinaus auf die Wissensvermittlung (»Es de grandes maestros, que se valen de su sutileza en el mismo enseñarla. Siempre ha de quedar superior, y siempre maestro.« [S. 218]) und die konzeptistische Gestalt des Diskurses selbst bezogen, auf die ich weiter unten näher eingehen werde.

Beide Formen der Begehrenslenkung kulminieren schließlich im vorletzten Aphorismus, wo sie sich im Befriedigungsentzug verschränken. Angeraten wird dort unter dem Motto »*Dejar con hambre*« (S. 260) eine immer nur teilweise Befriedigung, die nie ganz sättigen darf. Im Begehren gründet die Wertschätzung: »Es el deseo medida de la estimación«. Dieses am Leben zu halten, bildet somit die zentrale, ja gar »einzige«, Richtlinie für sozialen Erfolg: »Única regla de agradar: coger el apetito picado con el hambre con que quedó.« Es darf weder zur schlichten Wiederholung kommen, noch darf eine Sache je ausgeschöpft werden; besser nimmt man Ungeduld in Kauf, als durch Sättigung Unmut hervorzurufen: »Si se ha de irritar, sea antes por impaciencia del deseo que por enfado de la fruición«. Denn ganz im petrarkistischen Sinne fließt der *caudal* des Begehrens doppelt so gut in der Form der *dolendi voluptas*, mit der dieser Aphorismus schließt: »gústase al doble de la felicidad penada.«

V.

Damit eröffnet der vorletzte Aphorismus die Möglichkeit einer poetologischen Lektüre, die sich anhand des af. 253 noch expliziter entwickeln lässt. Dabei wird der auf der Ebene des *enoncé* entwickelte Wertbegriff asymmetrischen Begehrens auf die Textgestalt selbst zu übertragen sein. Denn die thematisch entwickelte Notwendigkeit der Selbstreflexion gilt mit Blick auf eine Begehrenslenkung durch Verknappung auch für den Wert des Graciánschen Textes. Dessen Ziel müssen gemäß der Begehrenslogik *Dexar con hambre* und ein verstetigtes *picar del deseo* sein. Gracián entwickelt hierbei eine Poetik der Unergründlichkeit, die den steten Entzug des *fondo* sowohl politisch und ökonomisch als auch ästhetisch und didaktisch fruchtbar macht und deren oberste Maxime die *incomprensibilidad del caudal* bildet. In typischer Verschränkung politischer und ästhetischer Dimensionen entwickelt af. 253 dies über die Forderung nach Komplexität:

> *No allanarse sobrado en el concepto.* Los más no estiman lo que entienden, y lo que no perciben lo veneran. Las cosas, para que se estimen, han de costar. Será celebrado quando no fuere entendido. Siempre se ha de mostrar uno más sabio y prudente de lo que requiere aquel con quien trata, para el concepto, pero con proporción, más que excesso. Y si bien con los entendidos vale mucho el seso en todo, para los más es necessario el remonte. No se les ha de dar lugar a la censura, ocupándolos en el entender. Alaban muchos lo

que, preguntados, no saben dar razón. ¿Por qué? Todo lo recóndito veneran por misterio y lo celebran porque oyen celebrarlo. (S. 238 f.)

Hermeneutische Schwierigkeit wird hier nicht nur zur Produktion von Überraschung angeraten, sondern auch zur Autorisierung durch Mystifizierung sowie zur Vermeidung von Kritik[54] (»censura«) oder tatsächlich von Zensur.[55] Nichtverstehen erzeugt beim Rezipienten Bewunderung, weil dieser, so die hier angesetzte Psychologie, höhere Einsichten beim Anderen vermutet. Zugleich verlängert die hermeneutische Komplexität beim Betreffenden den Verstehensprozess und lenkt den so Beschäftigten von möglichen Widersprüchen ab. Sie ist damit Ausdruck und Perpetuierung einer Asymmetrie, die für das Begehren notwendig ist. Durch ihre Herausforderung verspricht sie eine gesteigerte Gratifikation beim Rezipienten und autorisiert zugleich den Wert des Sprechers über dessen Unergründlichkeit.[56]

54 Siehe zu diesen Strategien des »absichtsvolle[n] Im-Ungewissen-Lassen, das den Sinn dieses Geheimnis-Verbreitens […] darstellt, und dessen Aufgabe es ist, die Umwelt in einem gespannten, erwartungsvollen Abstand und Schwebezustand zu belassen als Schirm seiner selbst, seines Tuns und Lassens« bereits Hellmut Jansen, *Die Grundbegriffe des Baltasar Gracián*, Genf u. Paris 1958, bes. S. 100-107, hier S. 103.

55 Mit Blick auf die humanistische Praxis hat Mary Thomas Crane in *Framing Authority. Sayings, Self, and Society in Sixteenth-Century England*, Princeton 1993, S. 95 diese protektive Komponente für die Autorisierungsstrategien des Aphorismus auf den Punkt gebracht: »The gathering of abstract, moralistic ›advice‹ couched in aphorisms was much safer than giving concrete, possibly unpalatable advice about contemporary issues, and concrete advice couched in aphoristic form retained a protective generality. Since the sayings cited by humanists almost always reinforce the hierarchical cultural code, they provide a way to keep ambition and social mobility within acceptable bounds.«

56 Während Jansen (wie Anm. 54), S. 105 »[d]as Elitehafte, das solch ›sentenziösem und konzisen‹ [sic] Schreiben anhaftet« betont, sieht Jutta Weiser, »Konzeptismus und Ethik in Graciáns *Oráculo manual*«, in: *komparatistik online* 1 (2014), S. 45-71 in der ausgestellten Undurchschaubarkeit eine noch auf dem analogischen Weltbild funktionierende *imitatio Dei*: »Gracián versucht weder die Welt noch die sprachlichen Zeichen in eine transparente Ordnung zu gliedern; er selbst bedient sich einer Sprache, die der Undurchschaubarkeit der Welt und ihres Schöpfers Rechnung trägt sowie einer Form, die den Inhalt im Unklaren lässt. Der orakelhafte Charakter seiner Aphorismen, die gehäufte Verwendung von Paradoxon, Antithese, Sprachspiel und Ellipse stehen im Dienst einer *imitatio Dei*: Der konzeptistische Sprachstil korrespondiert mit der taktischen Undurchschaubarkeit des Klugen, die wiederum über ein Analogieprinzip an das Tun des Schöpfers zurückgebunden wird.« (S. 59) Weniger ontologisch denn epistemologisch sieht Checa (wie Anm. 25) ein indexikalisches Verhältnis zwischen konzeptistischer Praxis und Orientierung in der – vor allem auch sozialen – Welt im hermeneutischen Verhältnis von Leser und Text modelliert. Vgl. S. 267: »La tensa relación con el receptor así establecida nos sitúa, en fin, frente a los dilemas de cómo leer un texto cuyas frecuentes ambigüedades y carácter asistemático remiten a la índole no menos confusa y engañosa del mundo fenoménico y de la experiencia social.«

Wenngleich *concepto* hier nicht mit dem poetischen *concepto*-Begriff gleichzusetzen ist, wird der Aphorismus dennoch metapoetisch auf textuelle Verfahren mysteriösen Entzugs hin lesbar, durch die Gracián das Aphoristische
vom einzelnen Aphorismus auf den ganzen Text überträgt. Entscheidend ist
dabei eine wertproduktive Ökonomie der Verknappung, die im Rahmen einer
gesamttextuellen Relationalität funktionalisiert wird. Deren topologische Fundierung setzt Unergründlichkeit ins Werk, indem sie sich konstant verschiebt
und keinem übergeordneten systematischen Modell folgt.[57] Die Relationen
bleiben somit offen, geben ihren *fondo* nicht preis, erfordern aber, einzelne sich
kommentierende oder komplementierende Aphorismen jeweils neu zueinander
in Beziehung zu setzen sowie den mysteriösen Grund der Gesamtanordnung zu
befragen, um darüber auch die Aphorismen untereinander mit Blick auf ihre
Gesamtheit hermeneutisch gewichten zu können.[58]

Zu den Verfahren der Verknappung, die zunächst den Einzeltext betreffen,
gehört vor allem die konzeptistische Zuspitzung, die oft über Antithesen und
Chiasmen fungiert. Syntaktisch manifestiert sie sich am deutlichsten in den
durchgängigen Ellipsen der Infinitiv- und Nominalsyntagmen. Diese machen
nach Mercedes Blancos Quantifizierung 89 % des Textes aus, wonach nur 11 %
vollständige Sätze sind.[59] Sie umfassen des Weiteren die Verunklarung der Relation zwischen *mote* und *glosa*, die zum Teil syntaktisch kaum getrennt sind,
zum Teil in ihrem thematischen Bezug dunkel bleiben, wobei das unmittelbare
parataktische Nebeneinander den Bezug zugleich erzwingt, die Art der Relation
jedoch offen lässt. Dies hängt vor allem mit der von Lasinger beobachteten
Unterwanderung des in der Kommentarfunktion implizierten hierarchischen
Verhältnisses zwischen *mote* und *glosa* zusammen, wobei der Kommentar selbst
aphoristisch verknappt wird: »Bei Gracián wird die Grenze zwischen Text und
Kommentar verunklart, der Kommentar hebt sich nicht mehr deutlich als Text

---

57 Vgl. dazu Lasinger (wie Anm. 1), S. 83.
58 Vgl. mit Blick auf eine daraus für den Leser abzuleitende Ethik Weiser (wie Anm. 56), S. 67:
    »Die aphoristische Diskontinuität verlangt vom Rezipienten einen Scharfsinn, der auf das
    Einzelne beschränkt bleibt, wobei der Versuch, durch ein induktives Verfahren zu einem
    allgemeinen ethischen Prinzip zu gelangen, immer wieder an immanenten Widersprüchen
    scheitert. Während eine normative Ethik mit dem Anspruch allgemeiner Gültigkeit eine ge-
    schlossene systematische Darlegung ihrer Prinzipien verlangt, lässt sich die graciánsche Si-
    tuationsethik kaum auf einen einheitlichen Kern reduzieren. Die taktischen Lebensregeln
    beanspruchen alles andere als allgemeine Gültigkeit, denn im Grunde sollen sie ja nur für den
    Klugen, nicht aber für seinen Kontrahenten gelten.«
59 Vgl. Mercedes Blanco, *Les Rhétoriques de la pointe. Gracián et le conceptisme en Europe*, Genf
    1992, S. 41-44. Siehe außerdem Emilio Blanco, »Introducción«, in: Gracián (wie Anm. 52),
    S. 41-44; sowie für eine detaillierte Typologisierung der Syntagmen und eine Diskussion der
    Quantifizierung Blancos Lasinger (wie Anm. 1), S. 62 f.

zweiten Grades vom ersten, vom Kommentierten ab.«[60] Schließlich betrifft die
Verknappung das Verhältnis der Aphorismen zu ihren Prätexten. Ein nicht
geringer Teil der Aphorismen ist zum einen aus den beiden anderen Hofmanns-
traktaten Graciáns, *El héroe* und *El discreto*, zuspitzend extrahiert[61]; zum anderen
rekontextualisieren die Aphorismen eine ganze Reihe anderer Intertexte, die von
Sprichwörtern bis hin zur lateinischen Antike reichen und hier besonders auf die
taciteische Tradition des politischen Aphorismus und den Stoizismus Senecas
zurückgreifen.[62] Diese humanistischen ›Reserven‹ werden ebenfalls konzeptistisch
verkürzend zugespitzt, was einerseits Bekanntheit voraussetzt und damit auch ein
traditionelles topisches Wissen konserviert und sozialdifferenzierend perpetuiert;
andererseits entwöhnlicht und disloziert die konzeptistische Verdunkelung jedoch
die *loci communes* in ein dynamisches Relationsgeflecht. Das alte exemplarische
Wissen wird zwar aufgerufen, zugleich jedoch, wie Checa herausstellt, in einem
chiffrierenden *rewriting* an die neue Kontingenzoffenheit des unbestimmten
Kontextes innerhalb des *mundo civil* angepasst: »the *mundo civil* requires a con-
tinuous rewriting that can transform the world's blurred appearances into the
ciphered signs of a dynamic, provisional, and open-ended language.«[63]

Die elliptische Verknappung teilt den Ort (den *topos*, aber auch die geordnete
Syntax) durch das unvermittelte Neben- und Gegeneinander dabei sowohl von
innen heraus als auch durch das dynamische, provisorische und offene Verhältnis
zu anderen Aphorismen der Sammlung. Denn zeichnen die Juxtapositionen
bereits den Einzeltext aus, so verschärfen sich diese noch durch die aphoris-
mustypische Unverbundenheit im Sammlungskontext. Sie resultieren etwa in
kotextuellen Widersprüchen oder in ideologisch sehr unterschiedlichen Positionen. Wenngleich diese »heterogeneidad ideológica«[64] zunächst irritieren mag
(und wohl auch soll), ist sie doch Teil einer Strategie der »dispersión aforística«[65],

---

60 Lasinger (wie Anm. 1), S. 81 f.

61 Dies konstatiert exemplarisch Aurora Egido, *La rosa del silencio. Estudios sobre Gracián*, Madrid 1996, S. 91: »Los trescientos aforismos del *Oráculo manual y arte de prudencia* se configuran
como síntesis tipográfica del contenido de todos sus tratados. Ya el propio título apela a la ma-
terialidad de un libro que, como dice la aprobación, abriga ›en tan poco cuerpo tanta alma‹,
siendo quintaesencia del arte que predica y ›cifra‹ de todos los demás libros de su autor.«

62 Siehe dazu eingehend Lasinger (wie Anm. 1), S. 19-33 u. 49 ff. sowie spezifischer für die
Intertextualität S. 120-140. Für die Breite der Referenzen unter Betonung der wenig außer-
gewöhnlichen Natur der konzeptistisch verschlüsselten Inhalte siehe auch Joachim Küpper,
»Jesuitismus und Manierismus in Graciáns *Oráculo manual*«, in: *Romanistisches Jahrbuch* 58
(2008), S. 412-442, hier S. 419.

63 Jorge Checa, »Gracián and the Ciphers of the World«, in: Nicholas Spadaccini u. Jenaro
Talens (Hgg.), *Rhetoric and Politics. Baltasar Gracián and the New World Order*, Minneapolis
u. London 1997, S. 170-187, hier S. 184.

64 Checa (wie Anm. 25), S. 263.

65 Ebd., S. 269.

die neben Widersprüchen auch unregelmäßige Rekurrenzen umfasst, wie ich sie
für den Wertbegriff gezeigt habe, und die sich wegen ihrer Unregelmäßigkeit
nicht mehr systematisch einhegen oder aufheben lassen. Stattdessen verweist die
Streuung auf eine radikale Situativität, durch die das chiffrierte topische Wissen
in Abhängigkeit zu seiner pragmatischen Anwendung steht und mehr oder weniger passend und somit auch mehr oder weniger gültig ist. Dem Wissen wird
der feste Grund entzogen, seine aneignende (Re-)Produktion bedarf stattdessen
einer kontextualisierenden Hermeneutik[66], die nie zum Ende kommen wird
oder – im Sinne des *caudal* und hinsichtlich der ästhetischen, politischen und
didaktischen Effizienz des Textes – kommen darf.

Gracián spitzt hier Tendenzen einer humanistischen Wissenspraxis zu, die sich
besonders in den *commonplace books* und ihrem Umgang mit topischen Wissensbeständen manifestiert. Vor allem die syntaktische Verkürzung der Graciánschen
motes ebenso wie die nummerische Ordnung der Aphorismen verweisen, wie
Lasinger argumentiert[67], strukturell auf humanistische Verfahren der Manuali-
sierung in Form der verknappenden Indexikalisierung.[68] In ihnen zeigt sich ein
extrahierender und rekombinierender Zugang zum Wissen, mit dem der Humanismus die Funktion der Topik und ihre Exemplarität völlig neu definiert. Er
markiert dabei die Schwelle zwischen einem topisch-exemplarischen und einem
historisch-singulären Wissen, deren grundlegende Differenz Reinhardt Koselleck
beispielhaft anhand des Topos ›historia magistra vitae‹ für den Geschichtsbegriff
selbst und dessen Umstellung auf einen offenen Zukunftshorizont im Übergang
zur Neuzeit beschrieben hat.[69] Denn in der Erasmistischen Tradition geht es nicht
mehr um ein bloßes Sammeln des Wissens, das an sich gültig wäre. Wie Walter
J. Ong dies vor allem für die Ramistische Umakzentuierung beschrieben hat,

---

66 Diese topologisch-relationierende Hermeneutik hat Kevin Sharpe als ein zentrales kulturelles
   Modell des diskontinuierlichen, nicht-sequentiellen »comparative reading« für die frühe
   Neuzeit ausgewiesen, mit der sich zugleich eine neue kritische Haltung zum Text und die
   Betonung der Aneignung durch den Leseprozess mit den Humanisten ausbilden. Vgl. Kevin
   Sharpe, *Reading Revolutions. The Politics of Reading in Early Modern England*, New Haven u.
   London 2000, S. 87: »The very practice of comparative reading fostered a critical spirit and
   attitude to the text.«

67 Vgl. Lasinger (Anm. 1), S. 83-87.

68 Für die Lesepraxis der Indexikalisierung mit ihrer aneignenden (Neu-)Ordnung des Textes
   nach bestimmten »headings«, Motiven oder Themengebieten siehe Sharpe (wie Anm. 66),
   S. 180 f. Wie Sharpe hervorhebt, erfolgt dieses Rearrangement des Textes nicht in einem ein-
   maligen Lesedurchgang, sondern ist ein wiederholter Prozess, der sich nach unterschiedlichen
   pragmatisch-situativen Parametern richtet und den Text so je okkasionell neu gliedert. Dies
   bedeutet sowohl eine starke Personalisierung der Lektüre und des Textes als auch eine Frag-
   mentarisierung, die die Individualität der Selektion ebenso wie des Urteils unterstreicht. Vgl.
   ebd., S. 183 f. u. 191.

69 Vgl. Koselleck (wie Anm. 44).

erhält es seinen Wert vielmehr aus dem Dreischritt von Analyse, Parzellierung und individueller Neukontextualisierung.[70]

VI.

Die extrahierende und rekombinierende Aneignung bedeutet eine situationsbezogene Partikularisierung des Wissens, die weitreichende Folgen für die Praxis der Wissensvermittlung und die Konzeptualisierung der an ihr beteiligten Instanzen hat. Sie bedingt vor allem ein anderes Verständnis des Lesers.[71] Wie Kevin Sharpe etwa für den »commonplace book keeper« betont, wird dieser durch eine solch aktive Rezeption vom Leser zu einem Autor, der »a text for the use of one« schafft.[72] In einem letzten Schritt möchte ich daher eine These für die Pragmatik des Graciánschen Textes entwickeln, die auf eine Leseraktivierung zielt und nach der Form der Wissensvermittlung fragt. Sie liefert eine mögliche Entgegnung auf den Einwand, dass dieser Text gar kein Wissen zu vermitteln vermag, da er dem Leser letztlich nicht umzusetzende Ratschläge gibt bzw. gerade die Umsetzung nicht erklärt.[73] Es geht dabei auch um die Frage, was es heißt, wenn ein Text mit der Setzung der Perfektion und der Harmonie beginnt, wie dies der *mote* des ersten Aphorismus tut (»*Todo está ya en su punto*« [S. 101]) – um dies dann in eine prozessuale, differenzielle und, wie Küpper betont[74], durchaus nicht mehr moralisch fundierte oder Halt gebende Relationalität zu zerstreuen. Ich will diesbezüglich den verknappenden und begehrenssteigernden Entzug in

---

70 Vgl. Walter J. Ong, *Rhetoric, Romance, and Technology. Studies in the Interpretation of Expression and Culture*, Ithaca u. London 1971, bes. S. 162 f. In ähnlicher Weise ist dieser Dreischritt konstitutiv für die verbreitete Metapher der ›Verdauung‹, wie Sharpe (wie Anm. 66), S. 182 feststellt: »The simile of digestion, taken from Seneca, was more than mere rhetoric; it describes a process by which the reader appropriates, consumes and reconstitutes the text.«

71 In medienhistorischer Perspektive hat Elizabeth Spiller eindrücklich gezeigt, wie der Buchdruck neue Formen der Wissenspräsentation nötig macht, die nicht mehr einen unidirektionalen Transfer, also keine bloße Vermittlung, bedeuten. Vielmehr wird es nötig, sich auf einen unbekannten Leser mit einem unbekannten Horizont einzustellen und das vom Text entwickelte Wissen entsprechend zu plausibilisieren. Es muss den Leser also (von sich) überzeugen. Für Spiller werden daher ästhetische Verfahren textueller Kohärenzerzeugung als ›Kunst der Wissensproduktion‹ zentral. Vgl. Elizabeth Spiller, *Science, Reading, and Renaissance Literature. The Art of Making Knowledge, 1580-1670*, Cambridge 2004, programmatisch bes. S. 3-14.

72 Sharpe (wie Anm. 66), S. 279.

73 Vgl. Küpper (wie Anm. 62), S. 435 ff., der besonders das selbstreflexive Moment des Konzeptismus sowie die narzisstische ästhetische Gratifikation gegenüber möglichen moralphilosophischen Lektüren stark macht und Gracián als »selbstverliebten Konzeptisten« (S. 434) einstuft.

74 Vgl. ebd., bes. S. 422-427.

die Reserve für eine didaktische Pragmatik des Textes lesbar machen, wie sie der bereits erwähnte af. 212 nahelegt.

Reservarse siempre las últimas tretas del arte. Es de grandes maestros, que se valen de su sutileza en el mismo enseñarla. Siempre ha de quedar superior, y siempre maestro. Hase de ir con arte en comunicar el arte; nunca se ha de agotar la fuente del enseñar, assí como ni la del dar. Con esso se conserva la reputación y la dependencia. En el agradar y en el enseñar se ha de observar aquella gran lición de ir siempre zevando la admiración y adelantando la perfección. El retén en todas las materias fue gran regla de vivir, de vencer, y más en los empleos más sublimes. (S. 218 f.)

Erfolgreiche Wissensvermittlung basiert hier vor allem auf der Aufrechterhaltung der Asymmetrie in der Unterweisungssituation, die durch den relativen Entzug des Wissens in die Reserve garantiert wird. Der *fondo* des Wissens muss undurchschaubar bleiben, um weiterhin *admiración* und Begehren zu schüren. Programmatisch gelesen bedeutet dies, dass der Text über den Entzug des Wissens in die undurchschaubare »arcanidad« (S. 102) just die Paradoxien der Asymmetrien des Wissens und seiner Vermittlung hervortreibt, indem er das Begehren des Lesers verstetigt. Eindrücklich hat Checa diese antagonistische Tendenz als Überlagerung der binnen- und extratextuellen Ebenen beschrieben:

Ya que el libro de Gracián funda en gran medida su ejemplaridad ante el lector en la plasmación textual de los ardides más útiles en la vida diaria, dramatizando las sinuosas tácticas del adversario a vencer; opone, igual que ese adversario, sutiles resistencias a las actividades tendientes al dominio hermenéutico y guarda siempre un margen de reserva e impredictibilidad.[75]

Eine zentrale Strategie sieht Checa auf textueller Ebene in einer potenziell unendlichen konzeptuellen Differenzierung, die ähnlich funktioniert wie der ornamentale Entzug bei Fumerton.[76]

En el plano del estilo, el tratado sobresale por un casi obsesivo deslinde del matiz y por una persecución no menos infatigable del termino justo y de la expresión mas ceñida; todo ello corresponde a actitudes éticas cuyo denominador común es analogamente la cuidadosa elección entre posibilidades sólo en apariencia intercambiables, la búsqueda del momento justo para acometer un empeño arriesgado y el hallazgo de la oportunidad.[77]

---

75 Checa (wie Anm. 25), S. 269.
76 Vgl. Anm. 53.
77 Checa (wie Anm. 25), S. 266.

Entscheidend ist, dass die fortwährende Differenzierung gerade keine semantische Klarheit produziert, sondern diese in Unbestimmtheit entzieht: »Pues si Gracián se preocupa frecuentemente por distinguir y matizar su terminología hasta límites de extraordinaria finura conceptual, no por esto su lenguaje deja de ser, con harta regularidad, abstracto y semánticamente indeterminado.«[78]

Pragmatisch führt dies laut Lasinger in die Aporie der doppelten Adressiertheit des Textes, da dieser für sein Verstehen immer schon das Wissen voraussetzt, das er produzieren will.[79] Er überblendet dabei den bereits Wissenden mit dem noch Unwissenden, indem er die Identifizierung in der alternativen Adresse dem Leser überantwortet. Damit wird aber das Paradox der machtpolitischen Asymmetrie des Wissens nicht gelöst, sondern im Gegenteil dezidiert ausgestellt, weil der Text mit dem Begehren des Lesers spielt. Der Leser erscheint so als (notwendige) pragmatisch-funktionale Position, in der sich die Begehrenskonstellation verdoppelt und sich die darauf gründende Dynamik als Form der niemals gesicherten Wissensaneignung perpetuiert. Niemals gesichert ist sie, weil es dabei keine Ratifizierungsinstanz außerhalb des Vollzugs durch den immer schon wissenden oder eben nie wissenden Leser geben kann.

Die offene Positionalität der pragmatischen Aporie findet ihre prägnanteste Entsprechung in der Koppelung von pragmatischem Entzug und verknappter Syntax, die über die Modalität der aphoristischen Sprechakte ins Werk gesetzt wird. Einerseits entzieht die Ellipse der Infinitiv- und Nominalsyntagmen den Aphorismen den Grund ihrer Äußerungsinstanz und lässt auch nur eine oblique Adressierung zu. Paradoxerweise wird aber gerade durch das Fehlen einer personaldeiktisch bestimmten Position eine Leserpositionierung herausgefordert. Diese Herausforderung rechnet nicht nur mit dem Begehren des Lesers, sondern bindet es in den Vollzug der Wissensproduktion ein, indem sich in ihr erst der Wert des textuellen Wissens in der begehrensgeleiteten Determination des syntaktisch und pragmatisch unbestimmten Kontextes erweist. Mit dem Entzug des pragmasemiotischen Grundes geht andererseits eine Ambiguisierung der Sprechweise einher, die zwischen ontologischer Gnomik und ethischem Imperativ changiert – und dadurch beide unterwandert. Im Prinzip betrifft dies die Grundfrage moralistischen Sprechens, ob es sich um deskriptives oder präskriptives Sprechen handelt. Diese Alternative impliziert aber je andere Wissensordnungen und Autorisierungsformen.

Mit Lyons[80] hat Lasinger die vorherrschende Sprechweise in Graciáns *Oráculo manual* als deontische Modalität beschrieben. Dabei handelt es sich um einen

---

78 Ebd.
79 Lasinger (wie Anm. 1), S. 46 ff.
80 Vgl. John Lyons, *Semantics*, 2 Bde., Cambridge et al. 1977, Bd. 2: S. 823-831.

Aussagemodus des Nicht-Direktiven, der jedoch die Möglichkeit zur Ableitung von Direktiven bietet – und dies bei gleichzeitig konstativ-deklarativem Charakter.[81] Damit beschreibt die deontische Modalität einen ontologischen Zwischenstatus. Er verdankt sich unter anderem einer auf die Zukunft vorgreifenden Zeitlichkeit, die sprachlich etwas als bereits gegeben voraussetzt, was sich erst noch erfüllen soll[82], und oszilliert zwischen deskriptiver (also auf Vorgängiges verweisender) und normativer (also zwar auf grundsätzlich Geltendes, aber partikulär noch nicht Verwirklichtes verweisender) Sprechweise: »there is an intrinsic connexion between deontic modality and futurity. The truth-value of a deontically modalized proposition is determined relative to some state of the world (w_j) later than the world-state (w_i)«.[83] Die deontische Modalität stellt so eine Form der differenziell fundierenden Setzung dar, die zwischen den Polen ontologischer Notwendigkeit und politisch-ethischem Imperativ changiert.

---

81 Lasinger (wie Anm. 1), S. 74.

82 Diese eigentümliche Zeitlichkeit ist bereits über das Orakel im Titel impliziert und nähert den Text prophetischen Formen des Sprechens an, auf die ich hier jedoch nicht näher eingehen kann. Auch in diesem Kontext ist jedoch nicht klar, ob sich das Orakelhafte auf einen transzendenten Ursprung beziehen soll, oder einen Akt der (Selbst-)Mystifizierung darstellt, der sich wiederum in der ausdeutenden Rezeption erfüllt. Damit oszilliert das Orakelhafte zwischen einem Produktions- und einem Rezeptionsphänomen, was seinen ontologischen Status hermeneutisch problematisiert und die mögliche prophetische Autorität zugleich behauptet und unterwandert. Wie Weiser (wie Anm. 56), S. 56 – allerdings unter der bereits zitierten Annahme (vgl. Anm. 56), dass Graciáns Text dadurch immer noch eine *imitatio Dei* anstrebe – anmerkt, spiegelt sich diese Überblendung von göttlichem und weltlichem Wissen bereits in der antithetischen Verschränkung des Titels: »Im Gegensatz zum höheren und in verschlüsselter Form artikulieren [sic.] Wissen des Orakels kennzeichnet das Attribut *manual* ein praktisch-instrumentelles Wissen, das mit einem handlichen Format des Büchleins einhergeht«. Den Verweis auf die Nähe zum prophetischen Sprechen verdanke ich Judith Frömmer, die in »Machiavellis Sibyllinische Bücher. Übertragene Anfänge und offene Enden in den *Discorsi* und im *Principe*«, in: Tobias Döring, Barbara Vinken, Günter Zöller (Hgg.), *Übertragene Anfänge. Imperiale Konfigurationen um 1800*, München 2010, S. 51-76 vor dem Hintergrund des Übergangs von heilsgeschichtlich verbürgten Geschichtsmodellen zu einer offenen Zukunft eine ähnliche Zeitlichkeit für Machiavellis Texte beschrieben hat. Sie zeigt dort, wie Machiavelli prophetische Redeformen inszeniert, um durch diese »narrative Form einer antizipierten Retrospektion« (S. 69) in eine offene Zukunft vorzugreifen. Dies wird anhand der Einschreibung von Leserpositionen vollzogen, die nicht nur die Gründungsnarrative der Texte erst ratifizieren, sondern auch die (prophetische) Autorität Machiavellis, die in einem Akt (gründungs-)narrativer Überformung und Aneignung religiöse Deutungshoheit ersetzte: »Auf diese Weise bringen erst künftige Lektüren eine prinzipiell unabschließbare Gründungserzählung hervor, die vorgeblich auf die Vergangenheit verweist, sich aber in der Zukunft verwirklichen und fortsetzen muß« (S. 68).

83 Lyons (wie Anm. 80), S. 824. Siehe auch Lasinger (wie Anm. 1), S. 74: »Aussagen, die in der ›deontischen Modalität‹ gehalten sind, eignet ein konstativer, deklarativer Charakter. In ihnen ist die deskriptive von der normativen Komponente nicht mehr klar zu trennen. Sie stellen das Bestehen von Verpflichtungen und Geboten fest.«

Das Entscheidende ist nun, dass die deontische Modalität eine Verbindlichkeit ausdrückt, diese aber im Unterschied zu Direktiven gleichsam verschleiert. Sie organisiert asymmetrische Machtbeziehungen, reserviert jedoch den Grund der Autorisierung.

Wie besonders Checa argumentiert, rückt damit der Leser ins Zentrum der textuellen Pragmatik. Die verknappte und differenziell streuende Textur fordert eine selegierende und rekombinierende Lektüre, in der die hermeneutische Aneignung Verknüpfungen erstellt und die Ellipsen für die je anderen Kontexte des Lesers und seine partikuläre Lebenspraxis füllt. »[F]ijar contextos plausibles para muchos de sus ambiguos significantes«[84] wird zur zentralen Aufgabe, die die Autorität des Buches zugunsten des Lesers zurücknimmt, weil sie »por una parte, una postura de desconfianza ante la autoridad absoluta de un libro de dudosa coherencia interna, y, por otra, la búsqueda de vías tendentes a la contextualización pragmática e individual de los diversos aforismos«[85] nahelegt. Die Skepsis erscheint hierbei als Grundbedingung für eine spezifische Wissens*praxis*, die allein es vermag, das Ziel der titelgebenden *prudentia* zu erreichen: »el lector prudente no es quien sigue a la letra cualquiera de los consejos del moralista, sino quien, asimilando sus estratagemas y maniobras textuales, responde como él a las peculiaridades únicas de diferentes situaciones.«[86] Dies bedeutet nicht zuletzt »not only a new source of authority, but also a new logic of truth and personal psychology whose strongest belief was that all authority originated from within the subject-self.«[87]

Doch ermächtigt dieser neue Wissens- und Wahrheitsbegriff das Lesersubjekt nicht nur. Wie Cascardi in Anlehnung an Foucault gezeigt hat, bedeutet er auch die Verinnerlichung einer vormals äußerlich geglaubten Autorität im Sinne des *assujettissement*, der Selbstunterwerfung des Subjekts.[88] Man könnte dies kaum deutlicher beobachten als in der Begehrensdynamik, die die deontische Modalität inszeniert. Gerade weil sie den Imperativ und seine Machtasymmetrien verschleiert, gerade weil sie Wissen nicht als normativ oder deskriptiv präsentiert, aber die Obligation einer zukünftigen Affirmation einrichtet, ist sie so effektiv. Im Nachvollzug besetzt das Lesersubjekt nicht nur jene Positionen, die grammatikalisch ausgespart sind; in der positionierenden Projektion seines Begehrens verwischt es zudem die Differenz von Normativität und Deskriptivität, weil es die deontische Bindung eingeht. Nirgends zeigen sich dieses Begehren und die dadurch eingegangene Bindung stärker als im hermeneutischen Begehren der

84 Checa (wie Anm. 25), S. 267.
85 Ebd., S. 273.
86 Ebd.
87 Cascardi (wie Anm. 19), S. 131.
88 Vgl. Anm. 19.

konzeptistischen Entschlüsselung, die die eigene Klugheit affirmierte. Doch bleibt
diese immer von der deontisch installierten (machtpolitischen, epistemologischen
und temporalen) Asymmetrie abhängig. Das modale Wissen sagt eben nur etwas
über die Notwendigkeit des Ortes der Wahrheit, während es mit der Wahrheit
auch die Autorisierung ins Arkanum entzieht. Es harrt des Nachvollzugs, in dem
das lesende Begehren sich das zugleich entzogene und in Aussicht gestellte Wissen aneignet und seinen Wert ratifiziert. Das modale Wissen suspendiert damit
seinen Wert gleichsam deontisch in jener relationierenden Wissenstransaktion
und wird abhängig von der Fähigkeit und Verantwortung des Lesers zur Selektion
und Rekombination, in die der Text den Leser subjektivierend einübt – ohne
ihm allerdings Gewissheit über die Richtigkeit seiner Wissenspraxis zu geben.
Radikaler noch wird es dabei abhängig davon, welch skeptische Positionierung
der Leser vornimmt und welche Wahl er im Angesicht der epistemologischen
und ontologischen Alternativen der deontischen Sprechweise zwischen De- und
Präskription trifft und in welchem Grade der Ermächtigung oder Selbstunterwerfung er dadurch Subjekt (des Wissens) wird. Entsprechend besagt af. 51.:
»no bastan el estudio ni el ingenio. No ai perfección donde no ai delecto; dos
ventajas incluye: poder escoger, y lo mejor.« (S. 130) Doch wie man die Fähigkeit
zur Wahl erreicht, bleibt im Dunkeln des Orakels.

Robert Folger

Der episch-koloniale Fetisch

Luís Camões' *Os Lusíadas*

I. Einleitung

Im Jahr 1572 druckte Antonio Gõçaluez in Lissabon das vermutlich bereits einige Jahre zuvor verfasste Epos *Os Lusíadas* von Luís Vaz de Camões, eines um 1524 geborenen und 1580 verstorbenen portugiesischen Edelmanns, der – ganz Verkörperung des Renaissance-Ideals des Soldaten-Poeten – viele Jahre seines Lebens der kolonialen Expansion der portugiesischen Krone und dem Ausbau des Handelsimperiums in Afrika, Indien, Indochina und China (Macao) gewidmet hatte. Das aus zehn »Gesängen« (*cantos*) in 1102 Oktaven bestehende Epos beschäftigt sich wesentlich mit der Eröffnung des Seewegs von Europa nach Indien entlang der afrikanischen Küste durch die kleine Flotte von Vasco da Gama in den Jahren 1497 bis 1499. Die *Lusíadas* gelten als *das* portugiesische Nationalepos und Camões nicht nur als größter Dichter Portugals, sondern auch als kanonischer Autor der Weltliteratur.[1]

Der Beginn des Epos weist es auf den ersten Blick als Produkt humanistischer *aemulatio* aus.[2]

As armas e os barões assinalados,
Que da ocidental praia lusitana,
Por mares nunca de antes navegados,
Passaram ainda além da Taprobana,
Em perigos e guerras esforçados,
Mais do que prometia a força humana,

---

1 Vgl. Miguel Martínez, »A Poet of our Own: The Struggle for *Os Lusíadas* in the Afterlife of Camões«, in: *Journal for Early Modern Cultural Studies* 10:1 (2010), S. 71-94. Diese Untersuchung der spanischen und englischen Übersetzungen des Werks im 17. Jahrhundert zeigt, dass die Lusitanität der *Lusiaden* nicht essentiell ist, da sowohl die Spanier als auch die Engländer sich das Werk als Rechtfertigung der eigenen kolonialen Interessen aneignen konnten.

2 Aufgrund der Konventionen der portugiesischen Metrik spricht man von *oitavas decassílabas*, zehn-silbigen Oktaven. Diese wohl prestigeträchtigste europäische Strophenform der Frühneuzeit entspricht der italienischen *ottava rima* und der spanischen *octava real*, die jeweils in 11-Silbern (ital: *endecasillabi*; span.: *endecasílabos*) verfasst sind.

E entre gente remota edificaram
Novo Reino, que tanto sublimaram;

E também as memórias gloriosas
Daqueles reis, que foram dilatando
A Fé, o Império, e as terras viciosas
De África e de Ásia andaram devastando;
E aqueles, que por obras valerosas
Se vão da lei da Morte libertando
– Cantando espalharei por toda parte,
Se a tanto me ajudar o engenho e arte.

Die kriegerischen, kühnen Heldenscharen,
Vom Westrand Lusitaniens ausgesandt,
Die auf den Meeren, nie zuvor befahren,
Sogar passierten Taprobanas Strand,
Die mehr erprobt in Kriegen und Gefahren,
Als man der Menschenkraft hat zuerkannt,
Und unter fernem Volk errichtet haben
Ein neues Reich, dem so viel Ganz sie gaben;

Und die Erinnerungen voller Ruhm
An jene Könige, die stets gemehrt
Das Reich, den Glauben und das Heidentum
In Afrika und Asien zerstört,
Und jene auch, die durch ihr tapferes Tun
Des Todes Forderung von sich gewehrt:
Will mit Gesang, ich überall verbreiten,
Wenn mich Talent und Kunst dabei begleiten.[3]

Bereits der erste Vers »As armas e os barões assinalados« ruft Vergils »Arma vi-
rumque cano« auf und auch in der Makrostruktur, die die irdischen Geschehnisse
(die Ansiedlung der Trojaner in Latium, die ›Entdeckung‹ Indiens) mit dem
Konflikt der olympischen Götter parallelisiert, sind die Übereinstimmungen

---

3 Vgl. Luiz de Camões, *Os Lusíadas*, hrsg. v. Frank Pierce, Oxford 1973, c. I, o. 1-2. In der Folge
  zitiere ich mit Angabe des Gesangs (*canto*) und Oktave (*oitava*). Die Übersetzungen des portugiesischen Texts stammen von Joachim Schaeffer, soweit nicht anders angegeben. Vgl. Luiz de
  Camões, *Os Lusíadas / Die Lusiaden*, übersetzt v. Joachim Schaeffer, Heidelberg 1999, hier S. 9.
  Aufgrund des Versuchs des Übersetzers, die *Lusíadas* nachzudichten, ist ein genauer Abgleich
  mit dem Originaltext ratsam.

zwischen den beiden Epen überdeutlich. Camões strebt mit seinem Werk im gesamteuropäischen Wettstreit, ein modernes Epos zu verfassen[4], nicht nur dem Modell von Vergils *Aeneis* nach, sondern will auch die italienischen Vorbilder (vor allem Ariosts *Orlando furioso*) übertreffen, indem er im Gegensatz zu diesen historische Wahrheit vermittelt: »As verdadeiras vossas [sc. façanhas] são tamanhas, / Que excedem as sonhadas, fabulosas« (»Die Tat der Euren ist so groß, daß sie / Erträumte Fabeln hinter sich gebracht«).[5] So wie Vergil das Gründungsepos des Römischen Reiches schuf, indem er nicht nur die *translatio imperii*[6], den Übergang der politischen und militärischen Macht vom Osten in den römischen Westen feierte, sondern auch die Migration des *studium*, also des Wissens und der Weisheit, so nimmt sich Camões vor, die Ausbreitung des portugiesischen »Império« mit dem wahren Glauben (»Fé«), der auch ein *studium* ist, engzuführen. Wie bei Vergil und im Unterschied zur anonymen gleichsam kollektiv autorisierten ›volkstümlichen‹ Epik tritt der Dichter dabei nicht hinter das providentielle Geschehen oder die Heldentaten der Protagonisten zurück, sondern stellt, durch den Bescheidenheitstopos gerade hervorgehoben, sein Ingenium und seine Kunstfertigkeit (»engenho e arte«) in den Vordergrund.[7]

Nun darf die *imitatio* eines antiken Modells und die formale Einschreibung in die Gattung des Epos, wie es in der Antike und in der Frühneuzeit kultiviert wurde, natürlich nicht den Blick darauf verstellen, dass im Portugal des 16. Jahrhundert einem an Vergil geschulten Epos eine fundamental veränderte historische Materialität eignet. Das *Imperium Romanum* beruhte auf dem Prinzip der Kontiguität (mit dem Mittelmeer als Relais), das die territoriale Expansion als eine Erweiterung des Eigenen verstand.[8] Diese Verbreitung des Eigenen und Assimilierung des Anderen manifestierte sich in Begriffen kultureller Durchdringung und zivilisatorischer Mission. Diejenigen, die das römische Bürgerrecht in

---

4 Zur Entwicklung des Epos in der frühneuzeitlichen Romania vgl. Roger Friedlein, *Kosmovisionen: Inszenierungen von Wissen und Dichtung im Epos der Renaissance in Frankreich, Portugal und Spanien*, Stuttgart 2014, S. 13-61. Der Übersetzer ins Kastilische und Kommentator der *Lusíadas* Manuel de Faria e Sousa stellte Camões als zweiten Vergil dar und verteidigte ihn gegen jene, die den Umgang des Autors mit der antiken Mythologie kritisierten; vgl. ebd., S. 179 und Martínez (wie Anm. 1), S. 73.

5 Camões (wie Anm. 3), c. I, o. 11, S. 11.

6 Vgl. Jacques Le Goff, *La civilisation de l'Occident Médiéval*, Paris 1964, S. 196-197.

7 Vgl. António José Saraiva, »Função e significado do maravilhoso n'*Os Lusíadas*«, in: *Revista Colóquio/ Letras* 100 (1987), S. 42-50.

8 Die römische Expansion bedeutete eine kulturelle, aber auch sozio-ökonomische Romanisierung; die Praxis der Verleihung des römischen Bürgerrechts illustriert dies vielleicht am besten: »It may be, in fact, that the closest the world ever came to implementing a form of world citizenship was during the later Roman Empire«; vgl. Ralph W. Mathisen, »*Peregrini, Barbari*, and *Cives Romani*: Concepts of Citizenship and the Legal Identity of Barbarians in the Later Roman Empire«, in: *The American Historical Review* 111 (2006), S. 1011-1040, hier S. 1013.

den Provinzen erlangten, gehörten der Elite des Imperiums an, das, mit Marx
gesprochen, ökonomisch auf einer Sklavenhaltergesellschaft beruhte, in der
Mehrwert durch Sklavenarbeit produziert wurde. Zu dem Zeitpunkt, als Vergil
sein Gründungsepos schrieb, war dieses römische Imperium bereits eine Realität,
der diskursive Gründungsakt also inszeniert und nachträglich.

Camões' *Império* hat offensichtlich einen anderen Zuschnitt und einen anderen
Sitz im Leben. Zum einen ist das portugiesische Reich zu dem Zeitpunkt, als
er die *Lusíadas* schreibt, zwar in einigen Stützpunkten in Afrika und Asien etabliert, aber sein imaginiertes Weltreich ist nicht mehr als eine Projektion. Diese
Projektion hat, wie Reinhard Koselleck es bezeichnet, einen offenen Zukunftshorizont[9], auch wenn Camões seiner eigenen Gegenwart kritisch gegenübersteht.
Chronotopisch gesehen[10], war das portugiesische ›Weltreich‹ nicht nach Maßgabe
der Kontiguität organisiert, sondern als Netz von geographischen Stützpunkten[11],
die nach dem Prinzip der kartographischen Imagination in einem geometrischen,
offenen Raum verbunden waren.[12] Die Prinzipien dieses Imperiums waren also
Mobilität und Fluktuation. Dies sind auch die *master tropes* der *Lusíadas*. In
anderen Worten: Das *Império* von Camões war ein Kolonialgebilde, das auf militärisch garantierten Handelsbeziehungen beruhte, die von einem Machtgefälle
zwischen Metropole und ›Kolonie‹ gekennzeichnet waren. Dieses Machtgefälle
entfaltete oder begründete sich ideologisch in Begriffen von technologischer,
zivilisatorischer (sprich: religiös-moralischer) und ethnischer Überlegenheit
(»terras viciosas / De África e de Ásia andaram devastando«).

Gelegentlich wird in der Forschung der Standpunkt vertreten, dass Camões
zwar über den, aber nicht im Dienste des Kolonialismus schreibt. John de Oliveira
e Silva etwa sieht in den *Lusíadas* eine Art Fürstenspiegel, der dem Autor dazu
dient, Kritik an seinen Zeitgenossen zu üben, und *ex negativo* Verhaltensmodelle
bereitstellt: »If the *Lusíadas* does indeed call for a crusade against the pagan foe,
this foe is, like its fountainhead Bacchus, a most familiar one, one that resides as
much within the nation as without«.[13] Marina Scordilis Brownlee argumentiert

---

9 Reinhard Koselleck, »›Erfahrungsraum‹ und ›Erwartungshorizont‹«, in: *Vergangene Zukunft.
   Zur Semantik geschichtlicher Zeiten*, Frankfurt a. M. 1979, S. 349-375, spricht von einem Aus-
   einandertreten von Erfahrung und Zukunftshorizont, das er als Wesen des historischen Bewusstseins ausmacht.
10 Vgl. Michail M. Bachtin, *Chronotopos*, Frankfurt a. M. 2008.
11 Zur frühen Phase der portugiesischen kolonialen Expansion vgl. Malyn Newitt, *A History of
   Portuguese Overseas Expansion, 1400 – 1668*, London 2005.
12 Vgl. das Kapitel »Die *Lusíadas* als Kind des Schiffbruchs« von Jörg Dünne, *Die kartogra-
   phische Imagination: Erinnern, Erzählen und Fingieren in der Frühen Neuzeit*. München 2011,
   S. 232-240. Dünne spricht von einer »nautischen Poetik im Zeichen der kartographischen
   Imagination« (ebd., S. 232).
13 John de Oliveira e Silva, »Reinventing the Nation: Luís de Camões' Epic Burden«, in: *Medi-
   terranean Studies* 9 (2000), S. 103-122, hier S. 122.

sogar, dass Camões Gama als ein »unworthy subject for epic poetry«[14] präsentiert und durch den »transgressiven Gebrauch der Mythologie« (»transgressive
use of myth«) Gamas »dark side« porträtiert.[15] Repräsentativ für den Stand der
Forschung kann aber Josiah Blackmores Position gelten, die besagt, dass *Os
Lusíadas* »the central expression of imperial ideology in Portugal« darstellen.[16]

Es ist sicherlich ein Gemeinplatz, dass ein komplexes Werk wie Camões' Epos
vielschichtig oder überdeterminiert ist. Es ist auch offensichtlich, dass der Autor
aus einer Position der Desillusionierung schreibt, d. h. zu einem Zeitpunkt, zu
dem das portugiesische Imperium eine Krise durchläuft, sich der Verlust der
nationalen Selbstbestimmung durch den Tod des jungen Königs Sebastião I.
(1578 in Alcácer-Quibir) abzeichnet und Gama über den Spiegel der heroischen
Vergangenheit kritisch auf seine Gegenwart blickt. Die Intention des Autors ist
allerdings unerheblich für den ideologischen Effekt seines Werks. Verneint oder
bagatellisiert man das kolonial-imperiale Fundament des Epos, so findet – wie
ich gleich noch eingehender erläutern werde – eine fetischistische Verdrängung
statt, indem nämlich Personen (Gama, Camões) ›Dinge‹ (den Text) und Dinge
Strukturen (den Kolonialismus) ersetzen.

Auch der Kolonialismus und der Imperialismus sind letztlich ideologische
Ausformungen, die mit einem noch fundamentaleren Prozess in Verbindung
gesetzt werden müssen; der Kolonialismus war ein wesentlicher Aspekt des
modernen Kapitalismus. Für den Kapitalismus wiederum ist nach Karl Marx
die Herausbildung des Waren- und Kapitalfetischismus, also die Zuschreibung
von intrinsischem Wert an Dinge, wesentlich:

> Es ist nur das bestimmte gesellschaftliche Verhältnis der Menschen selbst,
> welches hier für sie die phantasmagorische Form eines Verhältnisses von
> Dingen annimmt. [...] Hier scheinen die Produkte des menschlichen Kopf-
> es mit eignem Leben begabte, untereinander und mit den Menschen in Ver-
> hältnis stehende selbständige Gestalten. So in der Warenwelt die Produkte
> der menschlichen Hand. Dies nenne ich den Fetischismus, der den Arbeits-
> produkten anklebt, sobald sie als Waren produziert werden, und der daher
> von der Warenproduktion unzertrennlich ist.[17]

---

14 Marina Brownlee, »The Dark Side of Myth in Camões' ›Frail Bark‹«, in: *Comparative Litera-
    ture Studies* 32:2 (1995), S. 176-190, hier S. 182.
15 Ebd., S. 184.
16 Josiah Blackmore, *Manifest Perdition: Shipwreck Narrative and the Disruption of Empire*, Min-
    neapolis, MN 2002, S. 20.
17 Karl Marx u. Friedrich Engels, *Das Kapital*, Bd. I, *Werke*, Bd. XXIII, Berlin 1968, S. 85-97,
    hier S. 86-87.

In seiner Reinform lässt sich der kapitalistische Fetischismus am Geld sehen, das eigentlich keinen Nutzwert hat, sondern vielmehr als Materialisierung oder Symbolisierung von sozio-ökonomischen Beziehungen (den Produktionsver-hältnissen) gesehen werden muss.

Laut Slavoj Žižek liegt dieser Position nun eine »humanist ideological opposition« zugrunde, nämlich die von Menschen und Dingen und deren Verwechslung[18]:

> [T]here is another, entirely different – structural – concept of fetishism already at work in Marx: at this level, ›fetishism‹ designates the short-circuit between the formal/ differential structure (which is by definition ›absent‹, i. e. it is never given ›as such‹ in our experiential reality) and a positive element of this structure. When we are victims of the ›fetishist‹ illusion, we (mis)perceive as the immediate/ ›natural‹ property of the object-fetish that which is conferred upon this object on account of its place within the structure.[19]

In *The Sublime Object of Ideology* hat Žižek das Konzept des Fetischismus erweitert und zum Prinzip von Wertzuschreibungen in Austauschbeziehungen allgemein erklärt. Eine Konsequenz dieses Gedankens ist, dass die für den Fetisch typische *méconnaisance*, nämlich die Verwechslung eines Elements und einer differentiellen Struktur, nicht auf den Kapitalismus beschränkt ist, sondern in anderen historischen Formationen andere Ausformungen annehmen muss. Im Feudalismus glauben die Individuen, dass sie ihren König als König behandeln, ihm huldigen und ihm gehorchen, weil er essentiell, also bereits vor dem Eintritt in die symbolische Ordnung und außerhalb des sozialen Geflechts König ist.

> ›Being-a-king‹ is an effect of the network of social relations between a ›king‹ and his ›subjects‹; but – and here is the fetishistic misrecognition – to the participants of this social bond, the relationship appears necessarily in an inverse form: they think that they are subjects giving the king royal treatment because the king is already in himself, outside the relationship to his subjects, a king; as if the determination of ›being-a-king‹ were a ›natural‹ property of the person of a king.[20]

Die sakrale Aura, die den König umgibt, und die die Adeligen analog als Rechtfertigung ihrer privilegierten Position gegenüber ihren Untertanen in Anspruch nehmen, ist allerdings nicht Ausdruck einer natürlichen Eigenschaft der Person

---

18 Slavoj Žižek, »The Interpassive Subject«, Webseite: *The European Graduate School*, http:// www.egs.edu/faculty/slavoj-zizek/articles/the-interpassive-subject/, zuletzt aufgerufen am 15.01.2016, ohne Seitenzählung.

19 Ebd.

20 Slavoj Žižek, *The Sublime Object of Ideology*, London 2008, S. 20.

des Königs oder der Adeligen, sondern ein Effekt der sozio-ökonomisch-symbolischen Beziehungen, die korrekterweise als Beziehung von Herr und Knecht beschrieben werden müssen. Im Übergang zum Kapitalismus transformiert sich der intersubjektive Fetisch des mit »magischen« Qualitäten begabten Herrn in den Fetisch der Beziehung von Dingen (Tauschwert), wodurch die materiellen Verhältnisse verdrängt werden und in der Form des Symptoms (und damit verfremdet) wiederkehren. In der kapitalistischen Ordnung stehen sich nicht mehr Herr und Knecht, der die Herrschaft als Fetisch akzeptiert, gegenüber, sondern vermeintlich gleiche und freie Subjekte, die Tauschvorgänge vollziehen, die beiden Parteien nützen. Nun wird in einem fetischistischen Vorgang den Dingen, Produkten oder Waren ein Wert zugeschrieben, der von den Machtverhältnissen losgelöst zu sein scheint und diese dadurch camoufliert.

Die These, die ich im Folgenden verfolgen werde, ist, dass in Camões' *Os Lusíadas* der Übergang zwischen den beiden historischen Formationen (Feudalismus und Kapitalismus) beobachtbar ist, der vielleicht treffender als die Gemengelage von dominanten und emergenten Strukturen zu bezeichnen ist.[21] Es ist also von einer Gleichzeitigkeit einer grundsätzlich vom Adel dominierten feudalistischen und einer kapitalistischen Wirtschaftsform, in der ›wertvolle‹ Waren zwischen ›freien‹ Subjekten zirkulieren, auszugehen. Der ›Wert‹ der humanistischen Bildung und Gelehrsamkeit besteht dann darin, eine Verhandlung beider Formationen zu gewährleisten, indem wiederum ein Tauschvorgang vollzogen wird, der kulturelles in ökonomisches Kapital verwandelt. Der humanistische Text wird dabei selbst in die Zirkulation der Waren einbezogen, wird selbst zu einem kolonialen Fetisch.

II. Portugals göttliche Mission und humanistische Gelehrsamkeit

Der erste Ansprechpartner des Dichters ist sein König, der junge Sebastião, der als *O Desejado* (»E vós, ó bem nascida segurança / Da lusitana antíga liberdade, / E não menos certíssima esperança / De aumento da pequena Cristandade« [»Und Ihr, o hochgeborene, starke Wacht / Von Lusitaniens alter Sicherheit, / Daß Ihr das Reich des Glaubens größer macht, / Erhofft sich fest die kleine Christenheit«])[22] die Hoffnungen auf portugiesische Weltgeltung verkörpert und nach seinem Tod und Verschwinden in der Schlacht von Alcácer-Quibir

---

21 Ich beziehe mich auf die Terminologie von Raymond Williams, *Marxism and Literature*, Oxford u. a. 1977, S. 121-128, um die Überlappung von diskursiven und ökonomischen Strukturen sowie historischen Epochen zu beschreiben.

22 Camões (wie Anm. 3), c. I, o. 6, S. 11.

endgültig zur phantasmatischen Projektionsfigur Portugals werden sollte.[23] Die Aufgabe dieses Königs ist es, so Camões, für Gott und Portugal einen großen Teil der Welt zu gewinnen, indem er Schrecken unter den ›Mauren‹ verbreitet (»novo temor da maura lança« [»schreckt so jung der Mauren Heeresmacht«]).[24] Die *Lusíadas* sind aber nicht einfach ein Epos der portugiesischen Christenheit, sondern ein *humanistisches* Epos, das die eigene Gegenwart mit der Antike in Beziehung setzt.

Camões inszeniert ein *Concílio dos Deuses Olímpicos*, eine Versammlung der olympischen Götter, die über die Entdeckungsfahrt Vasco da Gamas debattiert und immer wieder in den Verlauf der Fahrt eingreift. So wie bei Vergil die Loyalitäten immer schon verteilt sind, so stehen auch bei Camões Venus und letztlich auch Mars und Jupiter auf Seiten der Portugiesen. Bacchus hingegen, der traditioneller Weise mit dem Osten assoziiert ist, ist Camões' Äquivalent der Hera, deren Hass Aeneas und die Trojaner verfolgt. Bacchus befürchtet, dass die Eroberer selbst zu Göttern werden könnten, die ihm seine Herrschaft in Asien streitig machen würden. Deshalb versucht er mit allen Mitteln, die Expansion der Portugiesen zu verhindern. In einer orientalistischen Geste wird der Osten mit dem Dionysischen verbunden, dem Reichtum und Überfluss, aber auch dem Rauschhaften, dem sexuellen Exzess und der Perversion (zumindest aus einer christlichen Perspektive).[25] Portugal und der Westen haben aber mit Venus, Mars und Jupiter höchste militärische und religiöse Gewalt, Rationalität und ›normale‹ Leidenschaft auf ihrer Seite. Die Verbindung von Zweckrationalität und Libido ist, wie wir sehen werden, die Grundlage für den kolonialen Fetischismus. Durch die Einbindung in die antike Mythologie ist die portugiesische Mission bei Camões zweifach providentiell überdeterminiert, nämlich als christlicher Missionsauftrag und humanistische *aemulatio*. Das kulturelle Kapital der Antike wird mit dem modernen Portugal assoziiert, wertet dieses somit auf und dient als Legitimation der aggressiven Expansion.

23 Vgl. Martínez (wie Anm. 1). Sebastians Leichnam wurde nie gefunden, was Prophezeiungen und Erwartungen seiner Wiederkehr als Erlöserkönig nährte. Zum Phänomen des Sebastianismus (*sebastianismo*), der die portugiesische (und teilweise die brasilianische) Literatur und Politik bis ins 20. Jahrhundert prägte, vgl. Ruth Tobias, *Der Sebastianismo in der portugiesischen Literatur des 20. Jahrhunderts*, Frankfurt a. M. 2002.

24 Camões (wie Anm. 3), c. I, o. 6, S. 11.

25 Zum Gendering Indiens vgl. Balachandra Rajan, *Under Western Eyes: India from Milton to Macaulay*, Durham, NC u. London 1999, S. 31-49. Zum Begriff des Perversen in der Vormoderne vgl. Robert Folger, »Los *parerga* del manuscrito autógrafo: el ejemplo de *Basta callar* de Calderón (BNE, Res. 19)«, in: *Anuario Calderoniano* 8 (2015), S. 131-152.

III. Epos und Kommerz

Die Aufwertung Portugals ist zunächst personalisiert, denn die portugiesische Nation wird als Genealogie von Heroen gedacht. Vasco da Gama, das heldenhafte Individuum, das wiederum für seinen König Sebastião einsteht, ist das letzte Glied einer Reihe von Nationalhelden, die Gama, von der Muse Kalliope inspiriert, vor dem König von Malindi (heute Kenia) in *Cantos* III und IV ausmalt. Diese Heroisierung der adeligen Vorfahren ist symbolischer Ausdruck der feudalen Ordnung und der Struktur des Fetisches in der Vormoderne, wie sie Žižek analysiert hat. Die Tatsache, dass Gama, der, wie Brownlee überspitzt anmerkt, als »unworthy« dargestellt wird[26], dennoch in diese Heldengalerie aufgenommen wird, ist einerseits als Ausdruck des Krisenbewusstseins des Dichters zu sehen, der die eigene Zeit als Zeit des Niedergangs der adeligen Ideale betrachtet. Andererseits ist der unentscheidbare Status des ›Entdeckers‹ symptomatisch für den Übergang von der feudalen zur kapitalistischen Ordnung.

In den *Lusíadas* manifestiert sich der intersubjektive Fetisch des Feudalismus im humanistischen Preis des großen Individuums, dessen heldenhafte Taten gewissermaßen auf eine göttergegebene oder gar gottgleiche Natur zurückgeführt werden. Die scheinbare Größe des »Helden« ist tatsächlich aber ein Effekt seiner Stellung in der feudalen Struktur. Damit ist aber die ideologische Struktur des frühneuzeitlichen Nationalepos – vielleicht könnte man mit Jameson auch von der Ideologie der Form sprechen[27] – nur teilweise erfasst, weil nämlich der epische Text wesentlich ein Gerüst für die seltsam offensichtliche Emergenz der neuen historischen Formation des Kapitalismus und des Warenfetischismus ist.

Das Sujet des Textes lässt sich bündig zusammenfassen, da er zunächst zu einem beträchtlichen Teil aus typisch humanistischen Reden und detaillierten Beschreibungen besteht. Nach einer Darstellung der Götterversammlung, in der über das Schicksal Portugals debattiert wird, beginnt die eigentliche Geschichte *in medias res*, nämlich als Gama und die Seinen bereits das Kap der Guten Hoffnung passiert haben und in das bereits erwähnte Malindi gelangen, wo sie freundlich empfangen werden. Gama erzählt dem König von Malindi die heroische Geschichte der Lusiaden, die mit seiner bisher geleisteten Reise und der Überwindung eines von Camões erfundenen Titanen namens Adamastor

---

26 Brownlee (wie Anm. 14), S. 182.

27 Vgl. Frederic Jameson, *The Political Unconscious*, London u. New York 1981, der zeigt, wie auf der fundamentalen Ebene des Produktionsmodus, also jenseits der ›inhaltlichen‹ Wunscherfüllung und des narrativ-sinngebenden Ideologems, die Gattung als Form Vehikel und Manifestation der Ideologie ist.

abschließt[28], der in das Kap der Guten Hoffnung gebannt ist. Gama präsentiert sich somit als letztes Glied der Heldengeschichte, deren Protagonisten portugiesische Könige, Fürsten und Edelmänner sind. Mit der Hilfe eines Lotsen segeln die Portugiesen dann nach Kalikut (heute Kozhikode) in Südindien, wo sie trotz der Machenschaften des Gottes Bacchus glücklich ankommen und vom König Samorin zunächst freundlich aufgenommen werden. Wieder versucht Bacchus die Flotte zu verderben, so dass Gama sich letztlich nur befreien kann, indem er die Waren, die er mit sich führt, an Land bringen lässt und verkauft. Fast fallen die Portugiesen einer muslimischen Flotte aus Mekka zum Opfer, können aber noch rechtzeitig fliehen. Als Belohnung für die Mühen der ›Entdecker‹ bereitet ihnen Venus eine Insel und bittet ihren Sohn Cupidus, den Nereiden, die auf diese Insel entsandt werden, erotische Manie einzuflößen. Nach einem neckischen Versteckspiel erfüllen die Nymphen bald das sexuelle Verlangen der Portugiesen. Im letzten, dem zehnten Gesang, prophezeit die Meeresgöttin Thetis, die den Titanen Adamastor verschmähte, sich aber Gama hingegeben hat, die Zukunft des portugiesischen Kolonialreichs (also die Ereignisse, die sich zwischen der Fahrt Gamas und Camões' eigener Gegenwart abgespielt hatten). Thetis gewährt Gama dann einen göttergleichen Blick auf die Sphären des Universums, ergänzt von weiteren Ausblicken auf portugiesische Heldentaten. Das Epos endet damit, dass sich der Poet wieder an seinen König wendet.

Es ist unschwer erkennbar, dass Gamas Reise nach Indien eine Art Vorwand für episches Schreiben ist, denn abgesehen von der nautischen Leistung und dem Herstellen eines maritimen Kontaktes mit Indien wird wenig Epochal-Heroisches im Text berichtet. Man kann nicht von einer echten Entdeckung sprechen, denn in Europa war Indien natürlich bereits bekannt und der Indische Ozean seit langem durch die Schifffahrer der angrenzenden Länder erschlossen. Auch kann Gama nicht mit militärischen Leistungen epischer Dimension aufwarten, die zu großen territorialen Gewinnen, einem echten Imperium, geführt hätten. Die humanistische Rhetorik, die poetische und die historiographische Gelehrsamkeit dienen auch dazu, Gamas Reise zu überhöhen, dem Heroen einen Wert zuzuschreiben, der sich aus einer Affektökonomie speist. Zugleich ist die Reise ein Vorwand, um eben diese humanistische Gelehrsamkeit inszenieren zu können, und so nicht nur die Errungenschaften eines Mannes zu erzählen, sondern die eines ganzen Volkes, das sich freilich als Aggregat fetischisierter Heroen begreift.

Das Epos ist aber auch deshalb ein Vorwand, weil es die materiellen Grundlagen und Zielsetzungen der Indienreise nur notdürftig kaschiert. Auf der inten-

---

28 Lawrence Lipkin, »The Genius of the Shore: Lycidas, Adamastor, and the Poetics of Nationalism«, in: *Publications of the Modern Language Association of America* 111:2 (1996), S. 205-221, untersucht anhand des »Genius of the Shore«, wie aufkeimendes nationales Bewusstsein die traditionelle Epik transformiert.

tionalen Ebene war Camões sicherlich der Vertreter eines Adelsethos, das Gier verurteilte, kommerzieller Tätigkeit skeptisch gegenüberstand und ritterliche Verhaltensweise als Ideal hochhielt.[29]

> Only by recovering the old crusading and civilizing spirit could the Portuguese survive the threat of increased prosperity: Camões intended his epic to be a salutary reinfusion of its Christian and Roman energy, by revealing the traditional quest and its enemies, by contrasting the ideal Portuguese with the heathen, and by revealing the ease with which the unwary, uncontrolled hero or nation would become decadent.[30]

Der Text, den Camoes verfasste, ist aber eindeutiges Symptom dafür, dass es einerseits um die Überwindung eines als Dekadenz empfundenen historischen Wandels gehen mag: Lipkin spricht zu Recht von einer »monstrous, contagious self-pity«[31], die den Text durchzieht. Andererseits besteht diese Überwindung aber nicht in einer Restauration eines Goldenen Zeitalters, sondern in der Etablierung eines Imperialismus, der Ausbeutung und materiellen Gewinn auf Basis von brutaler Gewalt bedeutet.

Auf der Insel Mozambique versucht ein ›Araber‹, den lokalen Machthaber aufzustacheln, indem er ihn vor den Gräueltaten der Portugiesen warnt:

– E sabe mais (lhe diz) como entendido
Tenho destes cristãos sanguinolentos,
Que quasi todo o mar têm destruído
Com roubos, com incêndios violentos;
E trazem já de longe engano urdido
Contra nós; e que todos seus intentos
São para nos matarem e roubarem,
E mulheres e filhos cativarem.

---

29 Man könnte die Haltung des Autors mit Žižek (wie Anm. 18), S. 24-27, als ideologischen Zynismus charakterisieren: Er glaubt nicht daran, dass es hier um Ehre und Ritterlichkeit geht, glaubt aber, dass andere das glauben; vgl. auch Žižek (wie Anm. 20).

30 Roger Stephens Jones, »The Epic Similes of *Os Lusíadas*«, in: *Hispania: A Journal Devoted to the Teaching of Spanish and Portuguese* 57:2 (1974), S. 239-245, hier S. 240. Ähnlich argumentiert Richard Helgerson, *Forms of Nationhood: The Elizabethan Writing in England*, Chicago 1995, S. 155-163. Ausgehend von der bis in die Entstehungszeit des Epos zurückreichenden Kritik an Camões' Verwendung der antiken Götter sind für Saraiva (wie Anm. 7) die heidnischen Götter die eigentlichen Protagonisten. Bernhard Klein, »Camões and the Sea: Maritime Modernity in the *Lusiads*«, in: *Modern Philology* 111:2 (2013), S. 158-180, hingegen sieht die Modernität der *Lusíadas* in der konkreten, ›realen‹ Erfahrung der Seeleute begründet.

31 Lipkin (wie Anm. 28), S. 218.

Und weiter (spricht er) habe ich gehört,
Daß diese Christen gierig sind nach Blut,
Sie haben fast das ganze Meer verheert
Mit räuberischem Handeln, Feuersglut;
Schon lange wird ein Überfall genährt,
In ihrer Brust, es treibt sie große Wut,
Uns zu ermorden und uns auszuplündern,
Die Frauen zu versklaven mit den Kindern.[32]

Die Portugiesen weisen die Vorwürfe natürlich zurück und präsentieren sich selbst als gute Christenmenschen. Die vermeintliche Verleumdung wird aber wenig später vom Erzähler als akkurate Einschätzung entlarvt, als die Christen ein Massaker anrichten und mit reicher Beute weiterziehen:

Não se contenta a gente portuguesa,
Mas seguindo a vitória estrui e mata;
A povoação, sem muro e sem defesa
Esbombardeia, acende e desbarata.
Da cavalgada ao Mouro já lhe pesa,
Que bem cuidou comprá-la mais barata;
Já blasfema da guerra, e maldizia
O velho inerte e a mãe que o filho cria.

Die Portugiesen aber wollen mehr,
Zerstörend töten sie, bis sie gesiegt;
Die Ortschaft, ohne Mauer, ohne Wehr,
Wird angesteckt, beschossen und bekriegt.
Den Mauren plagt der wilde Angriff sehr,
Er glaubte, daß man leichter sie besiegt;
Es flucht dem Krieg, so grausam und perfide,
Der Söhne Mutter und der Invalide.[33]

Auch gegenüber dem König von Malindi muss sich Gama gegen den Vorwurf wehren, ein Räuber zu sein:

Não somos roubadores, que passando
Pelas fracas cidades descuidadas,
A ferro e a fogo as gentes vão matando,
Por roubar-lhe as fazendas cobiçadas

---

32 Camões (wie Anm. 3), c. I, o. 79, S. 47.
33 Ebd., c. I, o. 90, S. 53.

Mas da soberba Europa navegando,
Imos buscando as terras apartadas
Da Índia grande e rica, por mandado
De um rei que temos, alto e sublimado.

Wir sind nicht Räuber, welche schwachen Städten,
Die ungeschützt sind, brachten Mord und Brand,
Die erst das Volk mit Schwert und Feuer töten,
Um dann zu rauben das begehrte Land;
Wir haben von Europa angetreten
Die Reise, um nun Indiens fernes Land
Zu suchen, groß und reich, wie uns gesagt
Der König, der uns lenkt mit großer Pracht.[34]

Gama präsentiert seine Expedition lediglich als Entdeckungsfahrt, aber schon die Epitheta »grande e rica«, die er Indien zuschreibt, deuten auf die *raison d'être* der Reise hin, die sich dann im Canto VIII klarer artikuliert. Wiederum aufgrund von Einflüsterungen von Bacchus sehen sich Gamas Leute mit dem Vorwurf konfrontiert »que são gentes inquietas, / Que, os mares discorrendo occidentais, / Vivem só de piráticas rapinas« (»ein Volk, das ja nach Winden / Rastlos durchkreuzt des Westens Wellenreich, / Das ohne König lebt, nur stiehlt und raubt«).[35] Die Portugiesen versuchen, ihre Gastgeber zu beschwichtigen, was umso bemerkenswerter ist, als der Text explizit macht, dass die Portugiesen nicht in friedlicher Mission oder als gleichberechtigte Partner kommen. Einer der Auguren hatte kurz zuvor eine Eingeweideschau abgehalten:

Sinal lhe mostra o Demo verdadeiro,
De como a nova gente lhe seria
Jugo perpétuo, eterno cativeiro,
Destruição de gente, e de valia.

Der Dämon selbst gibt ihnen da ein Zeichen,
Das fremde Volk sei nur hierhergekommen,
Daß sie Gefangenschaft und Joch erreichen,
Und ihnen ihr Prestige werde genommen.[36]

---

34 Ebd., c. II, o. 80, S. 163.
35 Ebd., c. VIII, o. 53, S. 429.
36 Ebd., c. VIII, o. 46, S. 425.

Am Horizont, der dem Erzähler vorschwebt, stehen damit dauerhafte Unterjochung und Verwüstung. Der Samorin lässt sich aber dennoch davon überzeugen,
dass ihm die Portugiesen von Nutzen sein können:

> Este temor lhe esfria o baixo peito
> Por outra parte a força da cobiça,
> A quem por natureza está sujeito,
> Um desejo imortal lhe acende e atiça;
> Que bem vê que grandíssimo proveito
> Fará, se com verdade e com justiça
> O contrato fizer por longos anos,
> Que lhe comete o rei dos Lusitanos.

> Der kalte Schrecken kühlt ihm das Gemüt.
> Doch andrerseits weckt in ihm die Begier,
> Die ihn ja ganz natürlich an sich zieht,
> Ein heißer werdendes Verlangen hier;
> Klar sieht er, daß er großen Nutzen zieht,
> Wenn er wahrhaftig und auch nach Gebühr,
> Auf lange Jahre den Vertrag bestätigt,
> Den er mit Lusitaniens König tätigt.[37]

Zwar fürchtet er die Portugiesen, aber das »unsterbliche Verlangen« der Gier
treibt ihn dazu, einen langfristigen Vertrag mit dem portugiesischen König zu
schließen. In einer Projektion wird die Gier hier den zukünftigen Kolonisierten zugeschrieben. Die Tatsache, dass die Kulmination des ›abenteuerlichen‹
Geschehens kein Kampf zwischen heldischen Gestalten ist, sondern eine wechselseitige Vereinbarung, ist ein Indiz dafür, dass in *Os Lusíadas* die Phantasie
des ›natürlichen‹ Herren durch die Phantasie eines Austauschs von freien und
selbstbestimmten Subjekten überblendet wird. Das macht deutlich, dass ungeachtet der Macht-, Kreuzzugs- und Zerstörungsphantasien, die auch im Epos
zu finden sind, die heroische Entdeckungsreise für den »sublimen König«, das
portugiesische Volk und den katholischen Glauben tatsächlich in erster Linie
als Handelsmission zu verstehen ist[38], die mit militärischen Mitteln vorteilhafte
Konditionen für die Portugiesen erreichen soll.

---

37 Ebd., c. VIII, o. 59, S. 431.
38 So auch David Quint, „The Boat of Romance and Renaissance Epic", in: Marina Scordilis
   Brownlee u. Kevin Brownlee (Hgg.), *Romance: Generic Transformation from Chrétien de Troyes
   to Cervantes*, Hanover, NH 1985, S. 178-202, hier S. 196, der in den *Lusíadas* den Bericht eines
   merkantilen Unternehmens im Gewand des Epos sieht.

The inexorable collusion between commerce and empire is mystified by a disengagement that enables us to read *The Lusiads* as an impure poem or as a poem forced out of the decorum of its genre by the glittering possibilities of a breaking open of commercial horizons to which it was unable to remain oblivious.[39]

IV. Die Erotik des Warenfetischismus

Im Canto V nehmen die Seefahrer an der südafrikanischen Küste einen Afrikaner gefangen (»estranho vir de pele preta« [»Ein Fremder kommt, der sich ganz schwarz erweist«])[40], der Honig gesammelt hatte.

> Torvado vem na vista, como aquele
> Que não se vira nunca em tal extremo;
> Nem ele entende a nós, nem nós a ele,
> Selvagem mais que o bruto Polifemo.
> Começo-lhe a mostrar da rica pelo
> De Colcos o gentil metal supremo,
> A prata fina, a quente especiaria:
> A nada disto o bruto se movia.

> Verwirrt tritt er wie einer zu uns hin,
> Der sich noch nie in solcher Not gesehen;
> Er kann uns nicht verstehen noch wir ihn,
> Viel wilder als der böse Polyphem.
> Das köstliche Metall zeigte ich ihm
> Vom edlen Vlies von Kolchis, schön zu sehen,
> Das feine Silber, scharfe Spezerei;
> Dem Wilden war das alles einerlei.[41]

Der ›schwarze Wilde‹, der in einer ökomischen Situation der Selbstversorgung als Sammler sozialisiert ist, erkennt Gold und Silber und Gewürze nicht als wertvolle Tauschwaren, ist aber überaus erfreut, als man ihm billigen Tand, Glasperlen, Glocken und eine Rassel anbietet. Gama konstruiert hier den schwarzen Wilden, der lediglich am unmittelbaren Gebrauchswert oder Unterhaltungswert der Dinge interessiert ist.[42] Er stellt den »estranho vir de pele preta« den Portugiesen

---

39 Rajan (wie Anm. 25), S. 33.
40 Camões (wie Anm. 3), c. V, o. 27, S. 265.
41 Ebd.
42 Vgl. Bernhard Klein (wie Anm. 30), S. 166-173.

gegenüber, die den Wert der Dinge erkennen können, oder aber ihnen, wie man vielmehr mit Marx und Žižek sagen sollte, ›natürlichen‹ Wert zuschreiben. Die »differential structure«[43], also das koloniale Machtgefälle, wird somit im Fetisch verschleiert.

Die Fetischisierung der Handelsware manifestiert sich vor allem in der Häufung von Warenkatalogen im Text, die immer wieder in narrative Zusammenhänge des Tausches (von Geschenken) eingebunden werden. Der König von Malindi gibt etwas:

> Manda-lhe mais lanígeros carneiros,
> E galinhas domésticas cevadas,
> Com as frutas, que entáo na terra havia;
> E a vontade à dádiva excedia.

> Wollige Hammel schickt er auch sofort,
> Und fette Hühner werden zugestellt
> Mit Früchten, die sie in dem Land dort haben;
> Der gute Wille übertraf die Gaben.[44]

Und er erhält etwas im Gegenzug.

> Escarlata purpúrea, cor ardente,
> O ramoso coral, fino e prezado,
> Que debaixo das águas mole cresce,
> E como é fora delas se endurece.

> Den Purpurscharlach, feuerfarben, schön,
> Verästelte Korallen, kostbar, dann,
> Die unter Wasser weich zu wachsen scheinen,
> Und über Wasser werden dann zu Steinen.[45]

Die Tauschobjekte und Waren sind stets von exquisiter Qualität, sie sind emotional aufgeladen und scheinen wie in diesem Beispiel in einem Verhältnis zu anderen Waren und Dingen zu stehen. In der *visio*, die Thetis Gama am Ende gewährt, ist der ganze Erdenkreis eine Art Lager begehrter Waren:

> Olha cá pelos mares do Oriente
> Ás infinitas Ilhas espalhadas:
> [...]
> As árvores verás do cravo ardente,

43 Žižek (wie Anm. 18).
44 Camões (wie Anm. 3), c. II, o. 76, S. 101.
45 Ebd., c. II, o. 77, S. 103.

Co sangue Português inda compradas.

[...]

Ali também Timor, que o lenho manda
Sândalo, salutífero e cheiroso;

Schau auf den Meeren hier im Orient
Die unzähligen Inseln ausgebreitet;

[...]

Die scharfen Nelkenbäume man erkennt,
Erkauft mit Portugiesenblut im Streit.[46]

[...]

Auch Timor dort, wo man das Holz gewinnt
Des Sandelbaumes, das duftend heilsam wirkt.[47]

Friedlein beobachtet in der Episode auf der Liebesinsel, die in der Sphärenschau gipfelt, die *gradatio* eines platonischen Aufstiegs von den weltlichen Begierden zum Geistigen und letztlich Poetischen:

> Bei Camões erweist sich die Mythologie in der Liebesinsel-Episode als ein rhetorischer Rekurs, der zu ästhetischem Zweck (*versos deleitosos*) die Dinge dieser Welt poetisch sagbar macht und dabei die Plausibilität des Dargestellten nicht untergräbt.[48]

Rhetorik und philosophische Verbrämung kaschieren die prosaische koloniale Wirklichkeit aber nur unzulänglich: »When the layers of the Ptolemaic universe«, so Balachandra Rajan pointiert, »are unwrapped to display the Portuguese future as its kernel, the poem also unwraps its identity as scarcely more than a guidebook to the spice trade«.[49]

Das krönende Ereignis der kolonialen Handelsmission ist der Abschluss des *contrato* mit dem Herrscher von Kalikut. Gleich danach fliehen die Portugiesen vor den anrückenden Arabern und werden für ihren heroischen Handelsabschluss von Venus und Camões mit einem Besuch auf der Liebesinsel belohnt. Auf den ersten Blick wird mit dieser Schlussepisode der Heroenfetischismus auf die Spitze getrieben, denn mit der körperlichen Vereinigung der Seefahrer mit den Nymphen und vor allem der von Gama und Thetis scheint sich die eingangs von Neptun ausgesprochene Befürchtung zu bewahrheiten, dass die Portugiesen den Göttern gleich werden. Zugleich bricht die von Camões bis zu diesem Zeitpunkt konsequent durchgehaltene Trennung des mythologischen

---

46 Ebd., c. X., o. 132, S. 569.
47 Ebd., c. X., o. 134, S. 571.
48 Friedlein (wie Anm. 4), S. 236.
49 Rajan (wie Anm. 25), S. 44.

Plots (die Umtriebe der Götter), von dem die Portugiesen keinerlei Kenntnis haben[50], und des realistisch-historischen Plots der Erkundung des Seewegs und der Handelsmission zusammen. Friedlein erklärt dies dadurch, dass es sich bei der Liebesinsel eigentlich um eine Insel der Dichtung handle, denn so wie die antiken Götter aus einer euhemeristischen Sicht ursprünglich nur heldenhafte Menschen waren, die durch die Dichtung »vergöttlicht« wurden, so werde die Apotheose der Portugiesen nur durch Camões' Dichtung möglich.[51]

Damit ist aber nicht erklärt, warum diese Belohnung die Form von Frauen-körpern annehmen muss. Es findet hier eine metaphorische Substitution statt: So wie die Portugiesen bisher Waren hinterhergejagt haben, so jagen sie auf der Liebesinsel die Nymphen. Die Parallelisierung von kommerziellem und eroti-schem Abenteuer weist auf die libidinöse Dimension der Fetischisierung der Waren und jenes Geldes hin, das sie für ihre Waren erhalten haben müssen, und bezieht die Lust am Reichtum zurück auf die ursprüngliche sexuelle Libido.[52] Auf der Zauberinsel – vergessen wir nicht den portugiesischen Ursprung von Fetisch, *feitiço* (von lat. *facticius*, »nachgemacht«), Zauberobjekt – werden Frauenkörper wie Waren konsumiert, und zwar in einer Phantasiewelt, die scheinbar nichts mit den Realitäten des Kolonialismus zu tun hat, aber Ausdruck der phantas-matischen Gestalt kolonialen Begehrens ist.

V. Das Subjekt, das glauben soll, und der Text als Fetisch

Sieht man vom rhetorischen und mythologischen Apparat der *Lusíadas* ab, so ist offensichtlich, dass die portugiesische Mission nicht eine der religiösen oder kulturellen *translatio* ist, sondern fundamental eine *transactio*, ein Tausch der Waren, der sich auf gleichsam zauberhafte Weise zu vollziehen scheint. Wenn es so offensichtlich ist, dass der humanistische Apparat, die Anleihen am an-tiken Modell und die Einschreibung in eine providentialistische Christenheit wenig mit der historischen Materialität zu tun haben, stellt sich die Frage nach der Pragmatik des Textes. Die Antwort, dass es sich um Propaganda handle, um Geschichtsklitterung oder um ein Vehikel eines falschen Bewusstseins, ist unbefriedigend, denn dadurch lässt sich nicht erklären, warum die Spuren der historischen Formation Kolonialismus im Epos so klar erkennbar sind, dass sie

---

50 Vgl. Saraiva (wie Anm. 7).
51 Vgl. Friedlein (wie Anm. 4), S. 179-237, und James H. Sims, »Christened Classicism in *Para-dise Lost* and the *Lusiads*«, in: *Comparative Literature* 24:4 (1972), S. 338-356.
52 Klein (wie Anm. 30), S. 180, sieht in der Liebesinsel nicht das Telos eines globalen Imperiums, sondern den Ausdruck des »very private craving to alleviate the tensions accumulated in many months of artificial social isolation in the confined spaces of a ship«.

auch den Lesern aus Camões' Zeit nicht verborgen bleiben konnten. Man kann wohl mit gutem Gewissen sagen, dass selbst der Autor nicht so recht an die historische Bestimmung der Portugiesen glaubte, wie er sie in seinem Epos feierte.

Die spanischen Übersetzungen der *Lusíadas*, die bald nach dem Fall der portugiesischen Krone an den spanischen König entstanden, präsentieren den Text nicht als portugiesisches Nationalepos, sondern als »epic of Philip's [sc. Phillip II. von Spanien] newly global monarchy«.[53] Den Engländern, die im 17. Jahrhundert vielerorts das koloniale Machtvakuum auffüllten, das sich durch die portugiesische Schwäche auftat, erschien Camões' Epos als »preparatory prophecy of an enhanced British empire in the subcontinent«.[54] In seiner englischen Übersetzung von 1776 drückte Julius Mickel dies so aus:

> If the concatenation of events centered in one great action, events which gave birth to the present Commercial System of the World, if these be of the first importance in the civil history of mankind, the *Lusiad*, of all other poems, challenges the attention of the Philosopher, the Politician and the Gentleman.[55]

Diese Translationen der *Lusiaden* zeigen, dass der Text selbst in ein Netz von Tauschvorgängen eingebunden wurde, dass er selbst so etwas wie literarisches Kapital bereitstellte. Dies gilt nicht nur in Bezug auf die Rezeption des Werks, sondern auch für den ursprünglichen Text und seinen Autor. Versteht man den Text als Kapital mit einem eigenen Wert, eröffnet sich ein Ansatzpunkt, um der Frage nach der ursprünglichen Pragmatik nachzugehen.

Im Anschluss an seine Überlegungen zur Funktionsweise des Fetischs diskutiert Žižek den epistemischen Status des fetischistischen ›Wissens‹: »[P]eople are well aware how things really stand, they know very well that the commodity-money is nothing but a reified form of the appearance of social relations«.[56] Sie verhalten sich aber so, als ob sie dies nicht wüssten. Die Erklärung für dieses Phänomen sieht Žižek in der Struktur des »subject supposed to believe« in Analogie zu Lacans *sujet supposé savoir*[57]:

> [A]t its most radical, the status of the (Lacanian) big Other qua symbolic institution, is that of belief (trust), not that of knowledge, since belief is symbolic and knowledge is real (the big Other involves, and relies on, a fundamental ›trust‹). The two subjects are thus not symmetrical since belief and knowledge themselves are not symmetrical: belief is always minimally

53 Martínez (wie Anm. 1), S. 74.
54 Ebd., S. 86.
55 Zitiert in ebd., S. 85.
56 Žižek (wie Anm. 18).
57 Ebd.

›reflective‹, a ›belief in the belief of the other‹ (›I still believe in Communism‹ is the equivalent of saying ›I believe there are still people who believe in Communism‹), while knowledge is precisely not knowledge about the fact that there is another who knows. For this reason, I can BELIEVE through the other, but I cannot KNOW through the other.[58]

Camões glaubt nicht wirklich an die providentielle Mission Portugals, und auch seine Leser glauben nicht wirklich daran, aber sie glauben, dass andere es glauben. Camões' Epos ist so Ausdruck für den Glauben »through the other«, der die Zirkulation der magischen Waren erst möglich macht und das koloniale *Império* ideologisch unterfüttert.

In dieser Hinsicht kann man dann *Os Lusíadas*, das humanistische Epos, selbst als Fetisch bezeichnen, also als eine Art Zauberobjekt, das einen eigenen Wert zu haben und in einem geheimnisvollen Zusammenhang mit anderen materiellen Dingen zu stehen scheint. Im Anruf an die Nymphen, die ja der Befriedung der allzu menschlichen Begierden dienen sollen, lenkt der Erzähler, der in diesem Fall für den historischen Camões einzustehen scheint, das Augenmerk auf die Mühsal (»misérias«), die er, der Verfasser, auf sich nehmen musste. Diese »misérias« dienen ihm als Rechtfertigung für die Gegenleistung, die er erwartet, nämlich den Ruhm als Dichter:

> E ainda, Ninfas minhas, não bastava
> Que tamanhas misérias me cercassem,
> Senão que aqueles, que eu cantando andava
> Tal prémio de meus versos me tornassem:
> A troco dos descansos que esperava,
> Das capelas de louro que me honrassem,
> Trabalhos nunca usados me inventaram,
> Com que em tão duro estado me deitaram!

> Und, meine Nymphen, nicht allein daß oft,
> So große Not und Elend mich umgaben,
> Auch haben jene, die ich ja so oft
> Besang, dem Lied verweigert ihre Gaben:
> Statt der Erholung, die ich mir erhofft,
> Statt Lorbeerkränzen und statt Ehrengaben
> Erfanden sie mir nie erlebte Mühen,
> Um mich in solche Not hineinzuziehen.[59]

---

58 Ebd.
59 Camões (wie Anm. 3), c. VII, o. 81, S. 397.

Der »prémio« ist aber nicht allein ein symbolischer Lorbeerkranz oder »memória« und »eterna glória«[60], wie es in der folgenden Strophe heißt. Der »troco« (Tausch), den er einfordert, beinhaltet nicht allein einen Tausch von dichterischem Ingenium für Ruhm, sondern bezieht sich auch auf seine persönlichen Verdienste als Soldat im Dienste des Königs, dem er im letzten *canto* seinen Text anbefiehlt:

> Este receberá, plácido e brando,
> No seu regaço os Cantos que molhados
> Vêm do naufrágio triste e miserando,
> Dos procelosos baxos escapado,
> Das fomes, dos perigos grandes, quando
> Será o injusto mando executado
> Naquele cuja lira sonorosa
> Será mais afamada que ditosa.

> Er wird gelassen einst und sanft empfangen
> in seinem Schoß das Lied, das meerdurchnäßt
> Dem elendesten Schiffbruch war entgangen,
> Die sturmdurchtobten Klippen knapp verläßt,
> Das Hunger und Gefahr erfuhr mit Bangen,
> Als man den ungerechten Spruch erläßt
> An jenem, dessen Lyra voller Klang
> Mehr Ruhm erwerben wird als Glück und Dank.[61]

Camões, der als Soldat jahrelang im Dienste der kolonialen Expansion stand, evoziert oder imaginiert hier eine Szene aus seiner Biographie, wie er nach einem Schiffbruch vor dem Mekong-Delta das Manuskript der *Lusíadas* rettet, indem er dieses schwimmend über dem Wasser hält.[62] Das humanistische Epos erscheint im Text selbst als ein materielles Objekt, das in einer Ökonomie der Gunsterweise zu einem Tauschobjekt wird[63], mit dem der Soldat und Dichter eine materielle Entschädigung für seine intellektuellen Dienste am Imperium einfordert.

Nach seiner Rückkehr nach Portugal übergab Camões tatsächlich seinen Text dem jungen König Sebastião, der die Publikation im Jahre 1572 finanzierte und

---

60 Ebd., c. VII, o. 82.

61 Ebd., c. X, o. 128, S. 567.

62 Erst mit dem Kommentar von Faria e Sousa aus dem Jahr 1639 wurden die »nassen Gesänge« (»cantos que molhados«) als das Manuskript der *Lusíadas* identifiziert; vgl. Klein (wie Anm. 30), S. 165.

63 Zur frühneuzeitlichen spanischen *economy of mercedes* (Ökonomie der Gunsterweise) vgl. Robert Folger, *Writing as Poaching: Interpellation and Self-Fashioning in Colonial* relaciones de méritos y servicios, Leiden u. Boston 2011. Die Prinzipien dieses Systems gelten auch für Portugal, auch vor der Eingliederung in die spanische Monarchie.

Camões eine ansehnliche Pension für seine Dienste in Indien gewährte.[64] So zeigt sich, dass der fetischisierte Bezug auf den König tatsächliche Machtbeziehungen und ökonomische Interessen camoufliert und der textuelle Fetisch, das Nationalepos, nicht einen Wert an sich hat, sondern in die koloniale Zirkulation von Waren eingebunden ist.

64 Vgl. Rajan (wie Anm. 25), S. 32.

Abstracts

Andreas Mahler
*Professing Humanism: On the Value(s) of Education
in Early Modern England*

The 1580s and 1590s in England witness an unprecedented wave of academics looking for a job. The humanist founding and furthering of Grammar Schools and, not least, of university-like institutions (with the Inns of Court at that time virtually developing into what came to be called England's ›Third University‹) led to an immense amount of new graduates coming from social classes other than the nobility that could no longer be absorbed in their entirety by a patronage market giving them practical household jobs as secretaries and the like. This resulted in discontent, protest, particular types of self-fashioning (e. g. melancholy as a pose) but also unexpectedly in the emergence of new flexible jobs positively asking for classical knowledge and intellectual curiosity as, e. g., in the growing theatre industry. In tracing these developments against the background of the humanist ideal of a disinterested amateurism on the one hand and an on-going professionalization of the employment market on the other, the article tries to reconstruct this path as one which first leads to an increasingly individualized appropriation of knowledge based on dialogical patterns such as, e. g., ›scholarly‹ disputations, and then moves on to its experiment-based ›objectification‹ in the newly established academies, which enables a new type of professional ›scientist‹ to use knowledge for the utilitarian advancement of general economic progress and growth.

Judith Frömmer
*Forming the Subject: The Value and Disposition of Humanist Knowlege in
Montaigne's* Essais

By doing a close reading of selected chapters on education in Montaigne's *Essais* this paper presents an alternative conception of humanism, which claims to be historical and systematic at the same time. An analysis of the sophisticated economies of teaching and learning, which are exposed as well as enacted by chapters such as »Du pédantisme« (I,25) and »De l'institution des enfans« (I,26), presents humanism not so much as an acquisition of preassigned skills and well-determined knowledge, but as an art of (dis-)position: the ability of the subject to take up different positions within a complex network of shifting values. Hence, the (constant) worth of humanist learning neither evolves from its exchange value on the market and its transformations, nor from a timeless knowledge, but rather from the capacity to continuously pose and dispose of oneself in relation to literary as well as to historical contexts.

Anne Enderwitz
Humanist Education and Economic Calculation in Middleton's
A Chaste Maid in Cheapside

The turn of the seventeenth century saw the emergence of so-called city comedies by Ben Jonson, Thomas Middleton and other early modern English writers. These comedies enacted social relations in the context of an urban setting, which was shaped by increasingly global commerce. They satirised and criticised city vices but also accommodated Londoners to the commercialisation of social life. The paper focuses on the performance of a humanist education in Middleton's comedy *A Chaste Maid in Cheapside*. The comedy satirises the citizen's desire for social advancement and, specifically, his investment in the humanist education of a gentleman. It depicts humanist education as integral part of a socio-economic calculus but rejects the socio-economic value of Latin for life in the commercial metropolis London: the skills which the goldsmith's son Tim acquires in Cambridge prove singularly unsuited for city life. At the same time, in the context of commercial theatre, the comic potential of social ambition and the clumsy performance of a scholarly habitus may prove profitable.

Christina Schaefer
On the Virtue of Economic Knowledge in the Italian Renaissance:
Leon Battista Alberti and his Libri della famiglia

The primary goal of Renaissance writings on household management was to instruct the future father of the family how to treat his wife, his children and his servants in order to secure the wellfare and continuity of the family. By taking up the example of Leon Battista Alberti and his *Libri della famiglia* (Books on the Family), this paper explores in which way the writing of an economic text in the Italian Renaissance could also serve further goals or strategies of an author, such as, in the case of Alberti, the gain of influence in humanist circles, the propagation of the vernacular language, the rehabilitation of the family's public reputation after political banishment, the restoration of the broken family peace, and the improvement of the author's personal position in his family.

Christoph Oliver Mayer
The Pléiade Between Poetics, Power and Economy
The article focusses on poems of the 16th-century French La Pléaide and their relations with the financial and economic world. Whereas the Renaissance does not distinguish between the so called *champ de grande production* and the *champ de production restreinte*, characteristics studied by Pierre Bourdieu, poets like Pierre de Ronsard and Joachim Du Bellay nevertheless show an extraordinary sense for the structures of the early modern society and economy. Du Bellay's »Hymn de la Surdité« and Ronsard's »Discours à P. L'Escot« are presented as examples for a poetic trajectory (Bourdieu uses *trajectoire* in order to describe the changes in everyone's road of life). Both Ronsard and Du Bellay argue in the same way: the poet is not born for gaining money, but his skills should be appreciated and honoured not only symbolically. Extraordinary poets also have to be rewarded financially for their poems.

Lars Schneider
On the Value of the Book in François Rabelais
The article situates Rabelais' literary activities in the context of the early modern printing industry. In the first half of the sixteenth century the Lyon book fair is one of the largest meeting places for the European book trade. In the light of its development in the 1530s, the article reads Rabelais' *Pantagruel* as a reaction to the rise of popular French literature that starts to enter into rivalry with the scholarly editions of ancient authors. The argument is that Rabelais, unlike the majority of his fellow humanists, harnesses the potential of popular literature to contribute to the humanist project as well as to reflect on it.

Wolfram Keller
Imagined Knowledge: Theories of the Imagination, Oikos *and Commerce in Late-Medieval British Dream Visions*
Fourteenth- and fifteenth-century Britain was characterized by what – in modern parlance – would be referred to as a period of economic growth. After the plague years, the economy was rapidly expanding and commercial values penetrated all areas of social life. In view of fluctuating exchange rates, the seemingly arbitrary allocation of value and the unnatural multiplication of money (i.e., usury), courtly discourses frequently extolled *oikonomia*, the ancient art of household management, based on stable valuations and proportional reciprocity. The ensuing juxtaposition of court and marketplace, of *oikonomia* and *chrematistike*, is also reflected in late-medieval British dream visions. This article argues that the

marvelous buildings and strange spaces through which the protagonists travel in their dreams – and which simultaneously represent the three mental ventricles of imagination, logic and memory – are only seemingly characterized by the strategies of traditional household management. Dream visions by Geoffrey Chaucer (*The House of Fame*), John Lydgate (*Temple of Glass*), and Gavin Douglas (*Palice of Honour*) rather depict the chrematistic dissolution of traditional households. The result is a transformation of mental households, which adopt those strategies of *mis*management frequently associated with a desirous imagination: the usurious multiplication and arbitrary evaluation of images. Ultimately, the mentioned poems legitimize such a chrematistic poetics as they represent a wholesale revaluation of historiographical and literary knowledge.

André Otto

The Value of Shortage: Aphoristics and the Economy of Performing Knowledge in Gracián's Oráculo manual

Situating the *Oráculo manual* in the epistemic context of 17th-century monetary theory and the emergence of political economy, the essay argues for a relational understanding of value in Gracián that is grounded in desire. It is produced in social interaction and aimed at establishing asymmetries of power. Generating semantic, syntactic and pragmatic indeterminacy, Gracián's text performs an economy of value in which (textual) desire is bound up with hermeneutic inaccessibility. Access to knowledge constitutes the promise of the text and the ground of its authority even though, and because, it can never simply be retrieved. Instead, knowledge is shown to be conditioned by practices of its appropriation and re-contextualization in which it has to ratify its value within its socio-political contexts. Knowledge thus becomes a knowledge of the production of its own value. Gracián's text therefore does not simply present knowledge, but reconfigures the transmission of knowledge in a way that it forms part of an asymmetric dynamics of desire. The particular deontic mode of transmission extends this dynamics to include the reader and produces knowledge of value through the subject(ion) of the reader.

Robert Folger

The Epic-Colonial Fetish: Luís Camões' Os Lusíadas

Luís de Camões' Portuguese national epic poem *Os Lusíadas* (1572) is a thinly veiled apology for colonialism. A closer scrutiny of the text reveals that the celebration of the heroic ›discoveries‹ of the Portuguese is essentially a report on the exploration of trade routes and new markets to which the Europeans gained access by the use of guile and force. Thus the poem reflects the transition from interpersonal fetishism to commodity fetishism characteristic of the first phase of a globalized capitalism. Wary of its own message of the heroism of the Portuguese, the poem appeals to the »subject supposed to believe« (Žižek), justifying colonialism through the belief of the other in the value of the ›heroic explorers‹. Ultimately, the literary text is presented as a fetish that brings about the exchange of erudition and literature for actual capital.

Über die Autorinnen und Autoren

Anne Enderwitz ist derzeit Dahlem International Network Postdoc an der Friedrich Schlegel Graduiertenschule für literaturwissenschaftliche Studien der Freien Universität Berlin. Sie schreibt ihre Habilitation zum Thema *Economies of Early Modern English Drama*. Im Oktober 2017 kehrt sie als Mitarbeiterin an das Peter-Szondi Institut für Allgemeine und Vergleichende Literaturwissenschaft (FU Berlin) zurück; sie ist dort seit 2011 tätig. Zuvor war sie bereits Mitarbeiterin am Institut für Anglistik und Amerikanistik der Friedrich-Alexander-Universität Erlangen-Nürnberg sowie Postdoktorandin der Friedrich Schlegel Graduiertenschule. Anne Enderwitz hat als Marie Curie Fellow am University College London (University of London) promoviert. Ihr Buch *Modernist Melancholia: Freud, Conrad and Ford* wurde 2015 bei Palgrave veröffentlicht. Sie ist Mitherausgeberin des jüngst erschienen Bandes *Fiktion im Vergleich der Künste und Medien* (De Gruyter 2016, mit Irina Rajewsky).

Robert Folger promovierte 1999 in mittelalterlicher- und neuerer Geschichte an der Universität Rostock und 2001 in spanischer Literatur an der University of Wisconsin-Madison (2000). Nach seiner Habilitation 2007 an der LMU München (Iberoromanische Philologie und Kulturgeschichte), war er 2007 – 2008 als *Senior Lecturer* (*Associate Professor*) an der University of London, Royal Holloway und 2008 – 2013 als Lehrstuhlinhaber an der Universität Utrecht tätig. Seit 2013 ist er Professor für iberoromanische Literatur- und Kulturwissenschaft an der Ruprecht-Karls-Universität Heidelberg.

Judith Frömmer ist Professorin für Romanische Literaturwissenschaft an der Albert-Ludwigs-Universität Freiburg. Ihre Forschungsschwerpunkte liegen auf politischen Semantiken in den romanischen Literaturen der Vor- und Frühmoderne sowie auf der Interaktion von philologischer Praxis und literarischer Theoriebildung. Zu ihren Veröffentlichungen zählen ihre Habilitationsschrift *Italien im Heiligen Land. Typologien frühneuzeitlicher Gründungsnarrative* (Konstanz University Press 2017) und der Sammelband *Texturen der Macht. 500 Jahre »Il Principe«* (Kadmos 2015).

Wolfram Keller ist Juniorprofessor für Englische Literatur und Kultur der Frühen Neuzeit und ihrer Vorgeschichte am Institut für Anglistik und Amerikanistik der Humboldt-Universität zu Berlin. Seine Arbeitsgebiete sind spätmittelalterliche und frühneuzeitliche Literatur (insbesondere mit Blick auf Modellierungen von

Autorschaft) sowie die Rezeption und Transformation der Antike im späten Mittelalter, im Roman des 19. Jahrhunderts und in zeitgenössischen postkolonialen Literaturen. Kürzlich erschienen sind Themenhefte und Sammelbände zu multikulturellen kanadischen Literaturen (*Challenging Canadian Multiculturalism* [LWU 2014]) und zur Antike-Rezeption in europäischen Literaturen (*Europa zwischen Antike und Moderne* [hg. mit Claus Uhlig, 2013]).

Andreas Mahler lehrt nach Tätigkeiten an den Universitäten München, Passau und Graz an der Freien Universität Berlin Systematische Literaturwissenschaft und Englische Philologie. Veröffentlichungen zur frühen Neuzeit, zur Sujettheorie, zu verschiedenen Fragen der Gattungsproblematik und zu Raum und Stadt.

Christoph Oliver Mayer ist Privatdozent für Französische und Italienische Literatur- und Kulturwissenschaft sowie Lehrbeauftragter für Regionalstudien Lateinamerika an der Technischen Universität Dresden und arbeitet seit 2016 am Projekt Tud-Sylber »Unterrichtsvideos« im Bereich der Romanischen Fachdidaktik an der TU Dresden mit. Er promovierte 2001 an der LMU München mit einer Dissertationsschrift zur französischen Renaissancelyrik (*Pierre de Ronsard und die Herausbildung des premier champ litteraire*, Herne 2001) und arbeitete im Anschluss als Wissenschaftlicher Mitarbeiter und Vertretungsprofessor an der TU Dresden, der Universität Regensburg und der Hochschule Zwickau. Die Habilitation erfolgte 2012 an der TU Dresden mit einer Habilitationsschrift zu den Akademien des 17. Jahrhunderts (*Institutionelle Mechanismen der Kanonbildung in der Académie française*, Frankfurt a. M. 2012). Er ist Gründungsmitglied des Netzwerks MIRA (Mittelalter und Renaissance in der Romania).

André Otto wurde mit einer Arbeit zu *Undertakings. Fluchtlinien der Exklusivierung in John Donnes Liebeslyrik* promoviert, die 2014 bei Fink erschien. Er hat spanische Literaturwissenschaft an der LMU München gelehrt und war wissenschaftlicher Mitarbeiter für englische Literaturwissenschaft an der FU Berlin. In München war er Mitglied des Internationalen Doktorandenkollegs »Textualität in der Vormoderne« des Elitenetzwerks Bayern sowie der DFG Forschergruppe »Anfänge (in) der Moderne«. Sein aktuelles Forschungsprojekt beschäftigt sich mit Formen und Funktionen asignifikanten Schreibens in experimenteller britischer Prosa des 20. Jahrhunderts. Weitere Schwerpunkte liegen auf raumtheoretischen und epistemologischen Fragestellungen in der Lyrik des 17. und 20. Jahrhunderts sowie auf textuellen Formungen post-industrieller Räume.

Christina Schaefer studierte Frankreichstudien und promovierte 2011 in Romanischer Philologie mit einer Arbeit zum Nouveau Roman. Seither ist sie wissen-

schaftliche Mitarbeiterin am Institut für Romanische Philologie an der Freien
Universität Berlin und seit 2012 zudem Mitglied im Sonderforschungsbereich 980
»Episteme in Bewegung«. Sie arbeitet im Bereich der französischen und italienischen Literaturwissenschaft mit Forschungsschwerpunkten auf der modernen
und frühneuzeitlichen Literatur sowie wissensgeschichtlichen Fragen. In ihrem
Habilitationsprojekt untersucht sie Wissenstransfers in ökonomischen Texten
der italienischen Renaissance. Ausgewählte Publikationen: *Konstruktivismus und
Roman. Erkenntnistheoretische Aspekte in Alain Robbe-Grillets Theorie und Praxis
des Erzählens*, Stuttgart 2013; »Torquato Tasso, *Il padre di famiglia* (1580). Iteration und Wandel in der Ökonomik der italienischen Renaissance«, in: *Wissen in
Bewegung. Institution – Iteration – Transfer*, hrsg. von Eva Cancik-Kirschbaum u.
Anita Traninger, Wiesbaden 2015, S. 323-337; *„Esperienza*. Zur Diskursivierung
von Erfahrungswissen in Leon Battista Albertis *Libri della famiglia"*, in: *Medien-
und gattungsspezifische Modi der Diskursivierung elusiven Wissens in Dichtungen
der Frühen Neuzeit*, hrsg. von Ulrike Schneider, Wiesbaden (im Druck).

Lars Schneider studierte Neuere deutsche Literatur und Romanistik an der
Christian-Albrechts-Universität zu Kiel, promovierte 2005 an der Ludwig-Maximilians-Universität München mit der Arbeit »Medienvielfalt und Medienwechsel
in Rabelais' Lyon« (LIT 2008) und wurde 2013 an der LMU München mit der
Arbeit »Die *page blanche* in der Literatur und bildenden Kunst der Moderne«
(Fink 2016) habilitiert. Derzeit ist er Oberassistent am Lehrstuhl für französische
und spanische Literatur sowie romanisches Mittelalter am Institut für Romanische Philologie an der LMU München. Arbeitsschwerpunkte sind Medien- und
Kulturwissenschaft, französische Literatur des 16. Jahrhunderts, französische
und spanische Literatur des 19. und frühen 20. Jahrhunderts, französische Ge-
genwartsliteratur (Despentes, Houellebecq), französisches und spanisches Kino
(Rohmer, Almodóvar). Zuletzt erschienen: »*Excepté peut-etre une constellation*:
der Himmel im Spätwerk des Stéphane Mallarmé«, in: Stephanie Waldow, Bernd
Oberdorfer u. Harald Lesch (Hgg.), *Der Himmel als transkultureller ethischer
Raum*, Göttingen 2016, S. 261-280; »*Le Misanthrope* – eine ›klassische‹ Kritik des
sozialen Radikalismus?«, in: Simon Bunke u. Katerina Mihaylova (Hgg.), *Auf-
richtigkeitseffekte. Signale, Figurationen und Medien im Zeitalter der Aufklärung*,
Freiburg i. Br. 2016, S. 117-134.

Zeitsprünge 3 (1999), Heft 1/2:
Sonderheft zu Giordano Bruno.
Mit Beiträgen von Stephen Clucas, Jean Seidengart, Wolfgang Neuser, Klaus Reichert, Wilhelm Schmidt-Biggemann, Klaus-Jürgen Grün, Alfred Schmidt, Enno Rudolph, Paul Richard Blum, Wolfgang Wildgen, Leen Spruit, Walter G. Saltzer, Karl-Otto Apel.

Aus *Zeitsprünge* 3 (1999), Heft 3/4:
Norman Cohn, »Wie die Zeit ihre Erfüllung fand«
Peter Schäfer, »Armageddon: Endzeitphantasien in Judentum, Christentum und Islam«
Bernard McGinn, »Apocalypticism and Mysticism. Aspects of the History of Their Interaction«
Michael Milway, »Apocalyptic Reform and Forerunners of the End. Berthold Pürstinger, Bishop of Chiemsee († 1543)«
Richard Popkin, »Der Millenarismus des siebzehnten Jahrhunderts«
Martina Mittag, »Re-Gendering Utopia: The Vitalist Universe of Margaret Cavendish«
David S. Katz, »Messianic Revolution«
Dominic Pettmann, »After the Orgy: Millennial Panic and the Virtual Apocalypse«
Jan Wagner, »Apocalypse How? Endzeitphantasien im populären Film«
Ulrich Konrad, »Apocalypsis cum figuris musices. Musikalische Annäherungen an die Offenbarung des Johannes«

Aus *Zeitsprünge* 4 (2000), Heft 1/2:
Frank Kermode, »Millenium und Apokalypse«
Patricia Crone, »Islam and Messianic Politics«
Mark R. Bell, »The Millenarianism of Robert Maton (1607 – 1653?)«
Raz Chen, Kepler's Optics: The Mistaken Identity of a Baroque Spectator«
Richard Cole, »Spreading Reformation Ideas: The Work and Medical Writing of Dr. Burchard Mithob in Sixteenth-Century Calenberg«
Rémy Roussetzki, »When Eve Answers Back: the Impossible of Paradise Lost
Sibylla Flügge, »Gleiche Rechte für Frauen und Männer: greifbar nah – unendlich fern. Traditionslinien vom Mittelalter bis zur Aufklärung«
Barbara Stollberg-Rilinger, »Was heißt landständische Repräsentation? Überlegungen zur argumentativen Verwendung eines politischen Begriffs«

Jürgen Klein, »Bacon's Quarrel with the Aristotelians«
Franz Strunz, »Walter Charleton, Epikur und die Liebe«
Ralf Haekel, »›For there is nothing either good or bad but thinking makes it so‹.
Zu Walter Benjamins Hamletinterpretation«
Frank Linhard, »Atomismuskritik. Ununterscheidbarkeit und Prinzipienphysik
bei Leibniz anhand eines Fragments aus den nachgelassenen philosophischen
Schriften«

Zeitsprünge 7 (2003), Heft 2/3:
»Berichten, Erzählen, Beherrschen. Wahrnehmung und Repräsentation in der
frühen Kolonialgeschichte Europas«, hrsg. v. Susanna Burghartz, Maike Christ-
adler, Dorothea Nolde

Aus *Zeitsprünge* 7 (2003), Heft 4:
Sergius Kodera, »Masculine / Feminine. The concept of matter in Leone Ebreo's
Dialoghi d'amore«
Ruth Berger, »Von Eigenkontrolle zu Selbstkontrolle. Paradigmenwechsel im
jüdischen Diskurs über sexuelle Sünden in der frühen Neuzeit«
Andreas Kraß, »Schwarze Galle, schwarze Kunst. Poetik der Melancholie in der
Historia von D. Johann Fausten«
Claudia Swan, »Eyes wide shut. Early modern imagination, demonology, and
the visual arts«
William N. West, »Atomies and Anatomies. Giulio Camillo, early modern
dissection, and the classic poem«
Thomas Ahnert, »›Nullius in verba‹: Autorität und Experiment in der Frühen
Neuzeit. Das Beispiel Johann Christoph Sturms (1635 – 1703)«

Zeitsprünge 8 (2004), Heft 1/2:
Christian Schmitt-Kilb: »›Never was the Albion Nation without Poetrie‹. Poetik,
Rhetorik und Nation im England der Frühen Neuzeit«

Zeitsprünge 8 (2004), Heft 3/4:
»Technik in der Frühen Neuzeit – Schrittmacher der europäischen Moderne«,
hrsg. v. Gisela Engel und Nicole C. Karafyllis

Zeitsprünge 9 (2005), Heft 1/2:
»Zergliederungen – Anatomie und Wahrnehmung in der Frühen Neuzeit«, hrsg.
v. Albert Schirrmeister unter Mitarbeit von Mathias Pozsgai

Zeitsprünge 9 (2005), Heft 3/4:
»Kirchen, Märkte und Tavernen. Erfahrungs- und Handlungsräume in der Frühen Neuzeit«, hrsg. v. Renate Dürr und Gerd Schwerhoff

Zeitsprünge 10 (2006), Heft 1/2:
René Descartes: »Les météores / Die Meteore«

Aus *Zeitsprünge* 10 (2006), Heft 3/4:
Sabine Lucia Müller: »*Romancing the (unhappy) queen*. Emplotment frühneuzeitlichen weiblichen Königtums am Beispiel Mary Tudors (1553 – 1558)«
Harald Bollbuck: »Wissensorganisation und fromme Handlungsanleitung – die Ordnung der Historien bei David Chytraeus«
Dana Jalobeanu »The Politics of Science and the Origins of Modernity Building consensus in the Early Royal Society«
Jürgen Klein: »Eastward Ho! Hakluyt's Principal Voyages on English 16th century Seafarers to the Baltic and Eastern Europe«
Daniel Damler: »Pars pro toto Die juristische Erfindung der Entdeckung Amerikas«
Christopher Pierce: »Take Four: Another Perspective on Dutch Colonisation in New York«

Zeitsprünge 11 (2007), Heft 1/2:
»Notions of Space and Time. Early Modern Concepts and Fundamental Theories / Begriffe von Raum und Zeit. Frühneuzeitliche Konzepte und fundamentale Theorien«, hrsg. v. Frank Linhard und Peter Eisenhardt

Zeitsprünge 11 (2007), Heft 3/4:
»Nation – Europa – Welt: Identitätsentwürfe vom Mittelalter bis 1800«, hrsg. v. Ingrid Baumgärtner, Claudia Brinker-von der Heyde, Andreas Gardt, Franziska Sick

Zeitsprünge 12 (2008), Heft 1/2:
»Lire Michel de Certeau / Michel de Certeau lesen«, hrsg. v. Philippe Büttgen und Christian Jouhaud

Aus *Zeitsprünge* 12 (2008), Heft 3/4:
Sylvie Taussig: »Introduction à Gabriel Naudé, *Discours* ...«
Gabriel Naudé: »Discours sur les divers incendies du Mont Vésuve, et particulièrement sur le dernier qui commença le 16 décembre 1631«
Claus Zittel: »La terra trema. Unordnung als Thema und Form im frühneuzeitlichen Katastrophengedicht«

Gerd Grübler: »Erkenntnisskepsis, Geschichtspessimismus und die Neue Wissenschaft im England des 17. Jahrhundert«

Aus *Zeitsprünge* 13 (2009), Heft 1/2:
Andreas Mahler: »*Beginning in the middle*. Strategie und Taktik an den Inns of Court«
Thomas Leinkauf: »Leibniz und Platon«
Tobias Winnerling: »»Man hat aber nicht Ursache, auf diese Auctoris Beschreibung von Formosa viel zu bauen«. Die Insel Formosa in Zedlers Universal-Lexicon und bei George Psalmanazar«
Claus Bernet: »Größe und Erscheinungsort des Himmlischen Jerusalem in der Frühen Neuzeit«
Michael Spang: »Anthropologie und Geschlechterbild in Anna Maria von Schurmans *Dissertatio* über Frauenbildung«
Sabine Blackmore: »Matchless and yet Melancholy? Weibliche Melancholie in den Gedichten von Katherine Philips«

Zeitsprünge 13 (2009), Heft 3/4:
»Konjunkturen der Höflichkeit in der Frühen Neuzeit«, hrsg. v. Gisela Engel, Brita Rang, Susanne Scholz, Johannes Süßmann

Zeitsprünge 14 (2010), Heft 1/2:
»Frankfurt im Schnittpunkt der Diskurse. Strategien und Institutionen literarischer Kommunikation im späten Mittelalter und in der frühen Neuzeit«, hrsg.v. Robert Seidel und Regina Toepfer

Aus *Zeitsprünge* 14 (2010), Heft 3/4:
Ursula Paintner und Barbara Scholz: »Homagius' *De Origine Iesvvitarvm Carmen* – Zwischen Humanismus und Konfessionalisierung«
Philipp Hahn: »Geliebter Nächster oder böser Nachbar? Die Bewertung der Außenwelt in der ›Hausväterliteratur‹«
Willem van Hoorn und Kees Bertels: »Harvey's Unexpected Invention of the Blood Circulation«
Sergius Kondera: »Der Philosoph als Porträtist. Malerei und Antiplatonische Philosophie in Giordano Brunos Komödie *Candelaio* (1582)«
Samuela Marconcini: »The Conversion of Jewish Women in Florence (1599 – 1799)«
Susanne Scholz: »The Queen's Eye and the Queen's Heart. Elizabeth I *en miniature*«

Zeitsprünge 15 (2011), Heft 1:
»Soziale Ungleichheit und ständische Gesellschaft. Theorien und Debatten in der Frühneuzeitforschung«, hrsg. v. Marian Füssel und Thomas Weller

Zeitsprünge 15 (2011), Heft 2/3:
»Gelehrte Polemik. Intellektuelle Konfliktverschärfungen um 1700«, hrsg. v. Kai Bremer und Carlos Spoerhase

Aus *Zeitsprünge* 15 (2011), Heft 4:
Fabian Jonietz: »Die Topik des hässlichen Künstlers. Zum Körperbild als Reflexionsfläche von Diskurs und Kritik«
Julia Weitbrecht: »Die Performanz von Weltleben und Konversion. Maria Magdalena im geistlichen Spiel«
Christina Wald: »›I would eat his heart‹. Liebeshunger und Blutdurst in Shakespeares *Much Ado About Nothing*«
Harald Kleinschmidt: »Normwandel durch Normdiffusion. Reguliertes Körperverhalten in Militär und Tanz vornehmlich des 17. und 18. Jahrhunderts«

Zeitsprünge 16 (2012), Heft 1/2:
»Orientbegegnungen deutscher Protestanten in der Frühen Neuzeit«, hrsg. v. Markus Friedrich und Alexander Schunka

Aus *Zeitsprünge* 16 (2012), Heft 3/4:
Elfi Bettinger: »Bad Timing? Eine missglückte Kaffeehaus-Proklamation von King Charles II im Jahre 1675«
Barbara Orland: »Ernährungsphysiologie à la Descartes«
Helge Wendt: »Interkulturelle Essensgeschichte am Beispiel zweier deutschsprachiger Jesuitenmissionare in Südamerika (18. Jahrhundert)«
Susanne Gruß: »Thomas Middleton's Gothic Nighmares«
Volkhard Wels: »Zwischen Spiritualismus, Hermetik und lutherischer ›Orthodoxie‹: Zu Hans-Georg Kempers Vorgeschichte der Naturlyrik«
Christa Kenllwolf King: »Prophetic and Political Vision in Shakespeare's *Tempest*: John Dee as a Model for Prospero«
Andreas Kraß: »Der Finger Gottes. Die Spürbarkeit der Zeichen bei Hugo von St. Viktor und Johannes Bissel«
Stefan Schlelein: »Older than Rome? Spanish Historiography in Search of Its Own Antiquity«

Zeitsprünge 17 (2013), Heft 1:
»Spectatorship at the Elizabethan Court«, hrsg. v. Susanne Scholz und Daniel Dornhofer

Zeitsprünge 20 (2016), Heft 1/2:
Hans-Georg Kemper, »Hermetik – das ›Andere‹ im Luthertum«

Zeitsprünge 20 (2016), Heft 3/4:
»Technologies of Theatre. Joseph Furttenbach and the Transfer of Mechanical Knowledge in Early Modern Theatre Cultures«, hrsg. v. Jan Lazardzig und Hole Rößler

Zeitsprünge 21 (2017), Heft 1/2:
»Der Körper des Kollektivs«, hrsg. v. Claudia Bruns, Sophia Kunze, Bettina Uppenkamp